沒時間？沒素材？沒靈感？ 就 Call AI 救援

用 AI 做設計

施威銘研究室 著

感謝您購買旗標書,
記得到旗標網站
www.flag.com.tw
更多的加值內容等著您…

<請下載 QR Code App 來掃描>

● FB 官方粉絲專頁:旗標知識講堂

● 歡迎訂閱「科技旗刊」電子報:
　flagnewsletter.substack.com

● 旗標「線上購買」專區:您不用出門就可選購旗標書!

● 如您對本書內容有不明瞭或建議改進之處,請連上旗標網站,點選首頁的 聯絡我們 專區。

若需線上即時詢問問題,可點選旗標官方粉絲專頁留言詢問,小編客服隨時待命,盡速回覆。

若是寄信聯絡旗標客服 email,我們收到您的訊息後,將由專業客服人員為您解答。

我們所提供的售後服務範圍僅限於書籍本身或內容表達不清楚的地方,至於軟硬體的問題,請直接連絡廠商。

學生團體　訂購專線:(02)2396-3257 轉 362
　　　　　傳真專線:(02)2321-2545

經銷商　　服務專線:(02)2396-3257 轉 331
　　　　　將派專人拜訪
　　　　　傳真專線:(02)2321-2545

國家圖書館出版品預行編目資料

用 AI 做設計:沒時間?沒素材?沒靈感?就 Call AI 救援 /
施威銘研究室著. -- 初版. -- 臺北市:旗標科技股份有限公司,
2025.07　面;　公分

ISBN 978-986-312-842-7(平裝)

1.CST: 人工智慧　2.CST: 平面設計

312.83　　　　　　　　　　　　　114008898

作　　者/施威銘研究室 著

發 行 所/旗標科技股份有限公司
　　　　　台北市杭州南路一段15-1號19樓

電　　話/(02)2396-3257(代表號)

傳　　真/(02)2321-2545

劃撥帳號/1332727-9

帳　　戶/旗標科技股份有限公司

監　　督/陳彥發

執行企劃/林佳怡

執行編輯/林佳怡・何振豪

美術編輯/林美麗

封面設計/陳憶萱

校　　對/陳彥發・林佳怡・何振豪

新台幣售價:599 元

西元 2025 年 7 月 初版

行政院新聞局核准登記-局版台業字第 4512 號

ISBN 978-986-312-842-7

Copyright © 2025 Flag Technology Co., Ltd.
All rights reserved.

本著作未經授權不得將全部或局部內容以任何形式重製、轉載、變更、散佈或以其他任何形式、基於任何目的加以利用。

本書內容中所提及的公司名稱及產品名稱及引用之商標或網頁,均為其所屬公司所有,特此聲明。

還在為設計卡關嗎?靈感枯竭、圖片素材不足、排版不順、圖文搭配不協調……這些過去令人頭痛的問題,現在只需要一個方法就能輕鬆解決:Call AI。

這本書誕生的初衷,就是為了幫助「不是設計師,卻常常需要做設計」的人,打破創意與技術的門檻,讓你即使沒有美術背景、沒有時間,甚至沒有頭緒,也能快速完成圖像任務。

PART 01 開門見山,直接解決最常見的困境:沒靈感、沒素材。帶你學會用 AI 快速生成海報、社群貼文的圖、小說封面,甚至設計圖庫找不到的專屬 icon 和「無接縫背景」,都能透過下提示詞快速搞定。這一篇是設計靈感的得來速,想什麼、要什麼、Call AI 就有。

PART 02 聚焦在使用 AI 幫你完成各種「編修任務」,像是照片擴圖、比例延伸、快速去背、影像清除、主體凸顯、一秒變裝、風格轉換……。從修圖初學者到資深設計人都會驚訝:原本這些要用 Photoshop 編修很久的事,AI 幾秒就能做到,而且不留痕跡。

PART 03 進入創意 AI 的無限宇宙!想製作手繪風的 LINE 貼圖?想在四格漫畫中融入商品?想用 AI 模擬產品包裝、製作微縮模型場景,甚至安排一趟 AI 幫你畫路線圖的旅行?這一篇讓你知道:設計不只是工作,更可以是創作、娛樂或是生活的延伸。

PART 04 進一步帶你進入實戰應用,包括名片、型錄、模擬商品效果等設計製作。你會發現,AI 不只是幫你節省時間,更能讓你產出看得見成效的作品,無論是要上架電商、還是上傳 IG 都夠專業。

不論你是社群小編、電商小編、行銷、自媒體經營者、業務、老師、學生,甚至只是想自己做美美的圖卡送朋友,這本書都能成為你最可靠的 AI 神隊友。

目錄

Part 01 | 用 AI 解決沒想法、沒素材的困境！

Unit 01 要做海報，沒想法也沒素材，請 AI 提供靈感吧！ 1-2
　　用 AI 聊天機器人從無到有快速製作海報 1-3
　　ChatGPT 可以生成的海報風格 1-5
　　處理文字亂碼 1-7
　　最後的裝飾 1-15

Unit 02 社群貼文找不到符合情境的圖，快 Call AI 幫幫忙！ 1-18
　　用 AI 聊天機器人快速生成貼文廣告圖 1-19

Unit 03 想做出少女漫畫風格的封面，不會畫畫也能叫 AI 生成 1-24
　　用 ChatGPT 生成少女漫畫風格的圖 1-25
　　上傳照片，請 ChatGPT 生成少女漫畫風格的圖 1-27
　　ChatGPT 也能在圖片中局部新增、移除或是取代景物 1-29
　　用 Adobe Firefly 生成少女漫畫風格的圖 1-32

Unit 04 現有圖庫找不到中意的網頁 ICON，用 AI 生成最快 1-35
　　用 AI 聊天機器人生成風格一致的網頁 ICON 1-36
　　ChatGPT 可以生成哪些風格的 ICON？ 1-41

Unit 05 製作「無接縫」的背景圖好麻煩！現在用 AI 一秒就能做好 .. 1-42
　　用 Adobe Firefly 生成無接縫背景 1-43

Unit 06 作業時間太趕！請 AI 生成不同版本的菜單讓我參考 1-46
　　用 AI 聊天機器人從無到有生成不同風格的菜單 1-47

Part 02 | 用 AI 一鍵完成：擴圖、調色、合成與編修

Unit 07 圖片太小怎麼辦，就用 AI 擴增吧！ 2-2
　　用 AI 擴增圖片的像素 2-3
　　用 Adobe Express 將圖片擴增至 A3 尺寸 2-7
　　應急時也可以用 AI 聊天機器人來擴圖 2-11

Unit 08 圖片比例不對，沒辦法配合版面，就用 AI 擴展 2-12
　　用 AI 無限拓展畫面 2-13
　　用 Photoshop 無限拓展畫面 2-17

Unit 09 去背好花時間！用 AI 一鍵去背 2-19
　　用 AI 快速去背 2-20
　　用 Photoshop 一鍵去背 2-26

Unit 10 用 AI 一秒清除影像中不要的物件 2-28
　　用 AI 一次清理畫面中不要的物件 2-29
　　用 Photoshop 一鍵去除景物 2-33

Unit 11 影像太單調，試著用 AI 增加景物吧！ 2-34
　　用 AI 增加畫面中的景物 2-35

Unit 12 用 AI 無破綻改圖，將景物替換成新物件 2-40
　　用 AI 替換圖片中的景物 2-41
　　使用網頁版的 AI 影像編輯工具替換圖片中的景物 2-43

Unit 13 用 AI 凸顯主體模糊背景 2-46
　　使用線上編輯工具模糊背景 2-47

Unit 14 用 AI 變更人物的穿著 2-50
　　用 AI 快速換裝 2-51
　　用 Photoshop 的 AI 功能變更人物的穿搭 2-54

Unit 15 用 AI 快速合成素材 2-56
　　合成素材改變影像的氛圍 2-57

Unit 16	用 AI 輔助線稿上色	2-60
	用 copainter AI 幫線稿上色	2-61
	AI 聊天機器人也能幫線稿上色	2-64

Unit 17	電商小編的救星！隨手拍的照片也能變成廣宣圖	2-65
	用 AI 自動產生廣宣文案及圖片	2-66

Unit 18	請 AI 配色並生成色碼	2-74
	AI 配色師：依產業或品牌調配出獨特的配色	2-75
	用 Adobe Color 調配色彩	2-77

Unit 19	用 AI 製作文字效果	2-82
	用 AI 聊天機器人製作文字效果	2-83

Unit 20	用 AI 生成逼真的商業攝影照片	2-87
	用 AI 生成無重力感的食物漂浮照	2-88

Unit 21	用 AI 合成模特兒拿著產品的展示照	2-90
	用 AI 生成產品展示照	2-91

Unit 22	用 AI 生成向量圖形	2-93
	只要輸入提示就能建立向量圖形	2-94

Unit 23	AI 風格轉換：手繪 / 漫畫 / 水彩 / 普普風	2-100
	用 AI 聊天機器人轉換影像風格	2-101
	常見的風格種類	2-102
	使用線上圖片編輯工具轉換風格	2-102

Part 03　生成式 AI 的應用

Unit 24	生成手繪風的 LINE 貼圖	3-2
	用 AI 製作 LINE 貼圖	3-3

Unit 25	將商品融入多格漫畫	3-11
	用 AI 生成多格漫畫並融入商品	3-12

Unit 26	用 AI 模擬產品及包裝	3-16
	用 AI 生成冰棒及包裝盒	3-17
Unit 27	用 AI 生成著色畫	3-20
Unit 28	用 AI 實現你的想像力，微縮模型的創作	3-23
Unit 29	用 AI 當你的私人導遊，安排行程、手繪路線圖樣樣行	3-28

Part 04 刊物設計與社群廣宣

Unit 30	Banner 設計	4-2
	AI × 設計的協作流程	4-3
	用 AI 挖出你的設計關鍵	4-3
	開工啦！設計師請就位！	4-6
	設計小叮嚀	4-18
Unit 31	數位名片設計	4-19
	AI × 設計的協作流程	4-20
	用 AI 挖出你的設計關鍵	4-20
	開工啦！設計師請就位！	4-25
	設計小叮嚀	4-35
Unit 32	保健品廣告設計	4-37
	AI × 設計的協作流程	4-38
	用 AI 挖出你的設計關鍵	4-38
	開工啦！設計師請就位！	4-44
	設計小叮嚀	4-51
Unit 33	三折式小冊子刊物設計	4-53
	小冊子實作開始！	4-54
	實作一：CIS 拆解！AI 協助抓出關鍵規範並建立工具包	4-54
	實作二：刊物設計實作 × 範本規範評估	4-57
	設計一致性：誰來負責語言風格？	4-65

Unit 34　香水產品展示照 4-66
　　AI × 設計的協作流程 4-67
　　用 AI 挖出你的設計關鍵 4-67
　　開工啦！設計師請就位！ 4-70
　　設計小叮嚀 4-76

Unit 35　設計稿套用到商品上進行模擬 4-77
　　圖案上身實作開始！ 4-78
　　實作一：Canva 模擬 4-78
　　實作二：Printful 模擬 4-83
　　兩種工具的比較 4-93

Unit 36　手機殼設計 4-94
　　手機殼模擬實作：構圖、挖孔、選材質 4-95
　　實作一：主角不變，動作百變 4-96
　　實作二：同角色，不同風格 4-98
　　實作三：不同手機型號生圖時應該注意什麼？ 4-99
　　實作四：不同材質，模擬不同殼面效果 4-101

Unit 37　角色壓克力牌 4-102
　　壓克力產品模擬實作開始！ 4-103
　　實作一：固定角色 × 姿勢多樣化應用！ 4-104
　　實作二：雙面印刷模擬大挑戰！ 4-105
　　實作三：延伸成週邊小物大變身！ 4-106
　　進階實作：人物 × 壓克力立牌互動技巧 4-108

Unit 38　製作資訊圖卡 4-110
　　AI × 設計的協作流程 4-111
　　用 AI 挖出你的設計關鍵 4-111
　　開工啦！設計師請就位！ 4-116
　　設計小叮嚀 4-120

書附檔案下載

為了減少您演練時手動輸入提示（prompt）的不便，我們將本書用到的提示語整理成文字檔，您可以直接複製內容，再貼到 ChatGPT 或其他生成式 AI 平台上使用，同時也提供各單元的範例檔案。請連至以下網址下載，依照網頁指示輸入關鍵字即可取得檔案。

https://www.flag.com.tw/bk/st/F5513

PART
01

用 AI 解決沒想法、
　沒素材的困境！

Unit 01　要做海報，沒想法也沒素材，請 AI 提供靈感吧！

靈感斷線、素材荒，眼看海報的交期快到，腦袋卻一片空白，還在翻圖庫、想排版？你其實可以直接 Call AI！

只要告訴 AI 你的需求，AI 就能幫你搞定色系、構圖、風格，完全不怕沒素材、沒想法，還能省下很多時間，讓我們一起來看看，怎麼用 AI 解決創作卡關吧！

用 AI 聊天機器人從無到有快速製作海報

| 使用 AI | ChatGPT、Grok、Copilot、ideogram.ai…等 AI 聊天機器人 |
| 提示語包含的結構 | 主視覺描述＋背景＋風格＋圖片比例 |

AI 聊天機器人不只能用文字回應使用者的需求，現在也能生成風格多變的海報，只要說出你的需求，AI 就能幫你生成主視覺、編排文字，讓設計海報變得又快又簡單！底下以 ChatGPT 為例：

Step 1 開啟網頁瀏覽器，進入 ChatGPT (https://chatgpt.com)，並登入你的帳號(如果是初次接觸 ChatGPT 的人，使用 Google 帳號登入最快)，接著在畫面右側的對話框輸入文字提示 (prompt)：

> 請幫我做兩個版本的海報，用「交錯堆疊起來的書本」做插圖，插圖希望是「現代感」的精細線條插畫，直幅，比例 2:3，文字請用「繁體中文」，字型用「黑體」，背景用科技感的藍色漸層
>
> 標題：2025 台北國際書展 AI around you!
>
> 展出期間：02.04～02.09
>
> 地點：台北世貿一館
>
> 超值回饋：第 1 本 79 折，第 2 本之後，每本 69 折

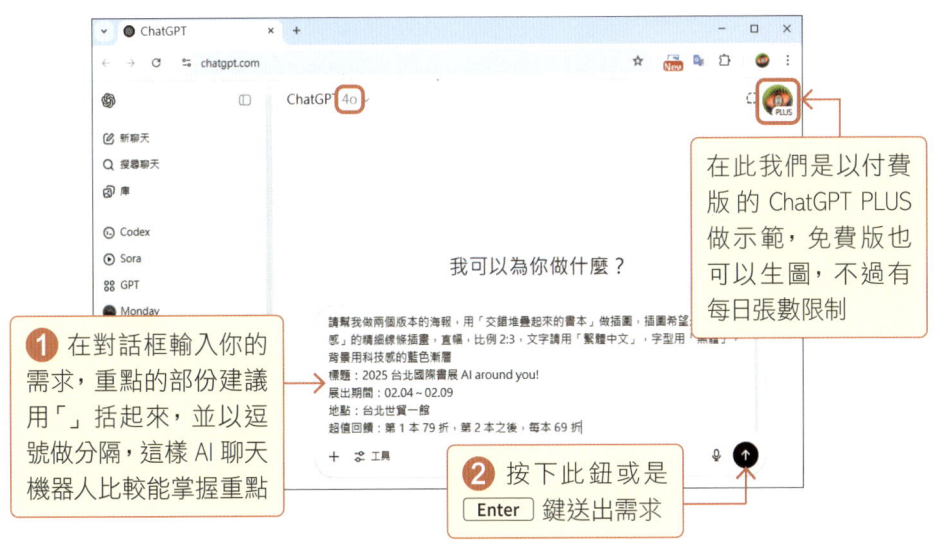

❶ 在對話框輸入你的需求，重點的部份建議用「」括起來，並以逗號做分隔，這樣 AI 聊天機器人比較能掌握重點

❷ 按下此鈕或是 Enter 鍵送出需求

在此我們是以付費版的 ChatGPT PLUS 做示範，免費版也可以生圖，不過有每日張數限制

1-3

TIP 請特別注意！使用 AI 聊天機器人生圖，即使下的提示語一樣，只要開啟**新聊天**，所產生的結果就會不同，所以即使您照著上述的提示語來生圖，結果一定會和書上呈現的不一樣。

Step 2 稍待一會兒，ChatGPT 就生成了兩張海報供你參考，點選喜歡的版本，就可以下載到電腦裡。

TIP 若是等個一、兩分鐘，ChatGPT 都沒有任何回應或是產生影像，請再次輸入提示 (例如：我沒有看到任何圖，請重新生圖)。

❶ 筆者比較喜歡左邊的版本，按一下此鈕即可進行儲存

右圖下半部的文字排列很亂，而且中文有怪字，或是筆劃不對的問題，我們待會兒再說明如何解決

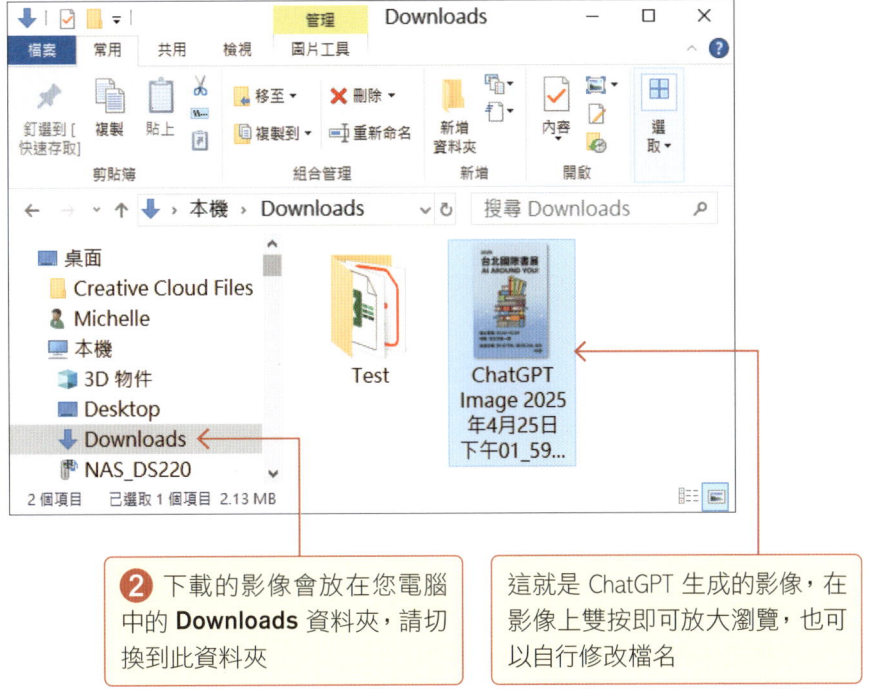

❷ 下載的影像會放在您電腦中的 **Downloads** 資料夾，請切換到此資料夾

這就是 ChatGPT 生成的影像，在影像上雙按即可放大瀏覽，也可以自行修改檔名

ChatGPT 可以生成的海報風格

ChatGPT 可以協助生成各式各樣的海報風格，風格可以依照你想要呈現的主題與受眾來調整。為了讓 ChatGPT 能夠生成符合我們需求的海報，你可以提供以下的資訊以及「風格」來下提示語。

- 想傳達的主題 (如：書展 / 促銷 / 咖啡店 / 音樂會)
- 想吸引的對象 (如：年輕人 / 親子 / 專業人士)
- 喜歡的色系或參考圖

ChatGPT 可以生成的圖片風格有以下幾種類型：

插畫風格

- **日系手繪風**：像漫畫、水彩或鉛筆素描，常用於小說封面、甜點店、文創品牌。
- **扁平插畫風**：簡潔、現代感，常見於活動宣傳、展覽、教育海報。
- **復古插畫風**：帶有懷舊感的色彩與筆觸，例如 50～70 年代風格。
- **拼貼風**：結合照片與插畫，創意感強，適合藝術市集、時尚品牌。

現代感風格

- **科技感／未來感**：藍色漸層、線條與光點，適合科技、數位主題。
- **極簡風**：留白區域多、重視排版與留白，適合高質感活動或品牌。
- **幾何風格**：用形狀構成畫面，適合設計展、學術講座。
- **半色調點點風**：復古潮流，常用於促銷、年輕族群活動。

文藝與質感風格

- **水彩風／油畫風**：柔和而優雅，適合藝文活動、書展、講座。
- **拼貼報章風**：有粗糙紋理、復古的字體設計，適合文學或書店。
- **黑白極簡風**：多用於詩集、攝影展、建築相關活動。
- **古典風**：仿照過去海報 (如裝飾藝術) 形式，適合老派浪漫主題。
- **漫畫風／爆炸圖案風**：誇張視覺、強烈對比，常用於特賣會、促銷、折扣活動。
- **手寫感風格**：文字像手寫，搭配粉筆風、便利貼風格，適合文創或學生活動。
- **美式復古商業風**：適合餐廳、酒吧、手工市集。

處理文字亂碼

AI 聊天機器人雖然可以快速生圖、編排文字，但是如果中文字的**筆劃太多**、或是要生成的**字數太多**，有時候會變成奇怪的符號或是加了很多筆劃的怪字，要解決這個問題，可以嘗試再次跟 AI 溝通，請他不要變動版面及構圖，重新生成**繁體中文字**，或是換個模型 (例如原本使用 ChatGPT 4o，改成 ChatGPT o3)，重新生成圖片，通常重新生成後，中文字的顯示會比較正常。

在要求 ChatGPT 重新顯示繁體中文字時，有時會跳出「請上傳中文字型」的訊息，但筆者測試過，即使上傳字型檔，中文顯示的問題不一定能夠 100% 解決，而且大部份的字型都有使用規範，為避免有侵權的疑慮，不建議直接上傳字型給 ChatGPT。

比較好的做法是：請 ChatGPT 生圖時，先預留文字的位置，生成圖片後，再利用影像處理軟體加上文字，你可以使用自己熟悉的軟體，例如：Canva、Adobe Express、…等線上影像處理工具，或是使用電腦中已安裝的影像處理軟體 (如 Photoshop) 來加字。

不過 AI 畢竟不是真人，有時候很難跟 AI 說明要預留多少文字空間，為了減少來回溝通的次數，也可以直接請他生成含有文字的圖片，之後再利用影像處理軟體的「自動填補」或「自動移除」等功能，清除文字並填補背景後，再加上文字，底下以 Adobe Express 做示範：

 Step 1 開啟網頁瀏覽器，輸入「https://new.express.adobe.com」，進入 Adobe Express 網站，登入或註冊你的帳號、密碼，進入主畫面。

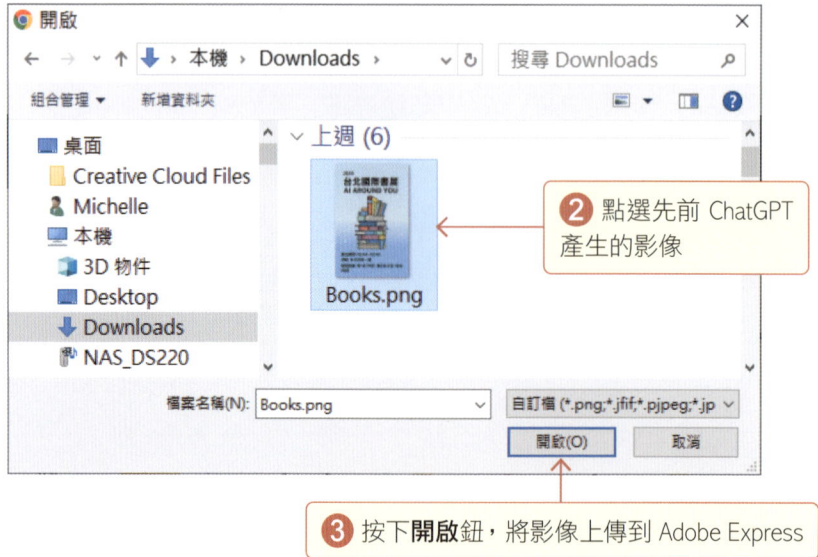

1-8

Step 2 在此我們要用 Adobe Express 的**移除物件**功能，將影像下半部的中文字清除，接著再重新輸入文字。

❶ 點選**移除物件**（若是沒有出現此面板，請用滑鼠按一下右邊的影像）

❷ 拖曳滑桿可調整筆刷的大小

❸ 在想清除的地方來回塗抹

❹ 按下**移除**鈕

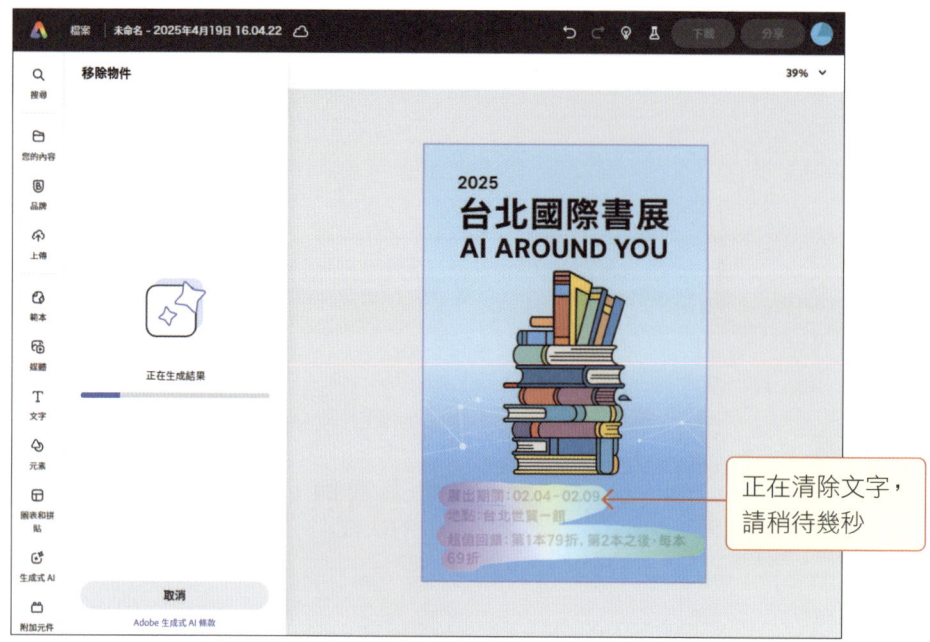

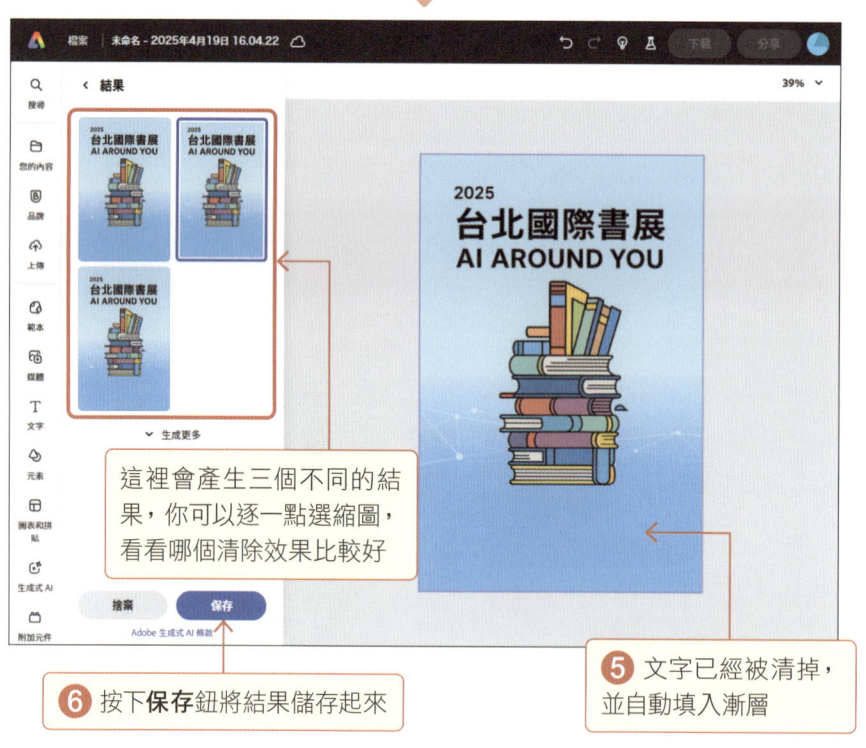

1-10

Step 3 接著，我們要在影像的下半部重新輸入文字，在此要輸入「國際書展超值回饋」、「第一本 79 折，兩本以上 69 折」，請跟著底下的步驟進行：

❶ 按下**文字**鈕開啟文字面板
❷ 按下**新增文字**鈕
❸ 在紫色的邊線上按住滑鼠左鍵，即可移動文字框的位置
❹ 按一下文字框的內部，即可輸入文字

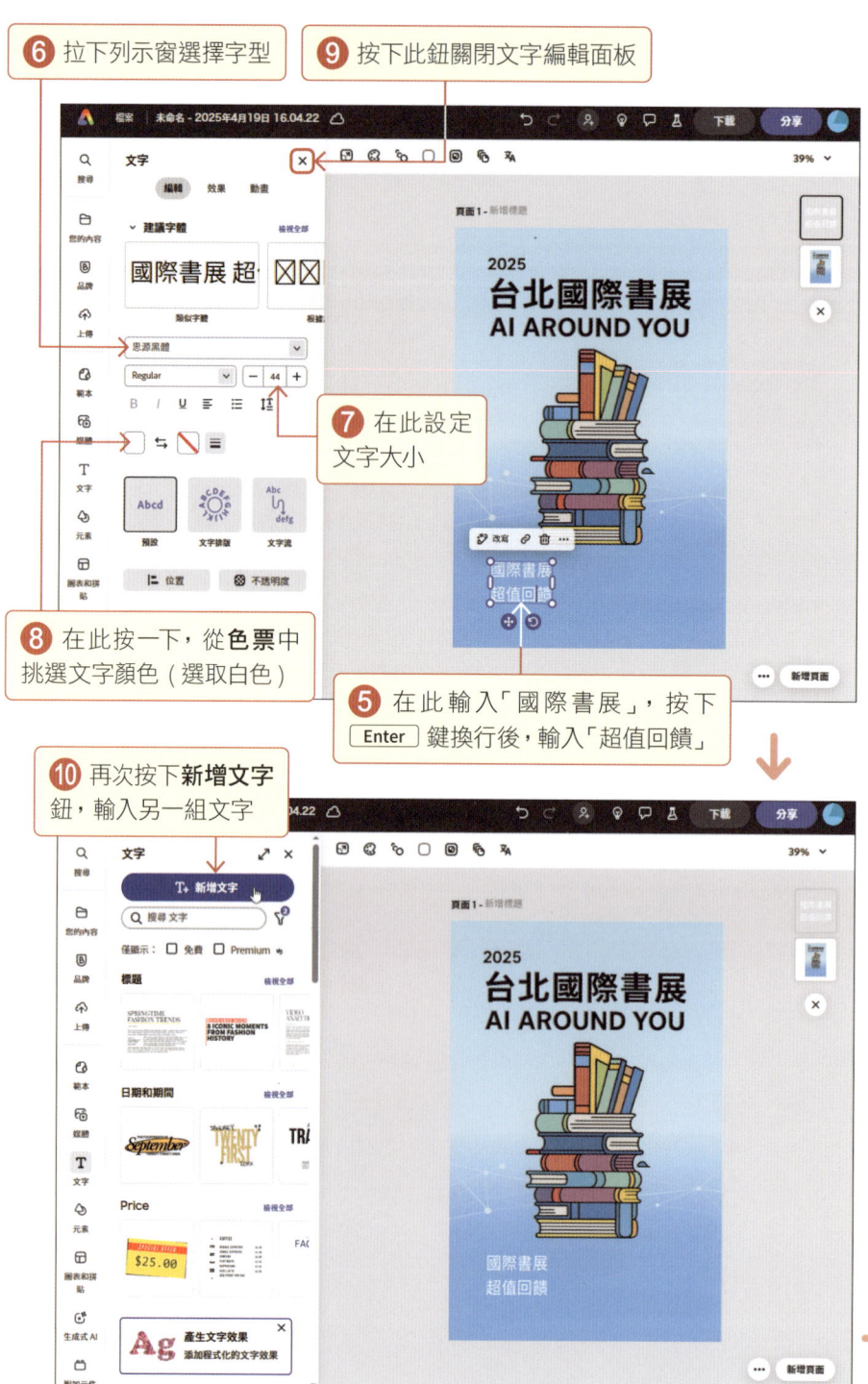

1-12

Step 4 設定文字效果。我們想替第一組文字加上一點裝飾，請切換到**效果**面板：

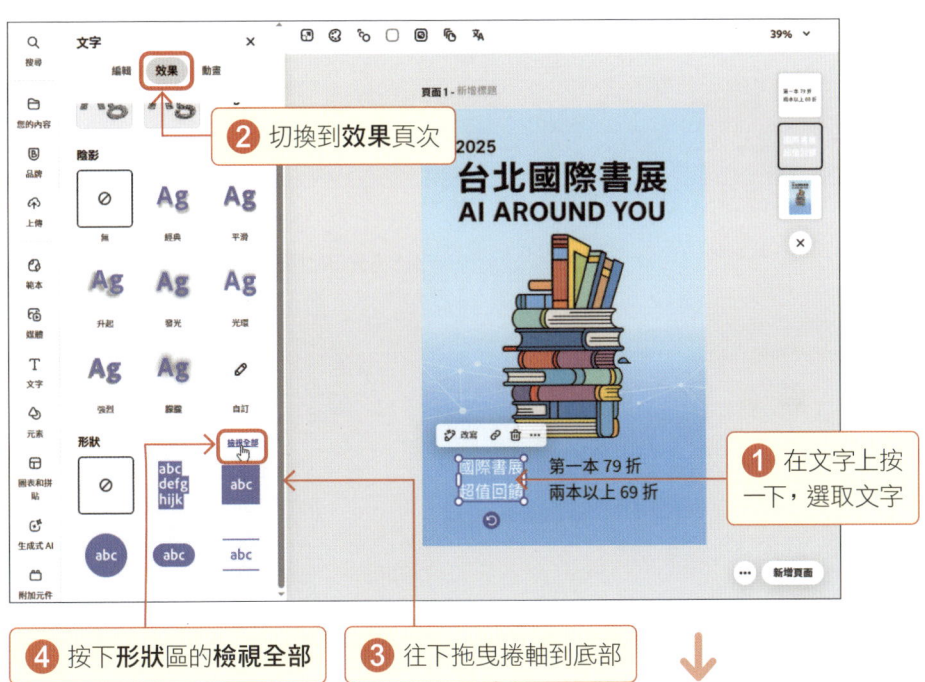

❼ 按此箭頭,回到**編輯**頁次

❺ 選擇喜歡的形狀

❻ 立即將形狀套用到文字上,不過此時文字變成白色會不容易辨識,我們待會再來調整

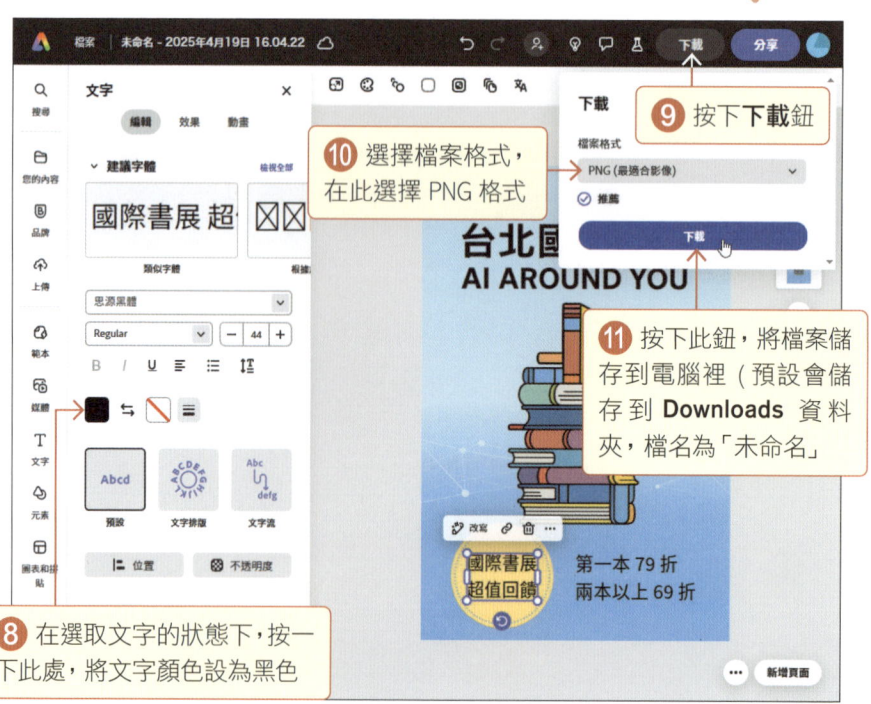

❾ 按下**下載**鈕

❿ 選擇檔案格式,在此選擇 PNG 格式

⓫ 按下此鈕,將檔案儲存到電腦裡 (預設會儲存到 Downloads 資料夾,檔名為「未命名」

❽ 在選取文字的狀態下,按一下此處,將文字顏色設為黑色

1-14

最後的裝飾

在海報的下半部輸入中文後,覺得左右兩邊有點空,我們想再加點插畫,這時最快的方法就是請 AI 聊天機器人來幫我們生成看看,在此以 ChatGPT 為例。

請開啟 ChatGPT,上傳剛才在 Adobe Express 處理好的影像,再輸入如下的提示語,請 ChatGPT 幫我們加上插畫。

提示

(上傳檔案)
這張海報有點空,你能幫我在主視覺旁邊加上一些「飛舞的書本或書頁」,請不要動到畫面的比例,文字、構圖跟配色,謝謝!

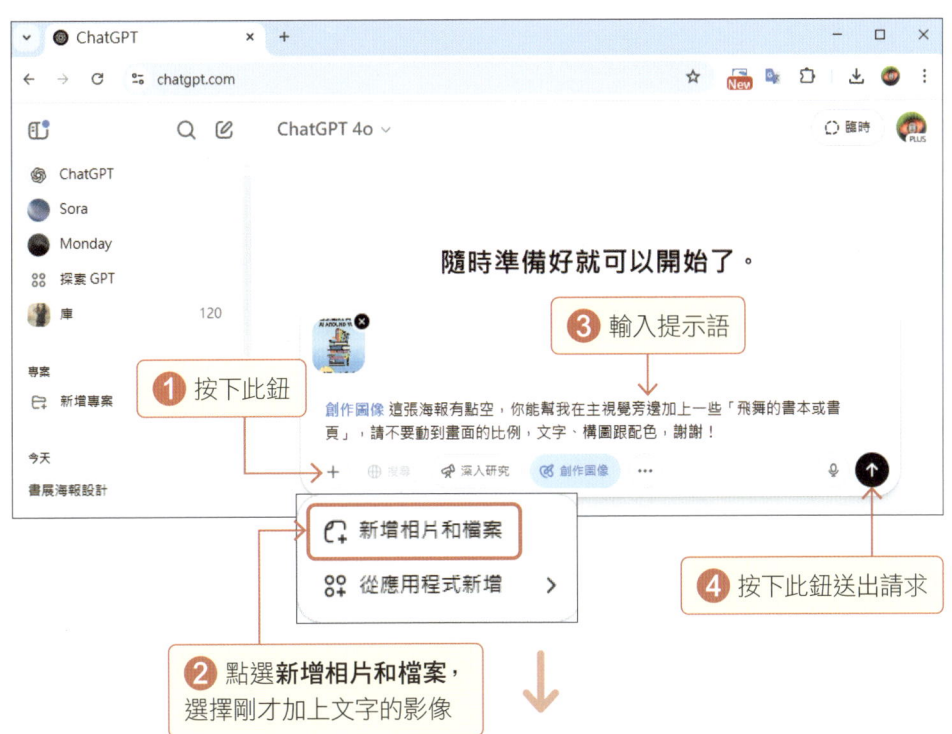

① 按下此鈕

② 點選**新增相片和檔案**,選擇剛才加上文字的影像

③ 輸入提示語

④ 按下此鈕送出請求

❺ 按下此鈕即可下載處理後的影像

稍待一會兒，ChatGPT 在主視覺旁邊加上一些飛舞的書本插圖了

雖然我們在下提示語的時候有跟 ChatGPT 說不要動到畫面的構圖及配色，不過 ChatGPT 或多或少還是會變動版面，甚至變更插圖，這時只能再次下提示語，請他重新生圖。例如底下的左圖，ChatGPT 生成的插圖太多太亂，而且還改到左下角的中文字，遇到這種情形就得再次跟 ChatGPT 溝通，清楚告訴他要修改的部份，請他再次生成。

Unit 02 社群貼文找不到符合情境的圖,快 Call AI 幫幫忙!

社群貼文寫好文案,結果卡在「配圖」這關?😣

要傳達的情境很具體,但圖庫都不對味,不是太制式就是太抽象,這時候就該出動 AI,只要用講的 (描述) AI 就能幫你生出**專屬情境插圖**,不怕撞圖、還超吸睛!快來看怎麼讓 AI 成為你最強的生圖小助手💪

▲ 第一次生成

▲ 第二次生成,畫面的比例變了

▲ 第三次生成,有錯字

▲ 終於完成

用 AI 聊天機器人快速生成貼文廣告圖

使用 AI	ChatGPT、Grok、Gemini、Copilot…等 AI 聊天機器人
提示語包含的結構	標題＋副標題＋背景＋插圖

社群貼文寫好了，但是卻被配圖卡住，這次老闆要做絕版品出清的 5 折大特價，想找張「表情驚訝的貓」來當插圖，表現出「不敢相信」有這麼便宜的優惠，但是商用圖庫翻來翻去都沒適合的，是時候召喚 AI 來救援了！

筆者試了 ChatGPT、Grok、Gemini、Claude、Copilot 等熱門的 AI 聊天機器人，用同樣的提示詞請 AI 生成貼文圖片，整體而言只有 ChatGPT 比較到味，而且持續告訴 ChatGPT 怎麼修正，他會愈做愈接近想要的結果。Claude 目前比較不擅長生成這類的圖，做出來的結果比較陽春，Copilot 及 Grok 則是整體構圖不錯，但文字全亂碼，在此就用 ChatGPT 來生成貼文的圖吧！

 描述你想要的情境。首先，開啟 ChatGPT，輸入如下的提示語，告訴 ChatGPT 想要做出什麼樣的貼文圖。

請幫我做一張社群貼文的圖，標題為「絕版品全面下殺」、「5折 UP」，文字周圍「加邊框」及「爆炸圖案」、「星星圖案」做點綴
活動日期：6/01-6/20
背景色由幾何的亮黃色、亮藍色、亮粉紅色組成
在畫面的左下角放「一隻表情非常吃驚的貓」插圖

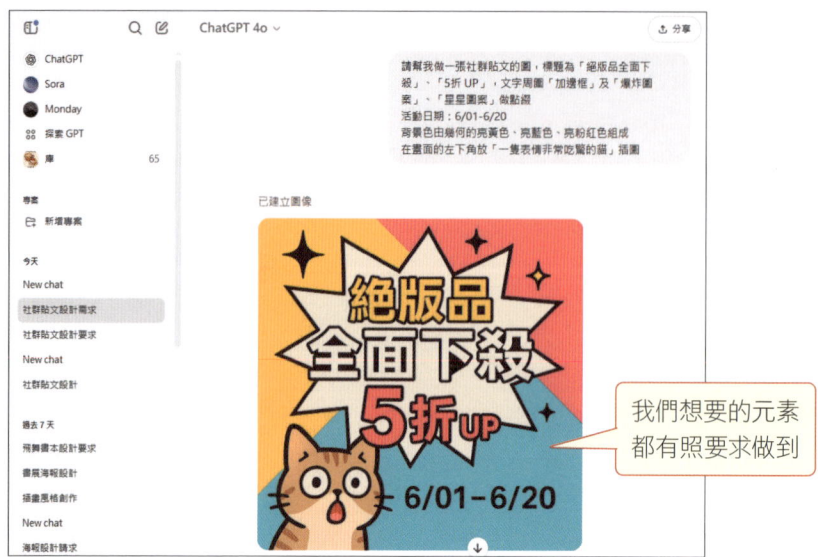

Step 2 雖然 ChatGPT 的確有照我們的要求做出想要的元素，但效果有點陽春，我們接著再下提示語，請 AI 修正。

整體看起來還可以，但是圖案可以再誇張一點

Step 3 上個步驟生成的圖雖然有比較誇張，但是整體的畫面變亂了，而且比例也變了，我們繼續請 AI 調整：

提示：請用第一次生成的圖來調整，畫面不要太亂，做成「半色調風格的抽象點點」，圖片比例維持正方形

整體效果有好一點，但是打錯字了

Step 4 上個步驟生成的圖有好一點了，但是把「下殺」打成「下額」，繼續請 AI 改錯字。

提示：這個樣式不錯，但是你打錯字了，是「全面下殺」，拜託改一下

AI 崩潰了，文字全部亂寫 ☹

| Step 5 | 開啟新聊天室,請 AI 重新修改。進行到此,AI 已經開始亂做了,當你遇到 AI 錯亂的情形時,請把剛才生成效果比較好的圖 (如 Step 3 的圖) 先儲存到電腦,重新開啟一個聊天室,再請他做修改。

❶ 按下此鈕,開啟新的聊天   ❷ 上傳 Step 3 生成的圖,並輸入提示語

❸ 開始生成圖片

提示

(上傳檔案)
請幫我修正這張圖的錯字,應該是「絕版品全面下殺」才對

1-22

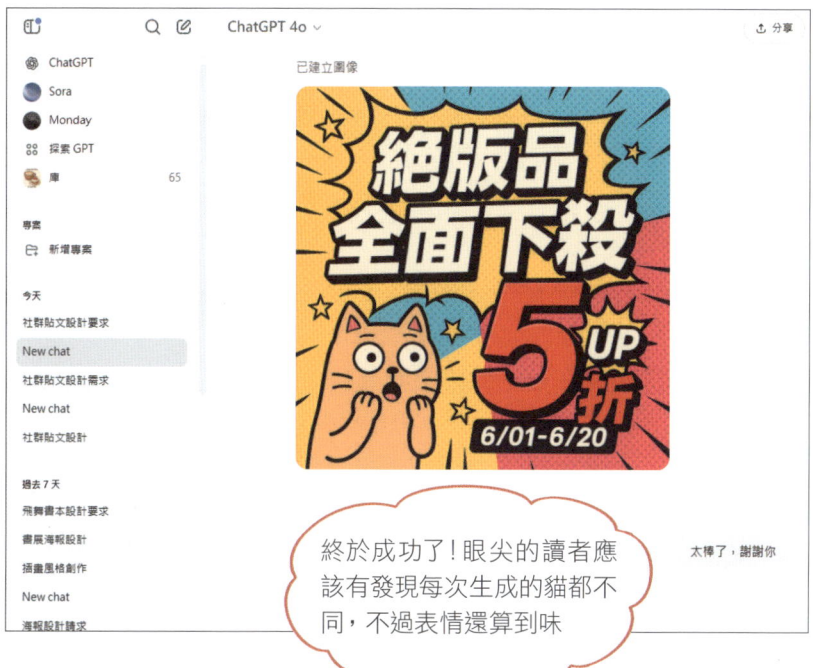

終於成功了！眼尖的讀者應該有發現每次生成的貓都不同，不過表情還算到味

太棒了，謝謝你

　　雖然剛剛與 ChatGPT 溝通也花了幾個步驟，但是全程不超過半小時，與其在茫茫的圖庫裡找，不如讓 AI 先幫你生出「應急」的草圖，後續再用影像處理軟體微調。

▲這張圖我們用影像處理軟體將整體亮度調亮，並將「絕版品全面下殺」、「UP」、日期、貓眼填入白色，並替星星填入不同顏色，讓整張影像比較有朝氣

PART 01 用 AI 解決沒想法、沒素材的困境！

1-23

Unit 03　想做出少女漫畫風格的封面，不會畫畫也能叫 AI 生成

　　想做出夢幻又細膩的少女漫畫風格封面，卻苦於沒有繪畫基礎嗎？現在只要善用 AI 工具，即使零繪畫基礎，也能輕鬆實現心中的漫畫場景。從構圖到色彩風格，只需簡單指令，就能生成專屬於你的少女漫畫封面，讓你的故事一開始就吸引所有目光！

我竟然變成一隻貓

小林佳奈

用 ChatGPT 生成少女漫畫風格的圖

使用 AI	ChatGPT、Copilot、Gemini、Adobe Firefly…等
提示語包含的結構	畫面構思 (主題) ＋風格＋圖片直、橫幅＋文字

　　想製作夢幻的少女漫畫風格圖,卻不知道從何開始?現在只要跟 AI 描述主題、構圖、風格、…等等,就能快速打造出細膩、繽紛、充滿少女感的圖片。不需要繁瑣地打草稿、上色及修圖,就能讓你的想法成真,不論是封面設計、社群貼文還是個人作品集,都能瞬間完成!底下以 ChatGPT 為例:

 構思畫面並描述想要的風格。在此要請 ChatGPT 生成兩張圖,一張是有加書名及作者的圖,另一張則是內容一樣,但不加任何文字的圖,這樣後續就可以利用沒有加字的圖做其他利用。

我想做一個小說封面,請幫我產生二張圖,一張有文字,一張沒有文字,兩張圖的內容一樣

畫面構圖:「一個長髮飄逸、大眼睛的高中女生、穿制服,站在有櫻花的河堤邊,左下角有一隻貓咪,少女漫畫風格,畫風細膩、顏色鮮明」,圖片比例 2:3 直幅

書名「我竟然變成一隻貓」,書名直排,放在畫面左邊,不要壓到貓咪

作者「小林佳奈」,放在畫面的右下角,字不用太大

文字的部份,請用「繁體中文」,文字顏色用深咖啡色,邊緣加上白色光暈,字型使用類似「明體」,文字有一種「復古或報章」風格的感覺。

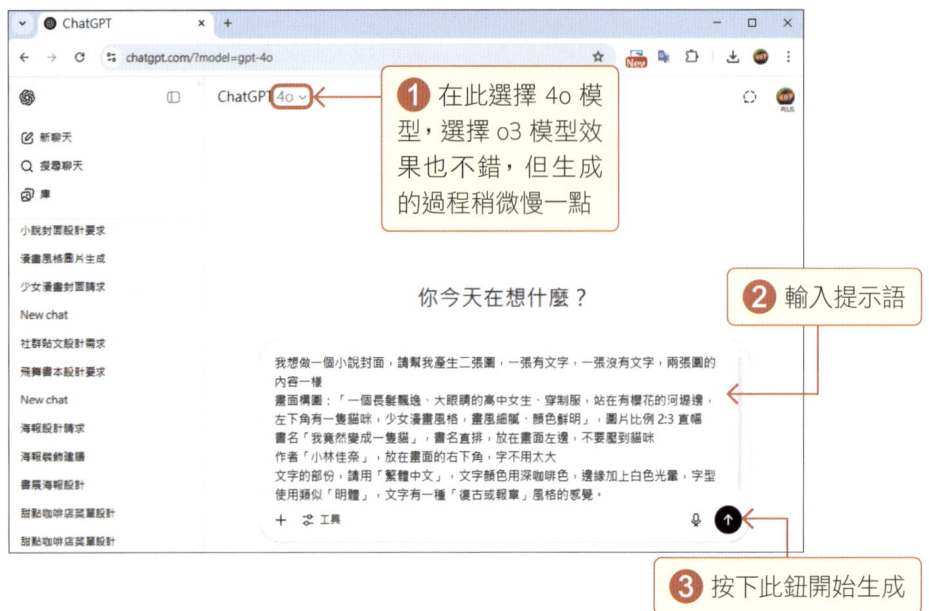

Step 2 稍待個十秒左右，ChatGPT 生成了兩張圖讓我們挑選，左邊看起來還不錯，右邊的圖則是打錯書名了，制服外套的顏色不突出，因此我們選擇了左圖。但是我們的提示語要求要生成一張沒有文字的圖，這部份 ChatGPT 就沒有做到，我們再繼續與它溝通。

1-26

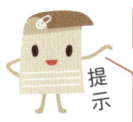

Step 3 再次輸入提示，請 ChatGPT 改圖。

提示

剛才生成的構圖不錯，請依照剛剛生成的圖片，在不改變圖片結構的狀況下，生成一張有書名及作者的圖，另一張不要有任何文字，整體色調鮮明，不要偏黃。

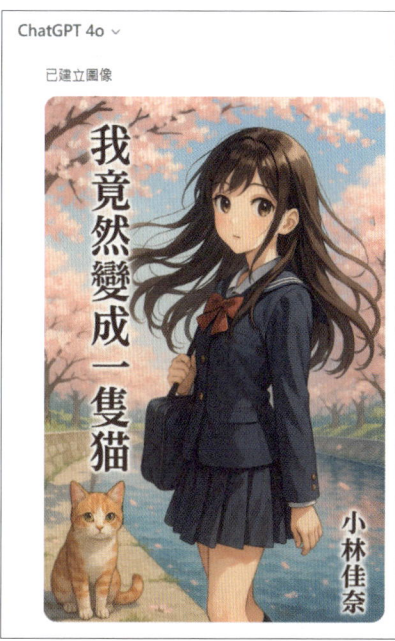

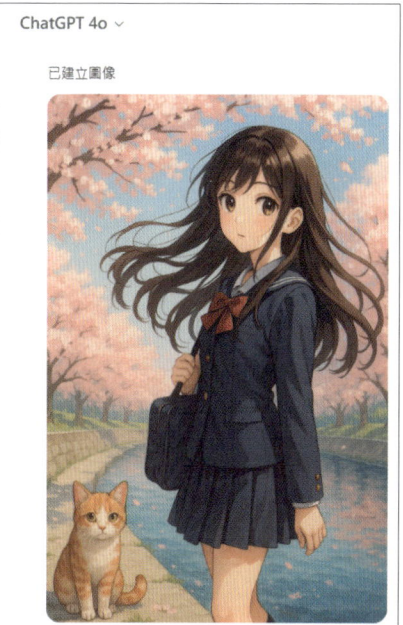

▲ 這次 ChatGPT 聽懂要求了，整體的色調變得比較鮮明，也生成兩張圖給我們了，字也沒有打錯

上傳照片，請 ChatGPT 生成少女漫畫風格的圖

除了輸入提示語，請 ChatGPT 生成少女漫畫風格的圖，還有一個方法是，直接上傳照片，請他將照片轉換成指定的風格。

Step 1 上傳照片並輸入提示。

提示

(上傳檔案)

可以幫我把這張照片變成少女漫畫的風格嗎？

上傳檔案並輸入提示語

生成黑白配色的圖

Step 2 ChatGPT 生成了黑白配色的圖,我們希望是彩色的圖,再次請 ChatGPT 修改看看。

> 提示：可以幫我把上傳的照片製作成彩色的少女漫畫風格嗎？顏色依照照片的配色就可以了

◀ 終於生成理想的圖了

ChatGPT 也能在圖片中局部新增、移除或是取代景物

雖然生成了不錯的圖,不過我們還想在畫面左下角加上一隻貓,ChatGPT 有個**選取**功能,只要在圖片中塗抹,就能在塗抹的位置新增、移除或是取代景物。

❶ 在圖片上按一下

❷ 按下**選取**鈕

1-30

❸ 在左下角的位置塗抹，選取這個範圍

❹ 輸入提示

提示：一隻貓。請保持照片的一致性，不要變更構圖、色調，謝謝！

雖然我們有交代 ChatGPT 不要變動到色調，但生成後的圖片還是偏黃☹，後續可以使用影像處理軟體微調，或是請 ChatGPT 再次調整色調

生成一隻貓了

PART 01 用 AI 解決沒想法、沒素材的困境！

1-31

用 Adobe Firefly 生成少女漫畫風格的圖

除了使用 ChatGPT 產生少女漫畫風格的圖，你也可以使用 Adobe Firefly 來生成。Adobe Firefly 的特色是使用 Adobe Stock 中獲得授權的影像以及開放授權的影像來訓練 AI 模型，因此**生成後的影像用在商業用途也不會有疑慮**。

不過 Adobe Firefly 目前只能單純生圖，要在圖中加上文字，可以後續再利用自己熟悉的 Canva、Adobe Express、Photoshop、…等影像軟體來處理，以下我們示範生圖的操作。

Step 1 請開啟網頁瀏覽器，在網址列輸入「https://firefly.adobe.com」進入 Adobe Firefly。

直接按下**產生**鈕進入設定畫面

1-32

Step 2 接著，設定影像的比例、類型並輸入提示。Adobe Firefly 不需要像 ChatGPT 等 AI 聊天機器人輸入口語的描述，只要輸入「重點」或「關鍵字」就可以了。

---

❶ 拉下列示窗，選擇畫面比例（有**方形 (1:1)**、**橫向 (4:3)**、**縱向 (3:4)**、**寬螢幕 (16:9)**、**垂直 (9:16)** 的比例可選擇

❷ 選擇**藝術**

❸ 輸入提示

❹ 按下**產生**鈕

❺ 生成四張圖片供你挑選

❻ 按下**全部下載**鈕，可一次下載這四張圖片

> 提示：長髮飄逸的高中女生、穿制服，站在有櫻花的河堤邊，左下角有一隻貓咪，畫風細膩、顏色鮮明

▲ Adobe Firefly 生圖的變化比較多，顏色的對比也比較強烈

Unit 04 現有圖庫找不到中意的網頁 ICON，用 AI 生成最快

在設計網頁時，最怕 ICON 的整體風格不一致，雖然圖庫通常都有風格一致的 ICON 組合包，但有時候想要的圖剛好沒有，與其花時間翻找圖庫，不如靈活運用 AI 工具，直接請 AI 依需求生成專屬的 ICON，不但能確保風格統一，也能提升製作效率。

▲ 請 AI 生成去背的 ICON

用 AI 聊天機器人生成風格一致的網頁 ICON

使用 AI	ChatGPT、Grok、Gemini、Copilot…等 AI 聊天機器人
提示語包含的結構	主題＋尺寸＋風格＋檔案格式

　　AI 聊天機器人可說是設計者的靈感加速器，只要下達明確的指示，就能即時產生風格一致且去背透明的網頁 ICON。不論是扁平風格、手繪、極簡線條、3D 立體風格、馬卡龍色系…等都可以生成，底下以 ChatGPT 為例做示範。

Step 1 請開啟網頁瀏覽器，進入 ChatGPT (https://chatgpt.com)，並登入你的帳號，接著在畫面右側的對話框輸入文字提示 (prompt)：

> 提示
>
> 請依底下的項目設計網頁 ICON，尺寸 128×128px，扁平化插畫、每個 ICON 風格一致，細線條，ICON 中不要加中文字，輪廓用色碼 #442218，ICON 中可填入不同的顏色，HOT、NEW、TOP、24H 用圓形外框，去背的 PNG 檔
>
> 回首頁、會員登入、HOT、NEW、閃電、日曆、搜尋、星星、TOP、客服、地球、購物車、24H、信用卡、限時特價

❶ 在對話框輸入主題、尺寸、檔案格式、顏色、…等需求

❷ 按下此鈕或是 Enter 鍵送出需求

1-36

> ChatGPT 4o ⌄
>
> 請依底下的項目設計網頁 ICON，尺寸 128x128px，扁平化插畫，每個 ICON 風格一致，細線條，ICON 中不要加中文字，輪廓用色碼 #442218，ICON 中可填入不同的顏色，HOT、NEW、TOP、24H 用圓形外框，去背的 PNG 檔
>
> 回首頁、會員登入、HOT、NEW、閃電、日曆、搜尋、星星、TOP、客服、地球、購物車、24H、信用卡、限時特價
>
> 已建立圖像

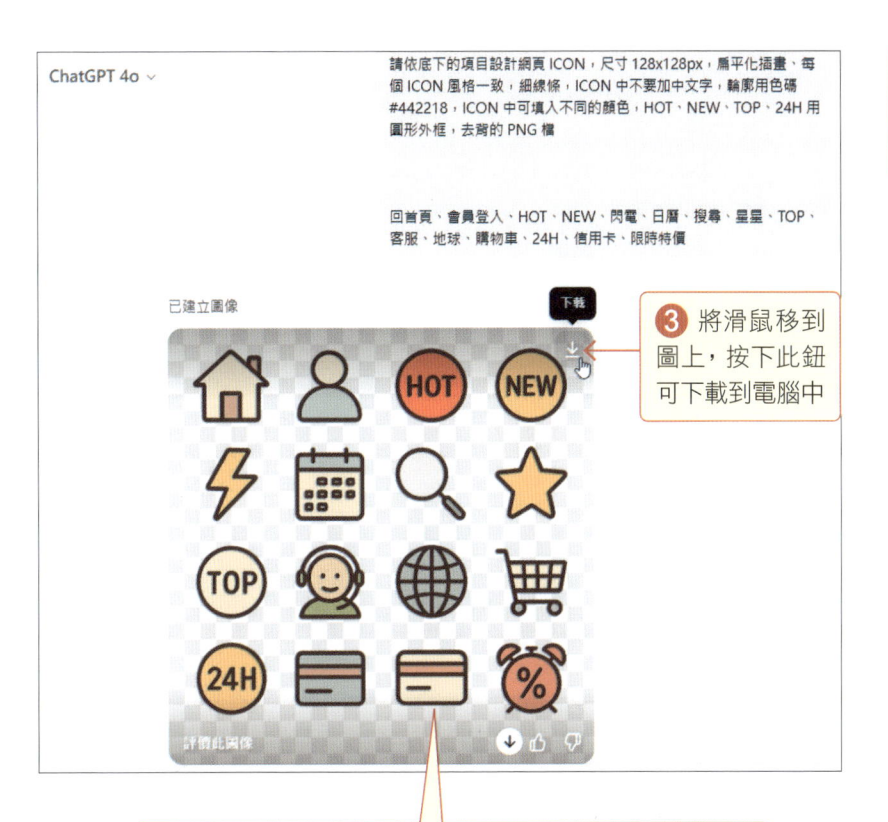

❸ 將滑鼠移到圖上，按下此鈕可下載到電腦中

AI 雖然依需求生成了 ICON，不過多了一個信用卡的圖示，以此例而言沒有影響，所以不需要請 AI 重新生成

Step 2 AI 生成的 ICON 全部放在同一個影像裡，後續要使用，得手動利用影像軟體拆成不同檔案有點麻煩，我們繼續下提示語，請 AI 提供獨立的 ICON 檔案給我們。

> 提示：請生成個別獨立的 PNG 檔

PART 01 用 AI 解決沒想法、沒素材的困境！

1-37

ChatGPT 4o ∨　　　　　　　　　　　　　　　　　　　　　　　請生成個別獨立的 png 檔

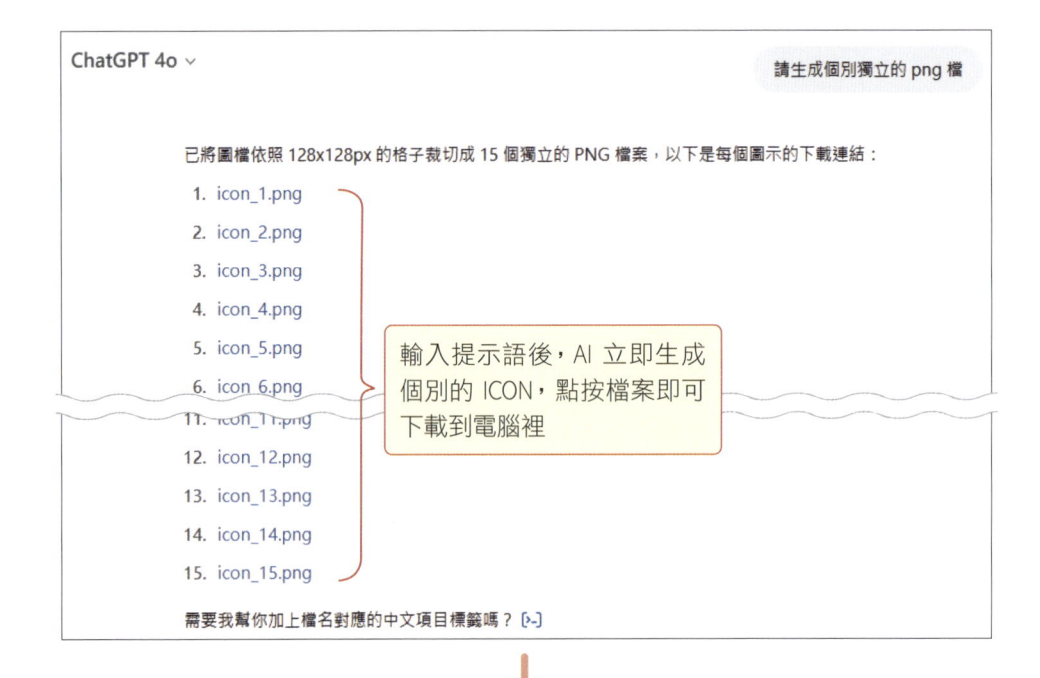

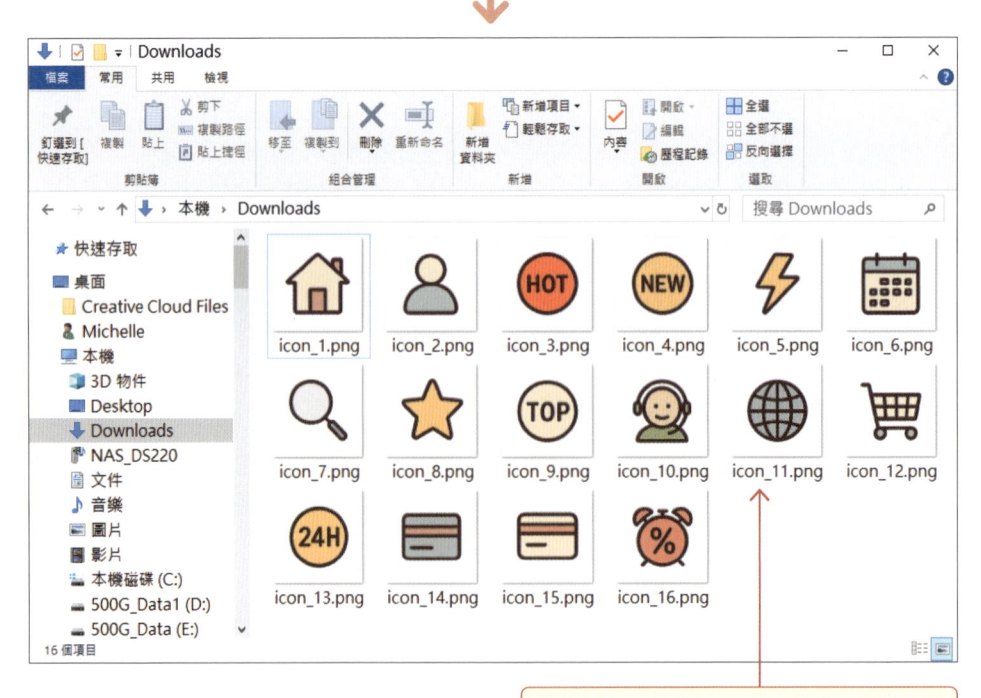

已將圖檔依照 128x128px 的格子裁切成 15 個獨立的 PNG 檔案，以下是每個圖示的下載連結：

1. icon_1.png
2. icon_2.png
3. icon_3.png
4. icon_4.png
5. icon_5.png
6. icon_6.png
 ⋮
11. icon_11.png
12. icon_12.png
13. icon_13.png
14. icon_14.png
15. icon_15.png

需要我幫你加上檔名對應的中文項目標籤嗎？

> 輸入提示語後，AI 立即生成個別的 ICON，點按檔案即可下載到電腦裡

> 每個 ICON 就是一個檔案，檔案會儲存在電腦的 **Downloads** 資料夾裡

1-38

ICON 裁切不完整

有時候請 AI 生成個別的 ICON 會發生裁切不完整的情形,這時候得重新下提示語,請 AI 再次生成;或是開啟新聊天,上傳含有所有 ICON 的圖,請 AI 裁成獨立的 ICON,如果都沒辦法完整裁切,那就只能使用影像處理軟體 (如 Photoshop 來處理了)。

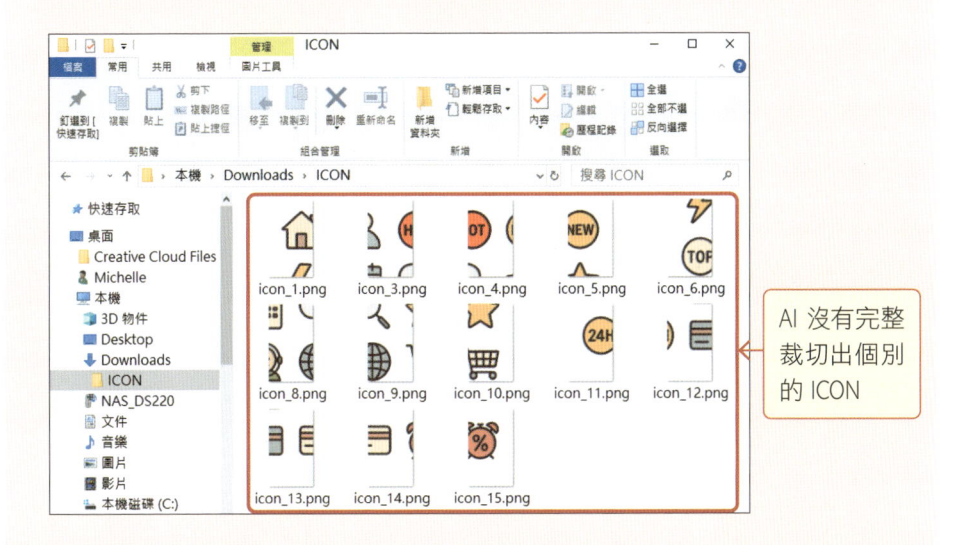

> AI 沒有完整裁切出個別的 ICON

- **方法 1**:開啟「新聊天」,上傳所有 ICON 的圖檔,請 AI 再次裁切

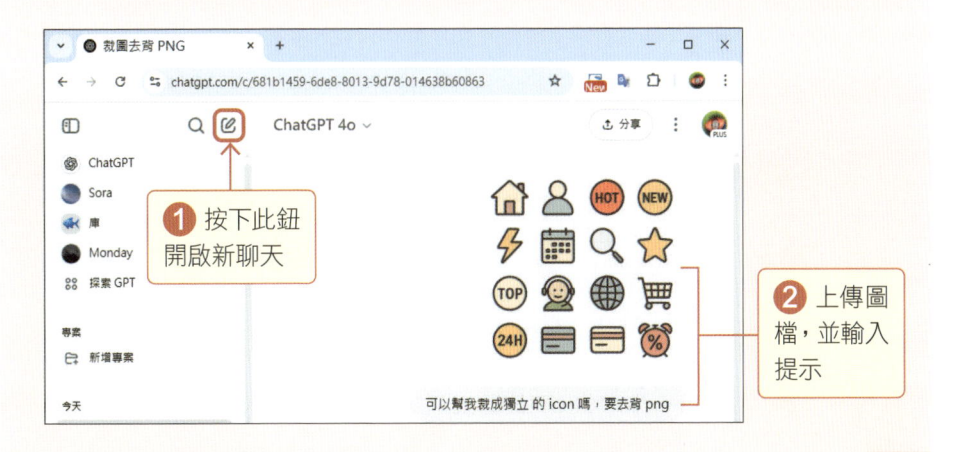

❶ 按下此鈕開啟新聊天

❷ 上傳圖檔,並輸入提示

PART 01 用 AI 解決沒想法、沒素材的困境!

NEXT

1-39

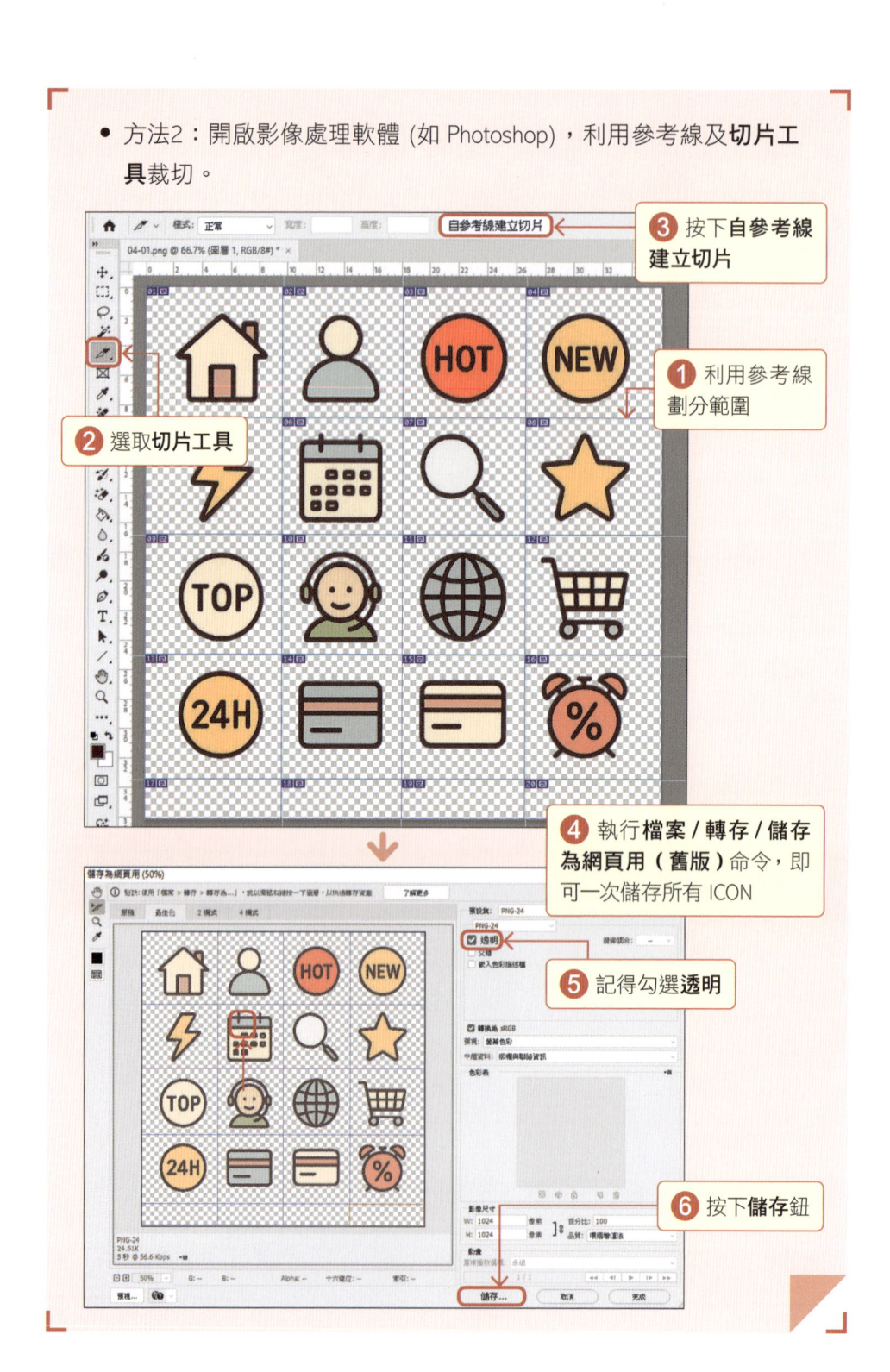

- 方法2：開啟影像處理軟體 (如 Photoshop)，利用參考線及**切片工具**裁切。

❸ 按下**自參考線建立切片**

❶ 利用參考線劃分範圍

❷ 選取**切片工具**

❹ 執行**檔案 / 轉存 / 儲存為網頁用 (舊版)** 命令，即可一次儲存所有 ICON

❺ 記得勾選**透明**

❻ 按下**儲存鈕**

ChatGPT 可以生成哪些風格的 ICON？

ChatGPT 可以根據你的需求，做出不同風格的 ICON，以下列出幾種常見的風格供你參考：

類型	說明	適合用途
扁平風格	色塊乾淨、無陰影、簡單俐落	網頁設計、APP 介面
手繪風格	像手繪插圖一樣，線條自然，有溫度	部落格、文青品牌
極簡線條	單純用線條勾勒、留白多	科技感網站、簡約設計
填色線條	線條加上單色填色，生動可愛	教育、親子、健康網站
3D 立體風格	有陰影、材質感，像小模型一樣	高科技、金融、展示頁
漸層立體	扁平中加上細膩漸層，讓色塊更有層次	商業、現代感網站
馬卡龍色系	柔和色系、帶點甜美，通常結合扁平或手繪	女性品牌、甜點、生活
卡通插畫風	誇張比例、表情豐富，像動畫角色	兒童、遊戲、娛樂
仿真風格	仿真細節高，像真實物品的小縮圖	食品、電商、高單價產品展示
霓虹風	發光線條、強烈對比、夜店風	夜間活動、時尚品牌
質感陰影	像軟陶製品，立體但偏柔和	文創、輕奢商品

> **TIP** ChatGPT 可以製作 16x16px、32x32px、64x64px、128x128px、256x256px 的 ICON 尺寸，而且還可以指定去背景，大大節省後製去背的時間。

Unit 05　製作「無接縫」的背景圖好麻煩！現在用 AI 一秒就能做好

不論是網頁設計、平面設計、產品包裝、布料圖樣、…等，都有機會製作無接縫的圖，以往在製作時得小心且精準地對齊圖案，每次拉圖、調位置，還得小心不要產生明顯的邊界，現在不需要這麼麻煩了，只要一句指令就能讓 AI 幫你生成「完美無縫」的背景，還能指定風格、主題、顏色。

▲ 用 AI 製作幾合圖案的曼菲斯風格背景　　▲ 將背景合成到禮物盒上

▲ 用 Illustrator 的 AI 功能，
　 快速生成咖啡豆圖樣

▲ 套用 Adobe Express 的範本搭配
　 咖啡豆圖樣，製作促銷廣告

1-42

用 Adobe Firefly 生成無接縫背景

使用AI | Adobe Firefly、ChatGPT

提示語包含的結構 | 主題＋風格＋配色

可以製作無接縫背景的 AI 工具很多，像是 Adobe Firefly、ChatGPT、Canva AI、Illustrator、Patterned.ai (https://www.patterned.ai)，只要跟 AI 具體描述主題、風格、配色，就能快速產生想要的圖，底下以效果最好的 Adobe Firefly 做示範。

Step 1 請開啟網頁瀏覽器，在網址列輸入「https://firefly.adobe.com」進入 Adobe Firefly。

❶ 選擇**影像**
❷ 輸入提示語：幾合圖案，曼菲斯風格，無縫的背景
❸ 按下**產生**鈕

1-43

Step 2 接著會生成四張影像讓你挑選，按下縮圖，可放大檢視。

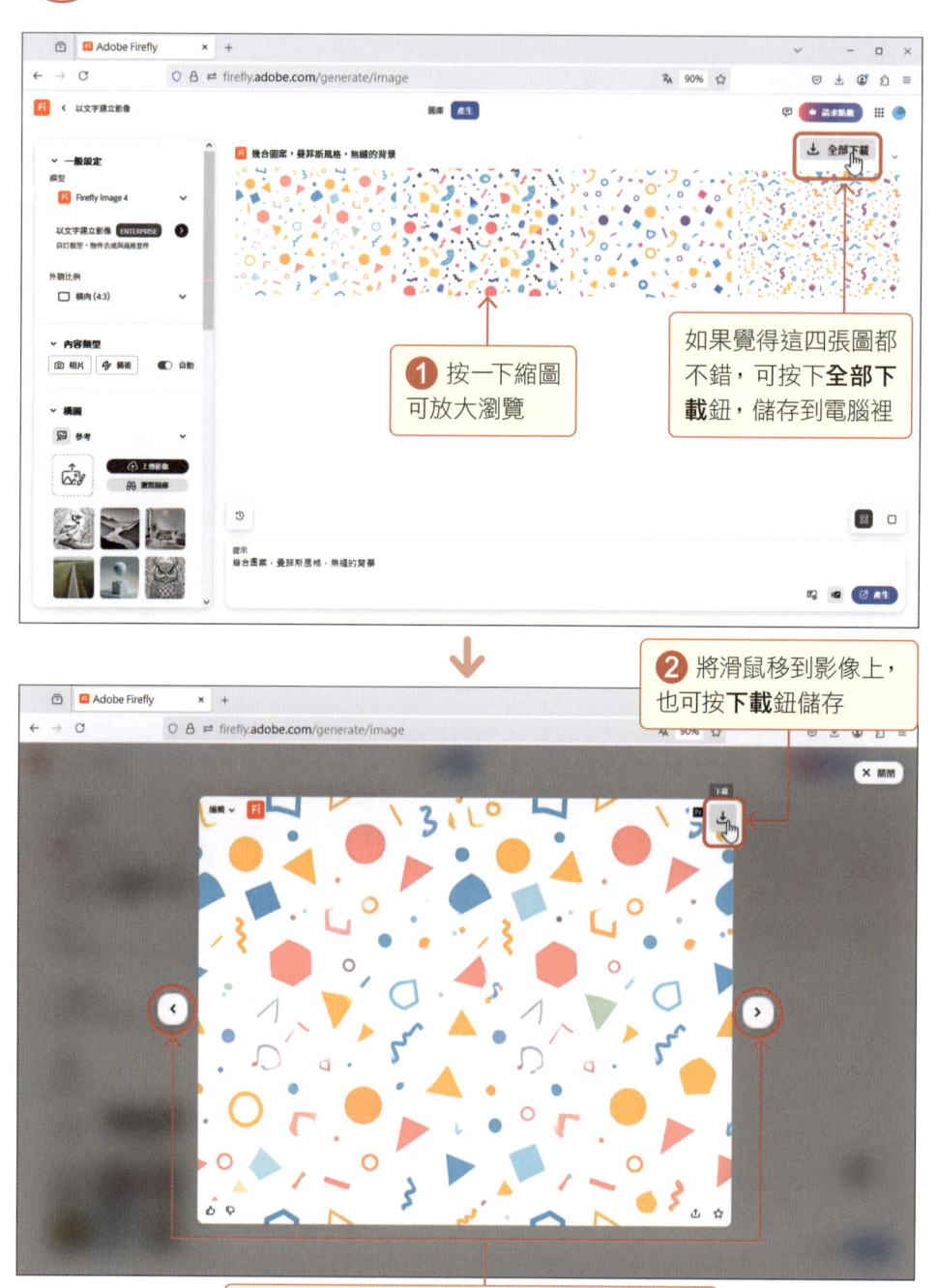

① 按一下縮圖可放大瀏覽

如果覺得這四張圖都不錯，可按下**全部下載**鈕，儲存到電腦裡

② 將滑鼠移到影像上，也可按**下載**鈕儲存

點選左右的箭頭，可瀏覽上一張 / 下一張影像

1-44

Step 3 製作好無接縫的圖，除了可用來當網頁背景、社群圖卡、傳單、海報、…等背景，也可以輸出成包裝紙材，在輸出前我們先用 ChatGPT 模擬一下包裝後的樣子。請進入 ChatGPT 網頁，如下輸入提示語：

提示

(上傳檔案)
請把這張圖合成到方形的禮物盒上，三視角透視，不要變更色調，加上細緞帶

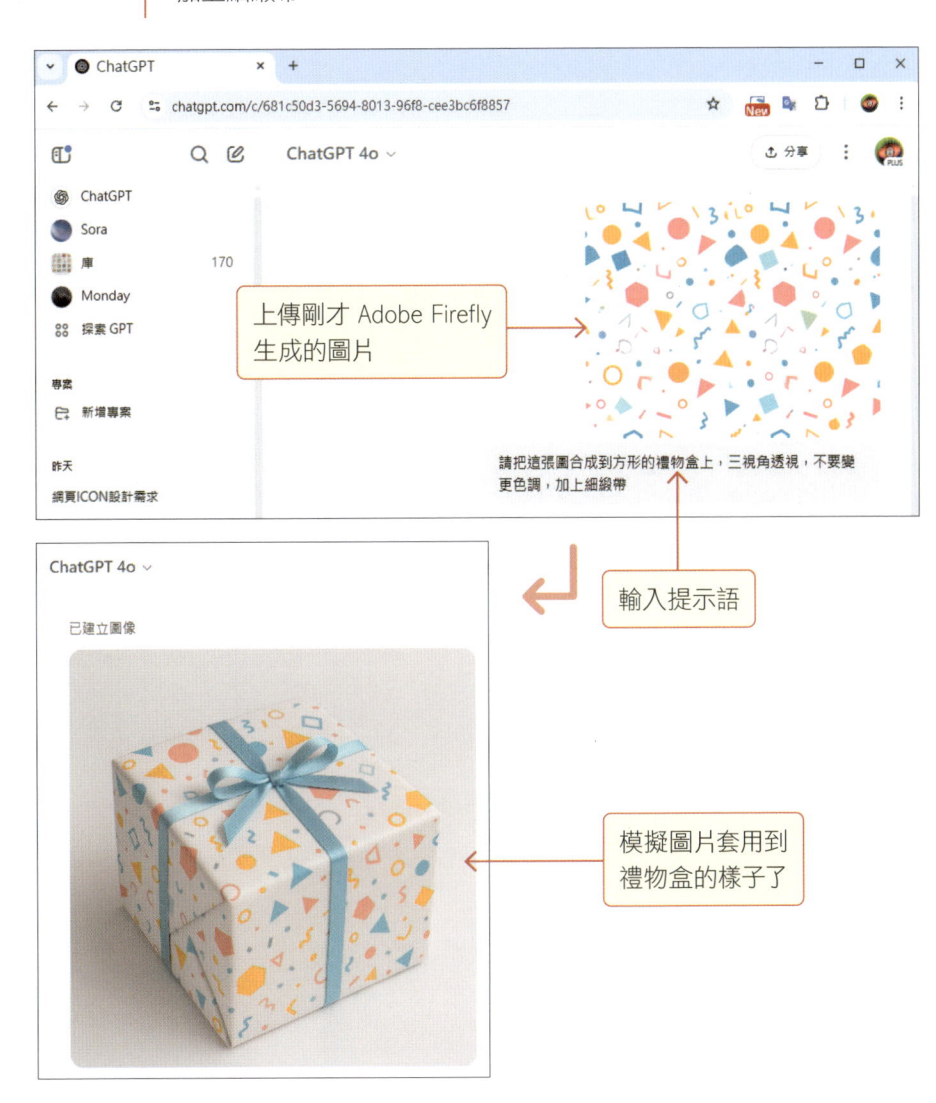

上傳剛才 Adobe Firefly 生成的圖片

輸入提示語

模擬圖片套用到禮物盒的樣子了

PART 01 用 AI 解決沒想法、沒素材的困境！

1-45

Unit 06　作業時間太趕！請 AI 生成不同版本的菜單讓我參考

　　工作排程太滿、交稿日逼近、靈感枯竭，面對這樣的壓力，你不必單打獨鬥，只要告訴 AI 你的需求，無論是手繪風、極簡風、朝和復古風還是文青風，AI 都能快速產出多種版本供你參考，就讓 AI 成為你的創意加速器，把寶貴的時間留給更重要的事。

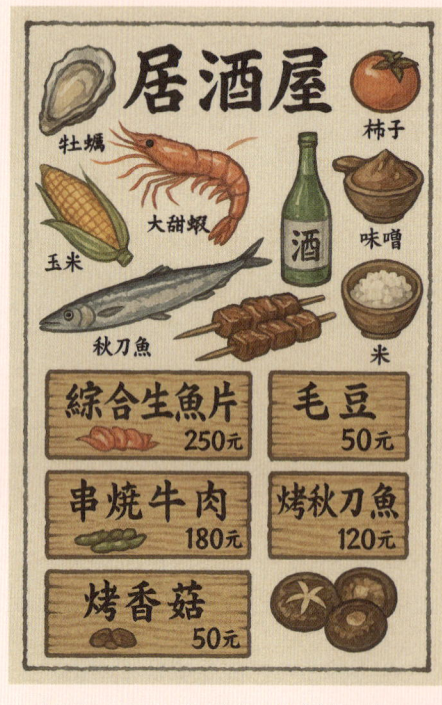

▲ 使用 ChatGPT 生成「日式手繪風格」的菜單

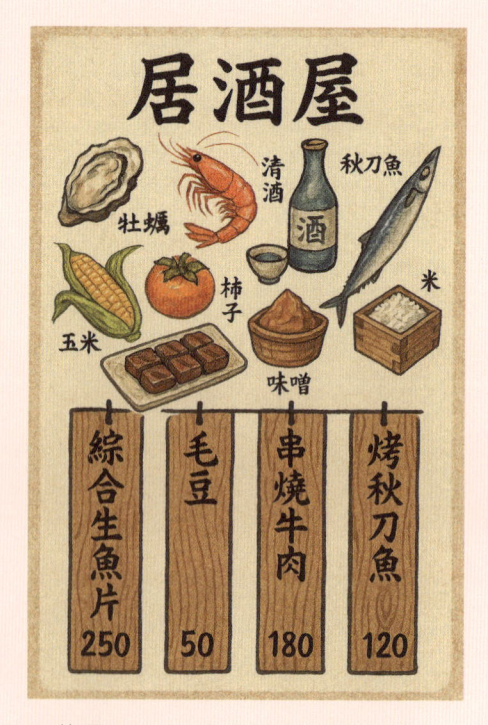

▲ 使用 Copilot 生成「日式手繪風格」的菜單

用 AI 聊天機器人從無到有生成不同風格的菜單

使用 AI	ChatGPT、Copilot、…等 AI 聊天機器人
提示語包含的結構	插圖元素＋風格＋直、橫幅＋價目表

臨時需要設計一份菜單，但一時想不到好的點子，雖然可以用 Canva、Adobe Express 這類工具套用現成版型，但是時間緊迫，要調字型、改配色、找背景、調位置、…也是相當費時，這時候交給 AI 聊天機器人最快，只要輸入品項、價格、風格、插圖類型、…等資訊，就能運用 AI 協助發想與生成不同風格的設計，不僅節省時間也能藉此激發新的靈感。

Step 1 開啟網頁瀏覽器，進入 ChatGPT (https://chatgpt.com)，並登入你的帳號，接著在畫面右側的對話框輸入文字提示 (prompt)：

> 提示
>
> 請設計一個居酒屋的「日式手繪風格」菜單，直幅，圖的四周加上一點紋路
> 文字用毛筆手寫的感覺，請使用「繁體中文」
> 菜單的上半部請放一些食材手繪圖，有「牡蠣、大甜蝦、清酒、秋刀魚、玉米、燒肉、柿子、味噌、米」
> 下半部放價目表，菜名寫在矩形的木板上，也是用手繪圖呈現
> 菜色有：綜合生魚片250元，毛豆50元，串燒牛肉180元，烤秋刀魚120元，烤香菇50元

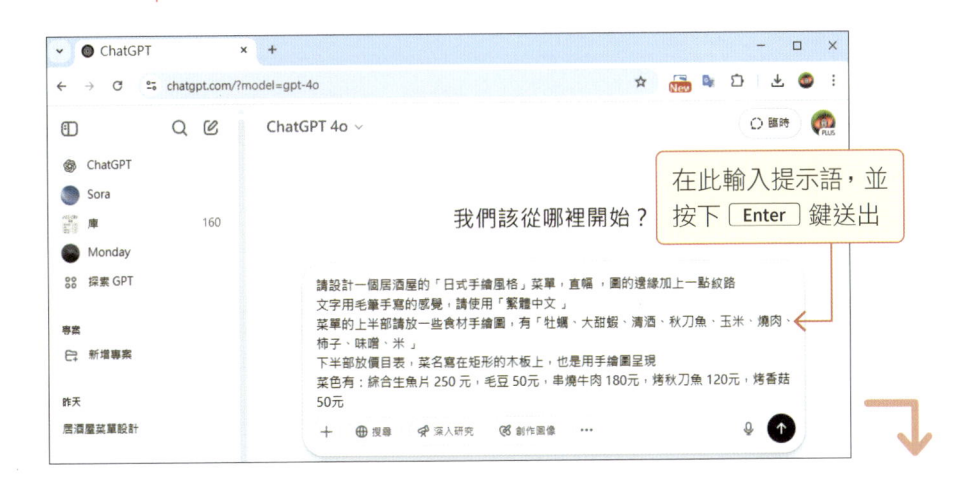

在此輸入提示語，並按下 Enter 鍵送出

PART 01 用 AI 解決沒想法、沒素材的困境！

1-47

> 稍待一會兒，就生成一張日式手繪的菜單

Step 2 剛才生成的日式手繪菜單效果還不錯，插圖也有依照提示語繪製，但我們想看看還有沒有其他風格可參考，你可以詢問 AI 還可以生成哪些風格？

> 提示：ChatGPT 還可以生成哪些風格呢？

> ChatGPT 依類別列出不同風格

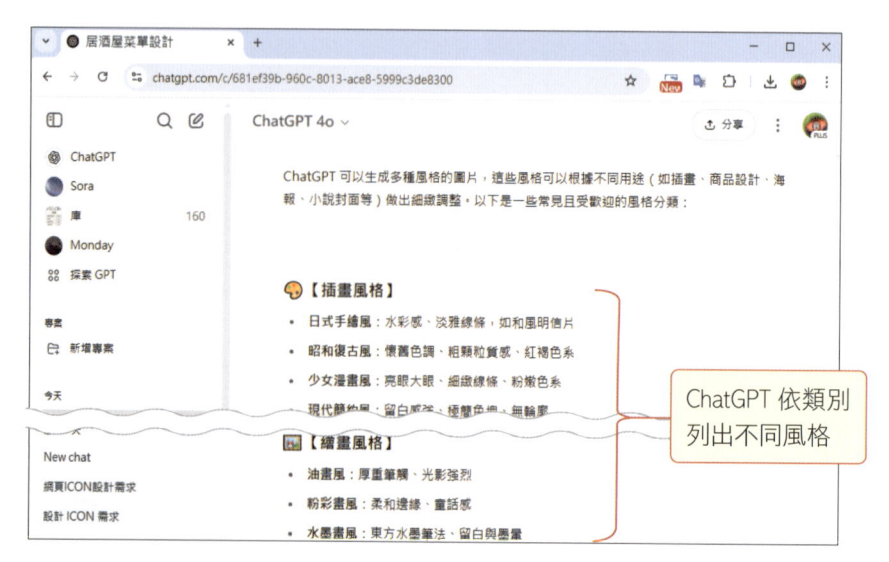

1-48

Step 3 我們來試試生成「昭和復古風」,看看效果如何?

> 提示:可以再做一個「昭和復古風」嗎?

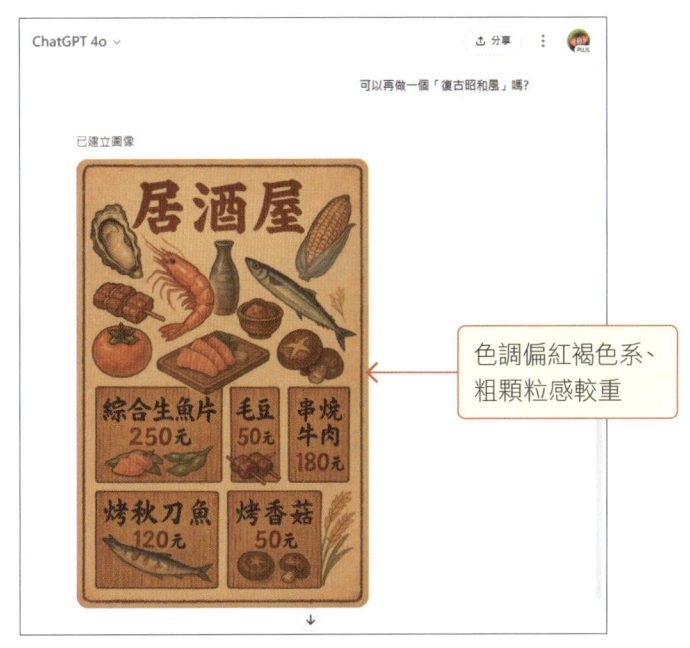

色調偏紅褐色系、粗顆粒感較重

▲ 使用 ChatGPT 生成「朝和復古風」的菜單,不過由於價目表空間擁擠,毛豆跟串燒牛肉的插圖沒有對應,後續可以使用影像處理軟體調整

將實際產品照轉成想要的風格置入到菜單

剛才的範例是請 AI 直接生成插圖來設計菜單,如果要將實際的菜色放到菜單裡,那麼可以先拍攝實物的照片,再請 AI 轉成想要的畫風,例如水彩或色鉛筆、…等,再請 AI 將轉換風格後的照片置入到菜單裡,這樣就可以製作出與實際產品吻合的菜單了。

NEXT

◀ 先拍攝照片

◀ 請 AI 轉換成水彩畫風（在此以 ChatGPT 做示範）

◀ 請 AI 轉換成色鉛筆畫風（在此以 ChatGPT 做示範）

PART

02

用 AI 一鍵完成：
擴圖、調色、
合成與編修

Unit 07　圖片太小怎麼辦，就用 AI 擴增吧！

　　在做設計時，好不容易挑到適合的圖片，卻發現像素尺寸太低、無法放進版面，這的確是常見且令人頭痛的問題。無論是客戶提供的素材、甚至是早期拍攝的作品，像素尺寸不夠放進輸出用的版面，就會出現模糊或鋸齒的情形。以往我們得要重新找高畫質的素材或是重拍照片，但現在透過 AI 的擴增技術不用這麼麻煩了！AI 不只能放大圖片，而且還可以全面「**填補**」畫面中的細節與紋理，讓圖片在放大後仍保有一定的銳利度。

▲ 原影像尺寸 512x512 像素

▲ 擴增 4 倍像素後 2048x2048 像素

用 AI 擴增圖片的像素

使用 AI | FlexClip、MyEdit、YouCam、…線上 AI 修圖網站

當你需要把一張低像素的圖片擴展成大圖，或是將社群圖轉為輸出尺寸，過去可能會因為放大後的品質不佳而放棄。現在透過 AI 輔助不僅能擴增像素也能得到畫質不錯的圖片。在此以 FlexClip 的 AI 工具做示範。

Step 1 請開啟網頁瀏覽器，進入 **FlexClip** 的 **AI 工具** 頁面 (https://www.flexclip.com/tw/editor/ai-tools)，並登入自己的帳號、密碼 (初次使用可以用 Google 帳號快速註冊)。FlexClip 的強項是影片剪輯，但是在 AI 修圖上的效果也很令人驚艷，只要用滑鼠拖曳，就可以快速瀏覽修圖前、後的對照。

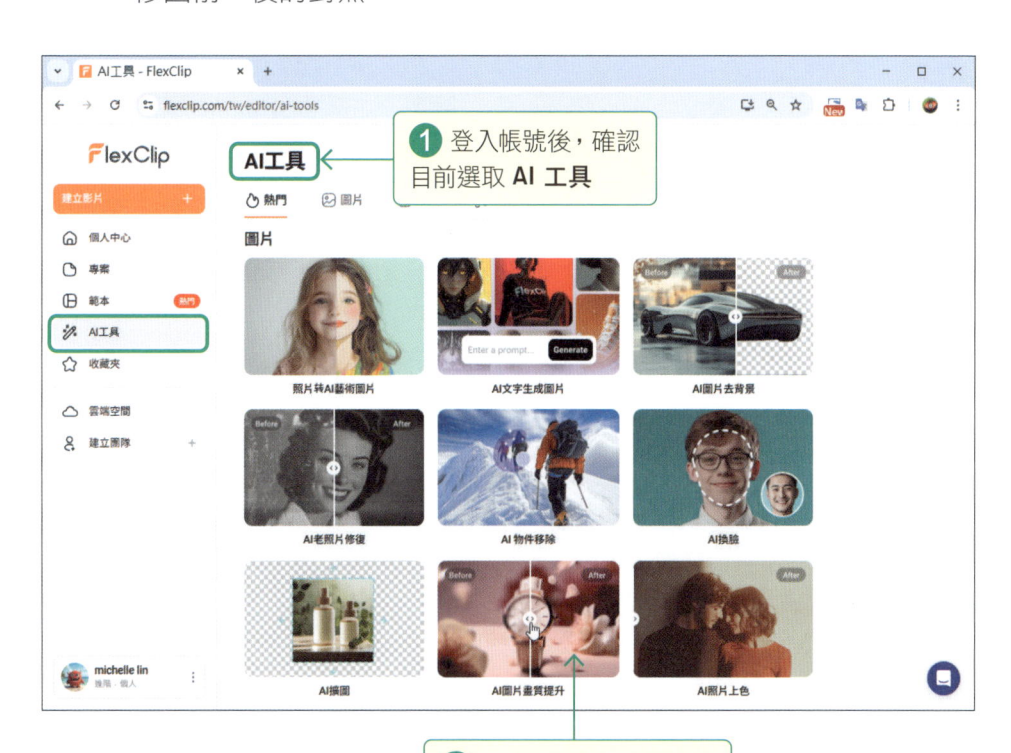

① 登入帳號後，確認目前選取 AI 工具

② 點選 AI 圖片畫質提升

2-3

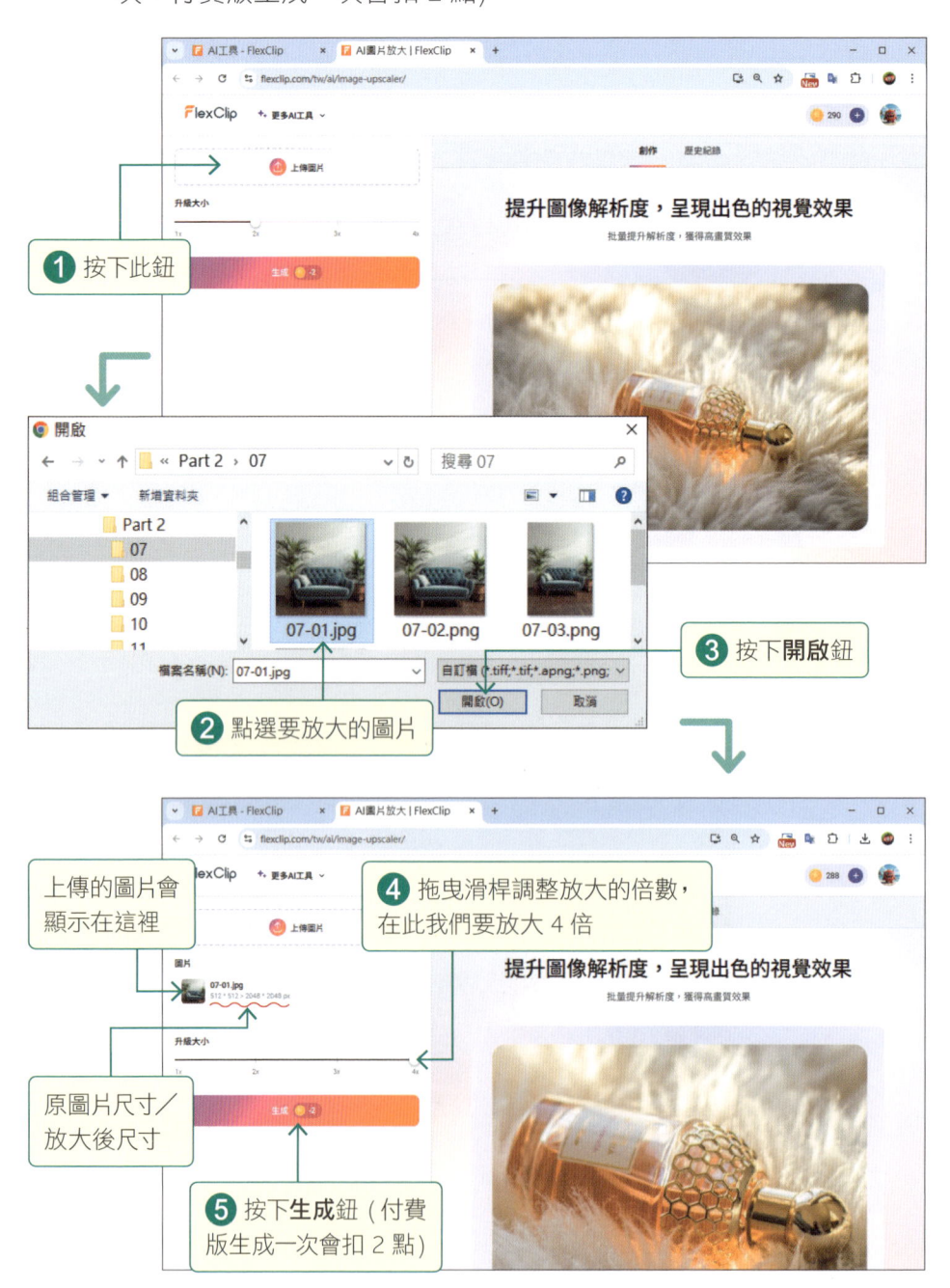

Step 2 按下畫面左側的**上傳圖片**鈕，從電腦中點選要放大的圖片，接著拖曳滑鼠選擇要放大的倍數，再按下**生成**鈕 (註冊後可免費試用三次，付費版生成一次會扣 2 點)。

❶ 按下此鈕

❷ 點選要放大的圖片

❸ 按下**開啟**鈕

上傳的圖片會顯示在這裡

❹ 拖曳滑桿調整放大的倍數，在此我們要放大 4 倍

原圖片尺寸／放大後尺寸

❺ 按下**生成**鈕 (付費版生成一次會扣 2 點)

2-4

❻ 按下此鈕,將放大後的結果儲存到電腦的 **Downloads** 資料夾

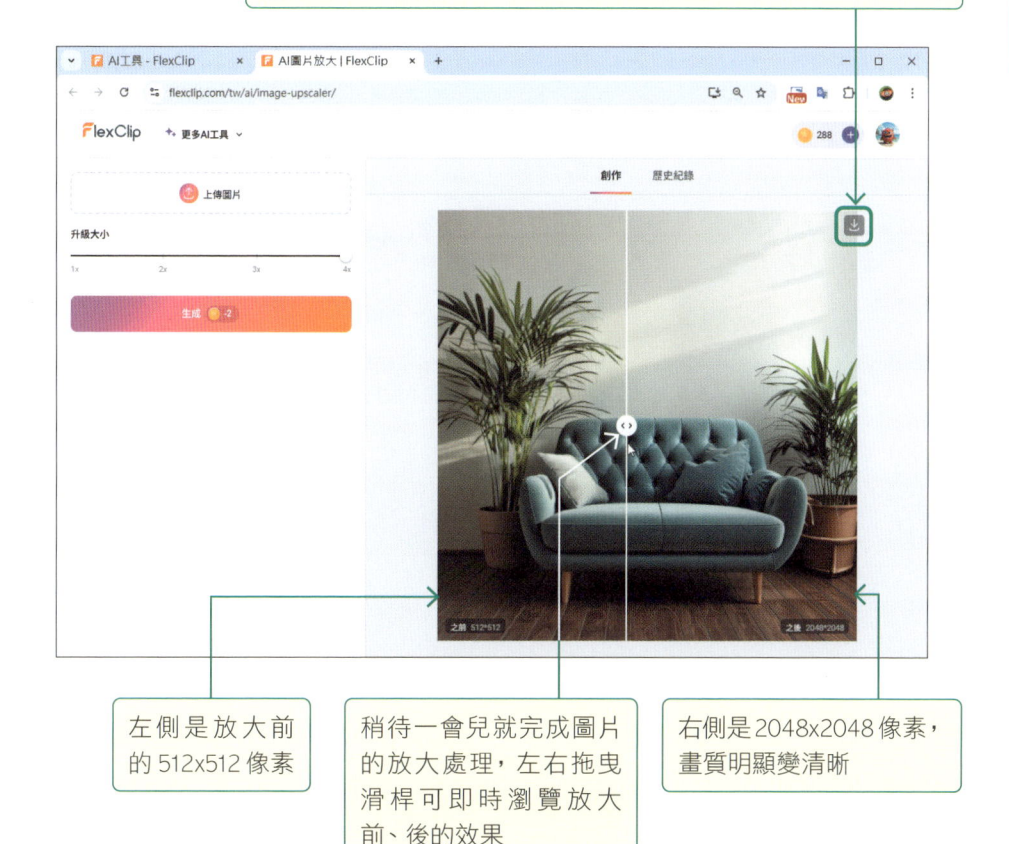

左側是放大前的 512x512 像素

稍待一會兒就完成圖片的放大處理,左右拖曳滑桿可即時瀏覽放大前、後的效果

右側是2048x2048 像素,畫質明顯變清晰

TIP 如果放大 4 倍後,像素尺寸還是不夠,可以用放大後的圖,再次執行放大操作,不過要提醒您經過多次放大,畫質可能會不理想。

　　請注意,雖然 FlexClip 有提供免費試用 AI 工具的次數,不過處理後的圖片會在角落加上「FlexClip」浮水印,若不希望圖片有浮水印,就需付費訂閱。如果使用率不高,可以購買一次性的**點數**,若只要短期使用,可選擇「月」訂閱的方案。

PART 02 用 AI 一鍵完成:擴圖、調色、合成與編修

2-5

❶ 切換到**價格**

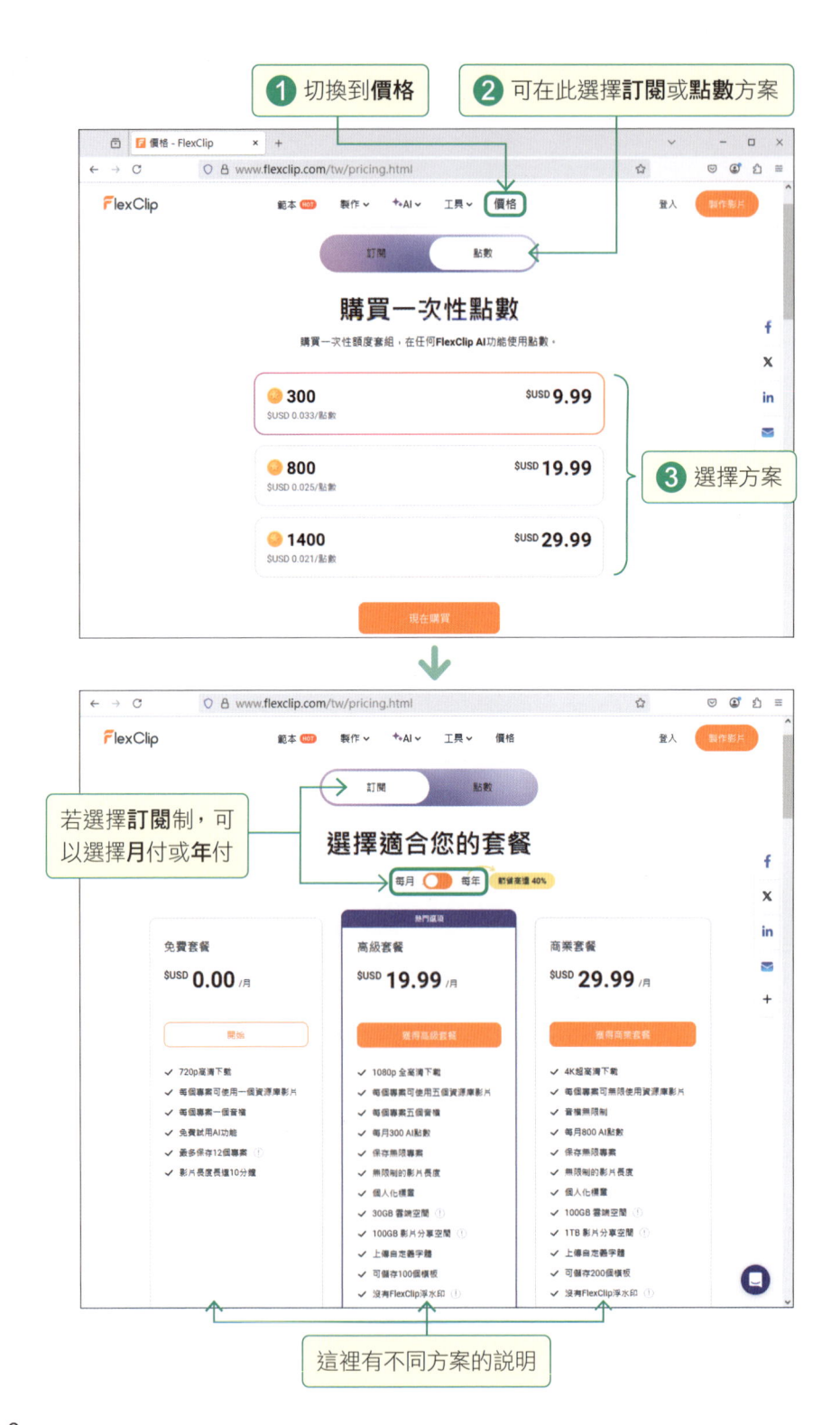

❷ 可在此選擇**訂閱**或**點數**方案

❸ 選擇方案

若選擇**訂閱**制，可以選擇**月付**或**年付**

這裡有不同方案的說明

2-6

用 Adobe Express 將圖片擴增至 A3 尺寸

使用 AI ▸ **Adobe Express**

　　剛才使用 FlexClip 來擴增像素，其放大後的效果令人滿意，但是最多只能放大4x，如果想要延展成大幅海報，那麼可以試試 Adobe Express。

Step 1 請開啟網頁瀏覽器，輸入「https://new.express.adobe.com」，進入 Adobe Express 網站，登入你的帳號、密碼後進入主畫面。

> **TIP** 初次使用 Adobe Express 的人，請先註冊帳號；若已經是 Adobe 的訂閱戶，請登入訂閱的帳號、密碼。

① 點選**使用自己的內容開始**

② 點選要放大的圖片

③ 按下**開啟**鈕

2-7

④ 選擇**編輯影像**

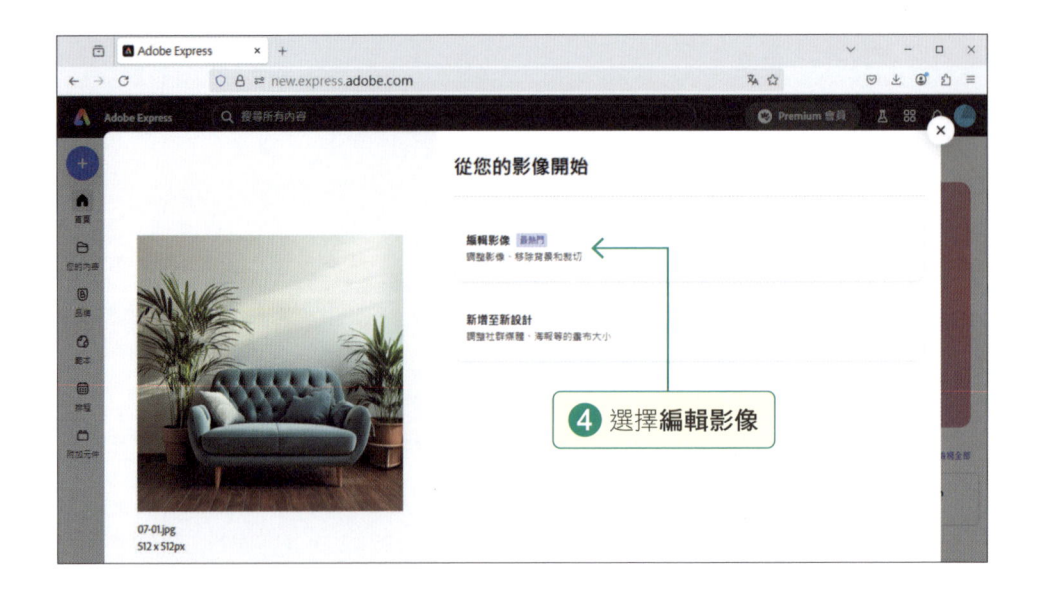

| Step 2 | 進入編輯模式後,按下**調整大小**鈕,就可以選擇想要放大的規格。在此我們想放大至 A3 海報大小。 |

① 按下**調整大小**鈕

2-8

❷ 點選列印

❸ 勾選海報 A3 (297 x 420 公釐)

❹ 請務必勾選擴展圖片，讓 AI 自動填補畫面並調整圖片大小

此區根據不同用途，設計了多種常用的範本尺寸，點選類別即可進一步選擇

❺ 按下調整大小鈕

> **Step 3** 接著會生成三個結果讓你挑選，挑選滿意的圖片後，按下**保存**鈕。

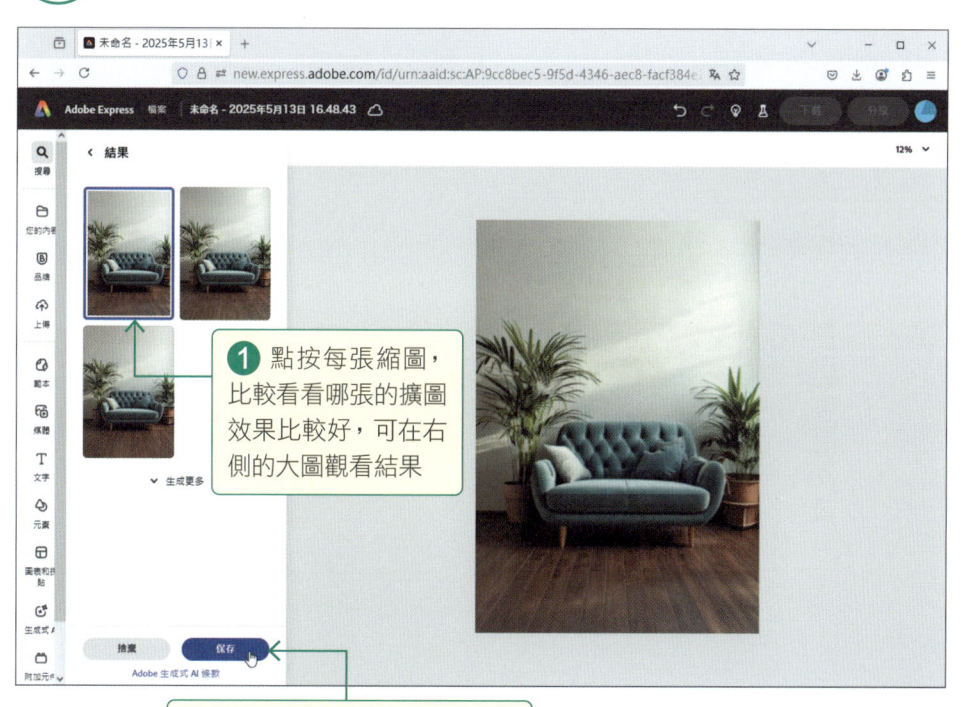

❶ 點按每張縮圖，比較看看哪張的擴圖效果比較好，可在右側的大圖觀看結果

❷ 按下保存鈕儲存擴展的結果

PART 02　用 AI 一鍵完成：擴圖、調色、合成與編修

2-9

| Step 4 | 最後，按下右上角的**下載**鈕，選擇檔案格式後 (可選擇 PNG、JPG、PDF 等格式)，再次按**下載**鈕，即可儲存到電腦中的 **Downloads** 資料夾。|

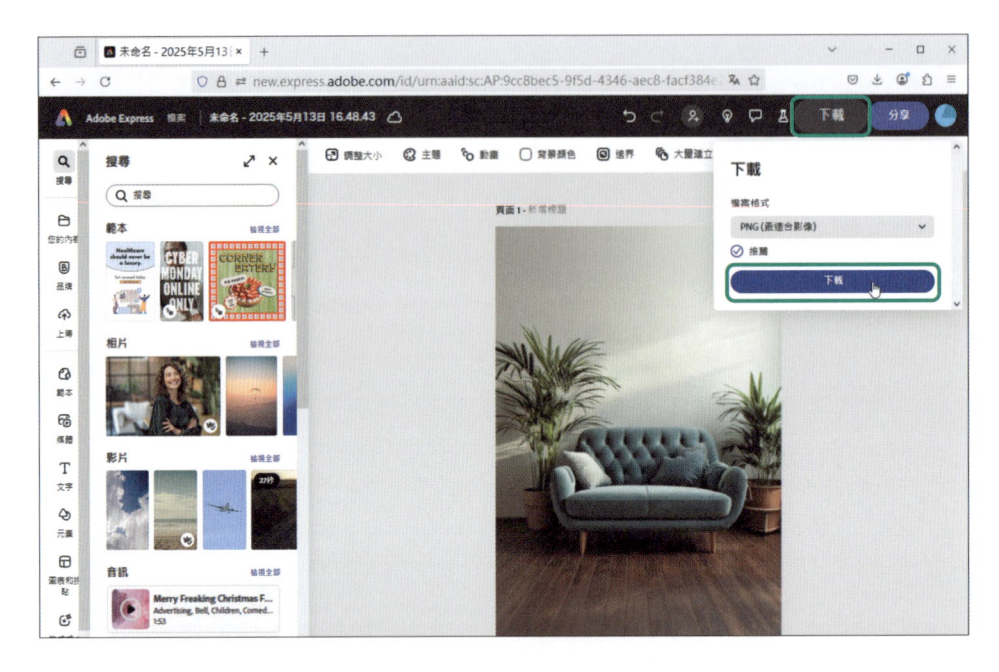

▲ 原影像 (512x512 像素)

▶ 擴大成 A3 海報尺寸，上半部的牆壁及下半部的地板 AI 會自動生成填補

應急時也可以用 AI 聊天機器人來擴圖

使用 AI ChatGPT、Grok、Gemini、Copilot…等 AI 聊天機器人

有時候只是想試排一下版面，但圖片像素太小，在模糊或鋸齒的情形下，實在很難看出效果，但又不想花時間或是額外付費擴圖，這時候你可以用 AI 聊天機器人 (如：ChatGPT) 來應急：

① 上傳圖片到 ChatGPT

② 輸入提示語：這張圖的尺寸太小，可以幫忙擴大到 2048x2048 的尺寸嗎？

③ 按下此連結就能下載擴大後的圖片了

◀ ChatGPT 現階段的擴圖效果算是堪用，但銳利度稍嫌不足，在應急階段還是可以幫上忙的

Unit 08　圖片比例不對，沒辦法配合版面，就用 AI 擴展

　　在製作 DM、海報、刊物或網頁時，是否常遇到圖片內容不錯，但比例完全不合版面？不是太窄就是太短，左右空空或上下留白，不知如何補圖？現在透過 AI 的擴圖技術，可以根據原圖的內容自動延伸畫面，填補空白區域，完美符合需要的版型尺寸。

　　利用 AI 擴圖，除了配合版面位置外，還可以空出一些用來擺放文案的位置，或是將風景照延伸，製作出全景的壯闊感。

▲ 原圖是正方形 1:1

▲ 透過 AI 擴圖成 4:3

◀ 透過 AI 擴圖成 16:9

2-12

用 AI 無限拓展畫面

使用 AI　Adobe Firefly、FlexClip、MyEdit、YouCam、Photoshop、…

　　使用 AI 擴圖來填補影像，步驟非常簡便，除了直接點選現成的「比例」外，也可以透過拖曳滑鼠的方式任意調整，甚至**可以透過提示文字來產生及填補想要的景物**，也可以不輸入提示文字，讓 AI 自動生成與現有影像融合的影像，底下以 Adobe Firefly 做示範。

Step 1　請開啟網頁瀏覽器，在網址列輸入「https://firefly.adobe.com」進入 Adobe Firefly 首頁。登入你的帳號、密碼後進入主畫面。

TIP　初次使用 Adobe Firefly 的人，請先註冊帳號；若已經是 Adobe 的訂閱戶，請登入訂閱的帳號、密碼。

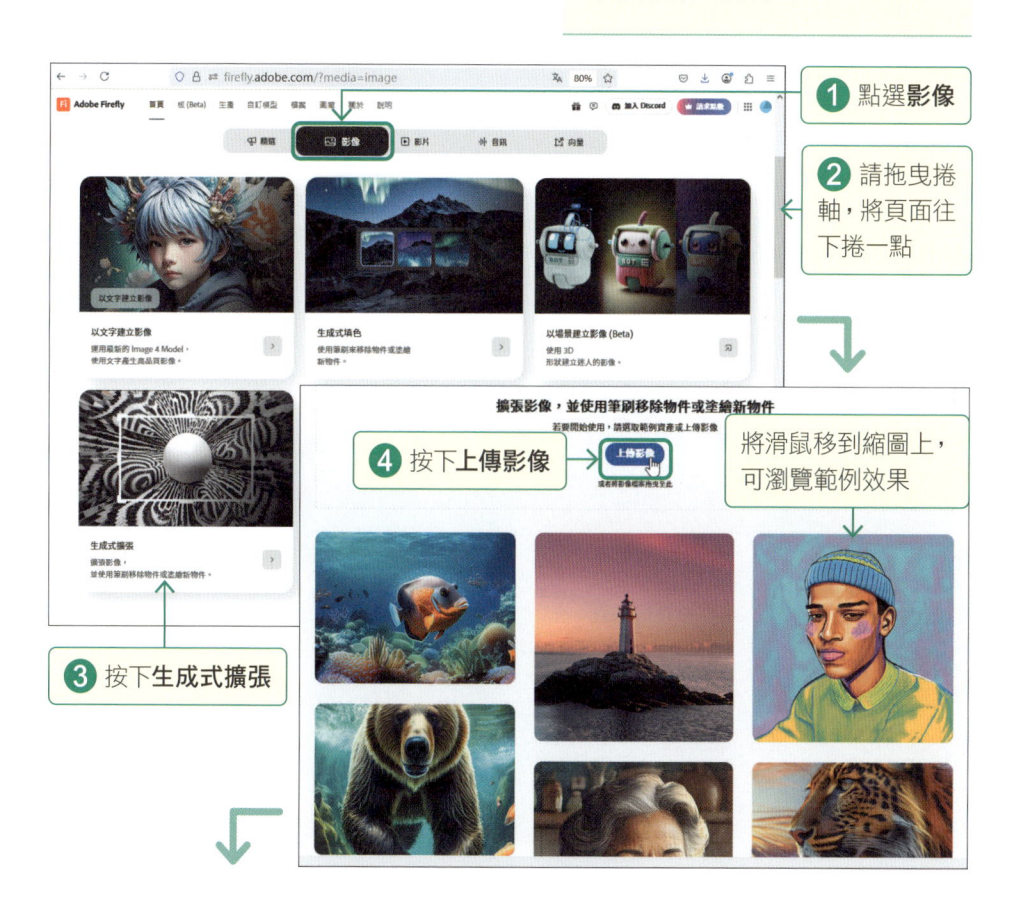

① 點選**影像**

② 請拖曳捲軸，將頁面往下捲一點

將滑鼠移到縮圖上，可瀏覽範例效果

④ 按下上傳影像

③ 按下生成式擴張

2-13

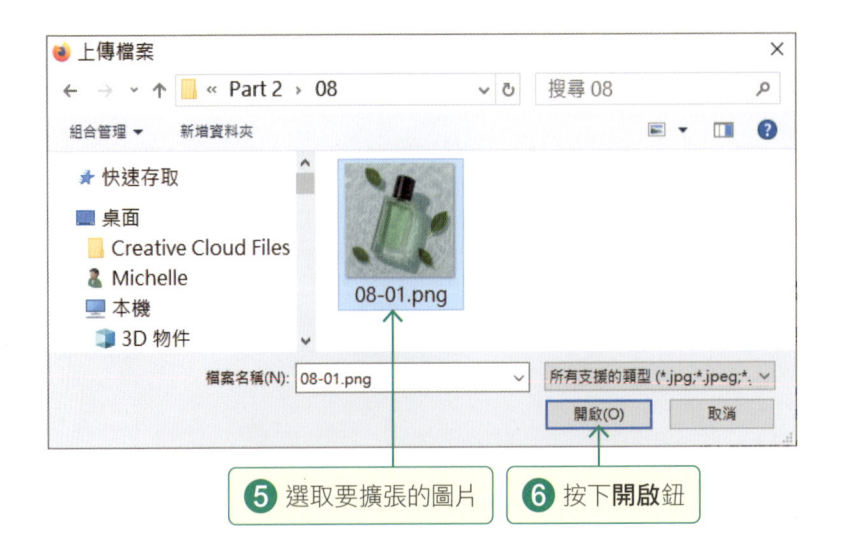

❺ 選取要擴張的圖片　❻ 按下**開啟**鈕

| Step 2 | 上傳影像後，請點選畫面左側的**展開**，此功能是專門用來擴圖，接著在下方的工具列選擇要擴大的比例。 |

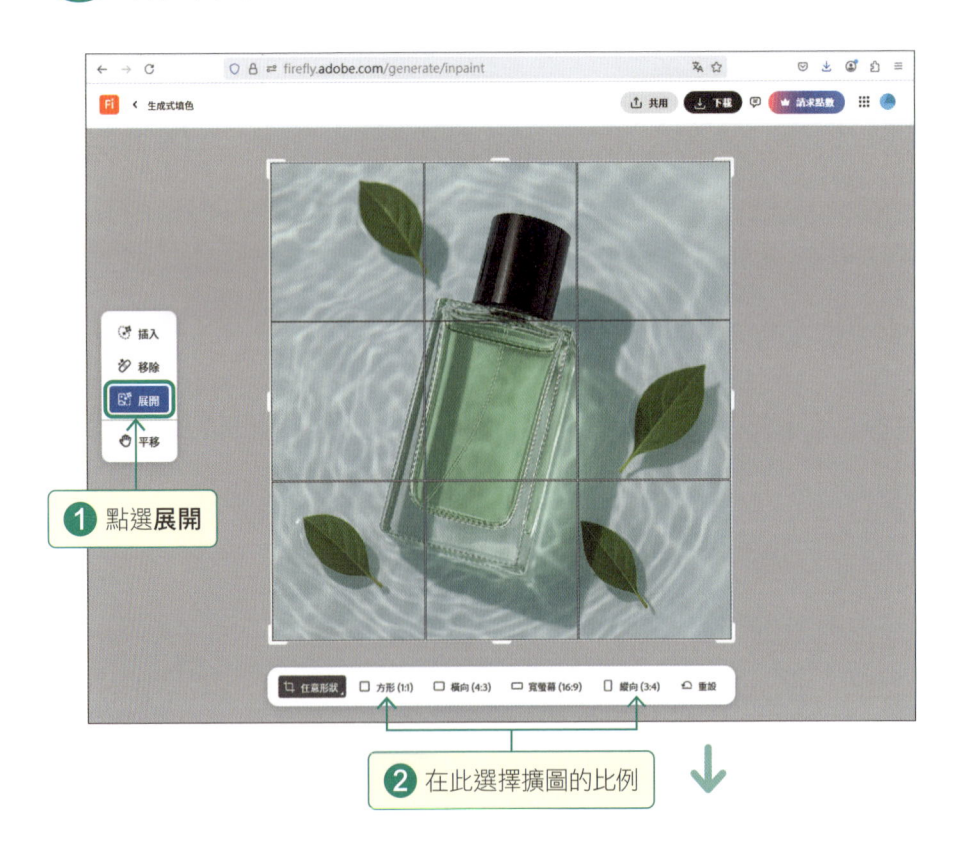

❶ 點選**展開**

❷ 在此選擇擴圖的比例

2-14

④ 自動擴展成 16:9 的比例，目前兩邊沒有影像

③ 此例要將原圖擴展成**寬螢幕 (16:9)**

按下**重設**鈕，可回復原本的比例

⑤ 按下**產生**鈕

| Step 3 | 接著會生成三張圖片讓我們挑選。若是不滿意，還可按下**更多**鈕，繼續生成圖片。 |

左右兩側自動填滿與畫面融合的影像

④ 按下**下載**鈕，可將影像儲存到電腦

③ 若是滿意目前產生的影像，請按下**保留**

① 點選縮圖，挑選喜歡的影像

② 若是不滿意此次生成的結果，按下**更多**鈕，可繼續生成圖片

2-15

Step 4 剛才是依固定比例來生成影像,也可以不依比例,自由調整構圖。

❷ 拖曳影像周圍的控點,可任意擴大或縮小範圍

❸ 在影像中按住滑鼠拖曳可調整影像的位置

❶ 點選**任意形狀**

❹ 按下**產生**鈕即可生成影像

◀ 自由調整構圖後的結果

2-16

用 Photoshop 無限拓展畫面

除了 Adobe Firefly 還有很多線上的 AI 工具也能擴圖，例如：FlexClip、MyEdit、YouCam、…，這些工具的操作都大同小異，而且大部份有提供免費次數或免費點數可試用。

此外，如果已經是 Photoshop 的訂閱用戶，那麼直接使用內建的**裁切工具**就能擴圖了！

① 點選**裁切工具**

② 拖曳控點調整裁切框

若是希望空白的地方可以加入其他元素，可以在此輸入提示語

③ 按下**產生**鈕

2-17

❹ 生成三張影像讓我們挑選

　　利用裁切框擴張影像後，會自動在**圖層**面板建立遮色片，若是儲存成 *.psd 格式，那麼下次開啟檔案，還可以在**內容**面板點選生成的縮圖或是按下**產生**鈕繼續生成影像。如果後續不需要再生成影像，請記得將影像平面化，再進行後續的亮度、對比調整或是輸入文字、…等操作。

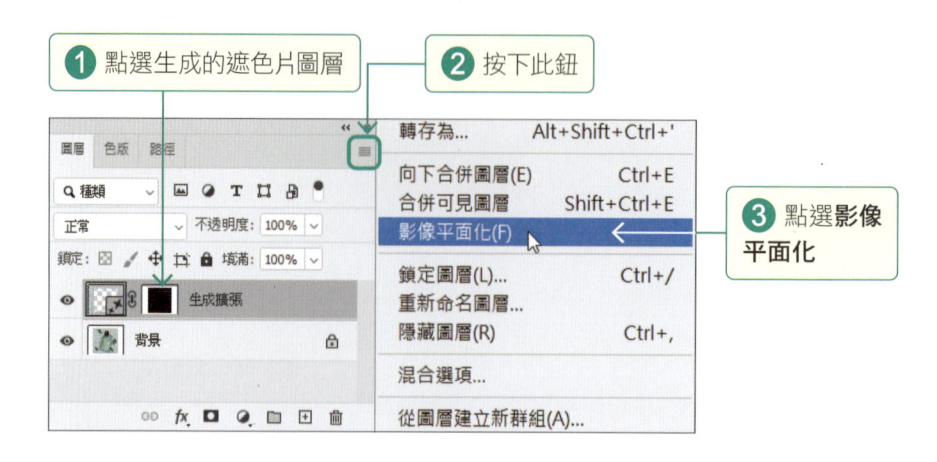

❶ 點選生成的遮色片圖層
❷ 按下此鈕
❸ 點選**影像平面化**

2-18

Unit 09　去背好花時間！用 AI 一鍵去背

　　產品圖要放置在不同背景時，如果沒有去背會顯得非常突兀，想做文字環繞產品的設計時，如果沒有去背就沒辦法營造出穿透的視覺效果。「去背」總是讓人頭痛！並不是因為去背很難，而是花時間，以往得要手動描邊、細修邊緣，若是加上髮絲的處理，不僅費時費力，還常常去得不夠乾淨。現在只要善用 AI 的去背技術，連複雜的細節都能自動辨識，大大節省工作時間，讓你專心做設計，不需為了去背浪費時間！

▲ 去背前　　　　▲ 去背後

2-19

用 AI 快速去背

> **使用 AI**　FlexClip、Adobe Express、Canva、Photoroom、MyEdit、YouCam、Pixelcut、fotor、Photoshop、…

支援去背的線上 AI 工具很多，像是 FlexClip、Adobe Express、Canva、Photoroom、MyEdit、YouCam、…等等，這些工具的操作大同小異，而且大部份有提供免費次數或免費點數可試用，只要上傳影像，AI 就會自動辨識並去除背景，不論是人像照、產品照、…等都可以輕鬆去背，有些 AI 工具還可一次去背多張影像 (如 FlexClip)。底下以 FlexClip 做示範。

Step 1 請開啟網頁瀏覽器，進入 **FlexClip** 的 **AI 工具**頁面 (https://www.flexclip.com/tw/editor/ai-tools)，並登入自己的帳號、密碼。FlexClip 的強項是影片剪輯，但是其 AI 修圖的效果也很令人驚艷，只要用滑鼠拖曳，就可以快速瀏覽修圖前、後的對照。

❶ 登入帳號後，確認目前選取 AI 工具

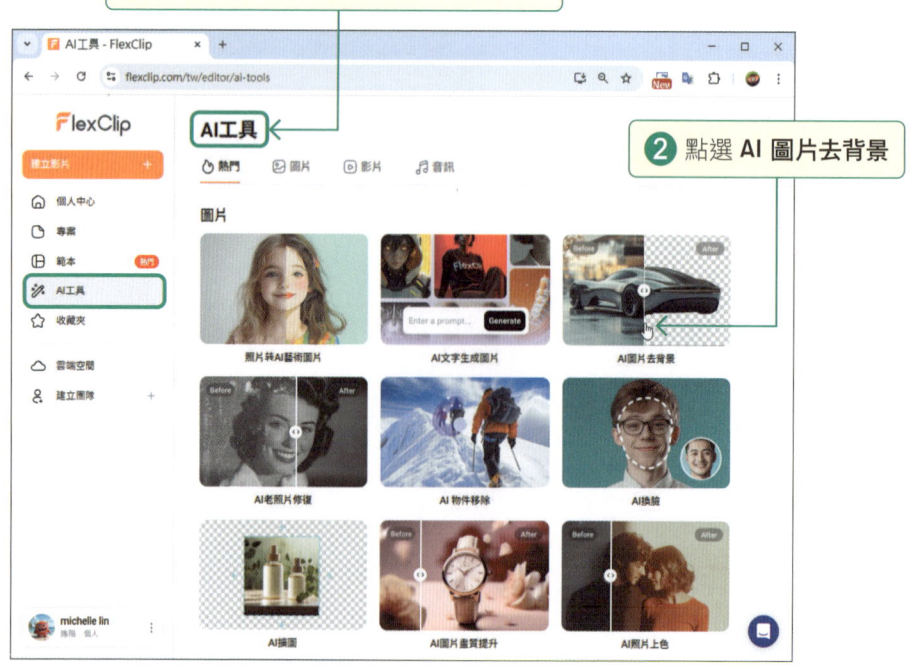

❷ 點選 AI 圖片去背景

2-20

Step 2 按下畫面左側的 **點擊或拖曳以上傳圖片**，從電腦中選取要去背的圖片，可一次上傳多張，最多上傳 10 張圖片 (付費會員去背一張圖片會扣 1 點)。

❶ 在此按一下從電腦中挑選圖片，或是將圖片拖曳到此

❷ 點選圖片

❸ 按下 **開啟** 鈕

稍待幾秒鐘，就完成去背了

Step 3 **細修邊緣**。以此範例而言初步的去背效果已經很不錯了,不過女孩頭上的花環裝飾,還是有小地方沒去除乾淨,你可以藉由上方的工具列來縮、放影像,並透過左側面板的**擦除**與**恢復**鈕做細微調整。

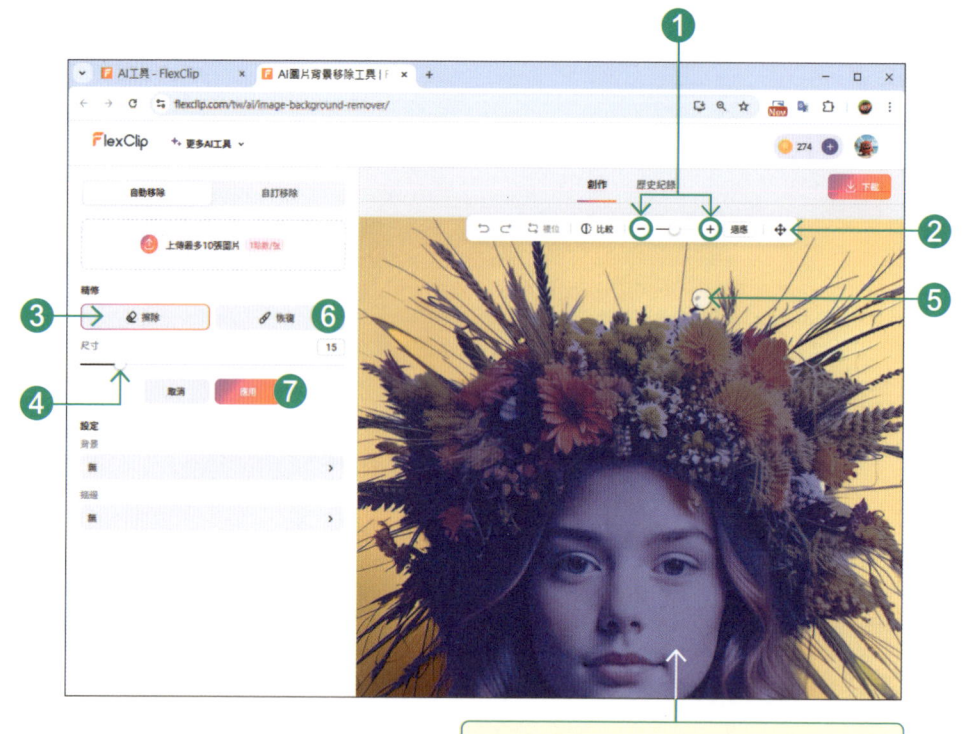

用此顏色覆蓋的部分,表示要保留下來

① 按 +、- 鈕,放大或縮小影像
② 按下此鈕,可移動影像的位置
③ 按下**擦除**鈕
④ 拖曳滑桿調整筆刷的大小
⑤ 將滑鼠移到影像上,可擦除影像中不想要的部份
⑥ 若是不小心擦掉要保留的部分,可按下**恢復**鈕,再用筆刷塗抹
⑦ 微調完成,按下**應用**鈕

Step 4 按下畫面右上角的**下載**鈕,可將去背後的影像儲存到電腦中的 **Downloads** 資料夾。

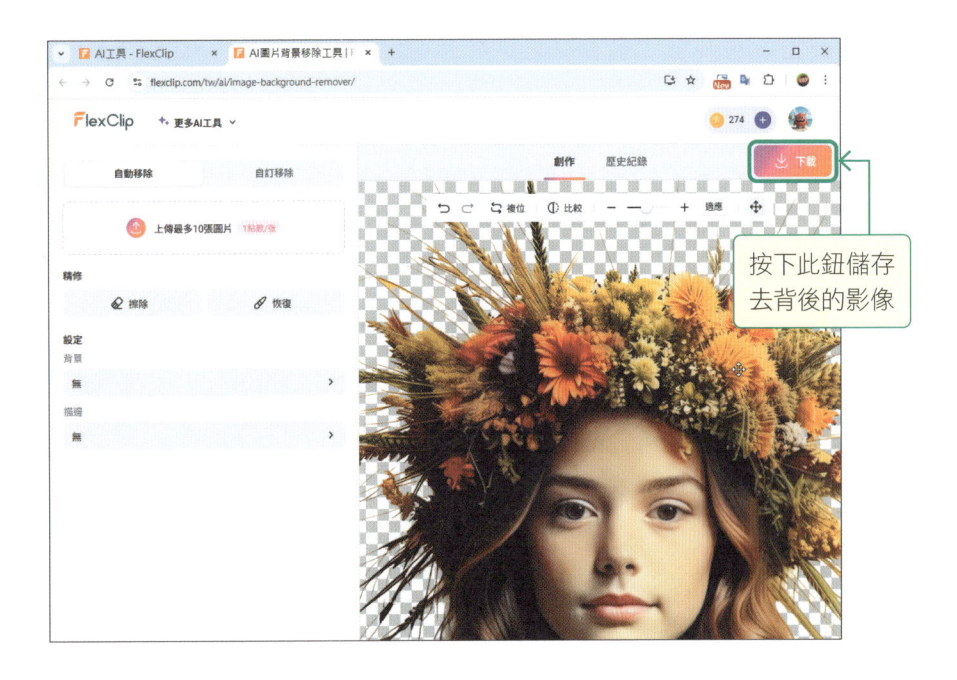

[圖示:去背後的影像，按下「下載」鈕儲存]

按下此鈕儲存去背後的影像

Step 5 除了單純去背外，也可以套用 FlexClip 內建的照片、純色背景，或是輸入提示語用 AI 來產生背景。

➤ **套用內建的照片**

① 點選此項

② 拖曳滑桿瀏覽照片

③ 點選喜歡的照片就能立即套用

2-23

➢ **套用純色背景**

① 切換到**顏色**

按下此鈕，可自訂顏色

② 挑選喜歡的色彩當作背景

➢ **AI 生成背景**

① 切換到 AI 照片

② 按下立即生成

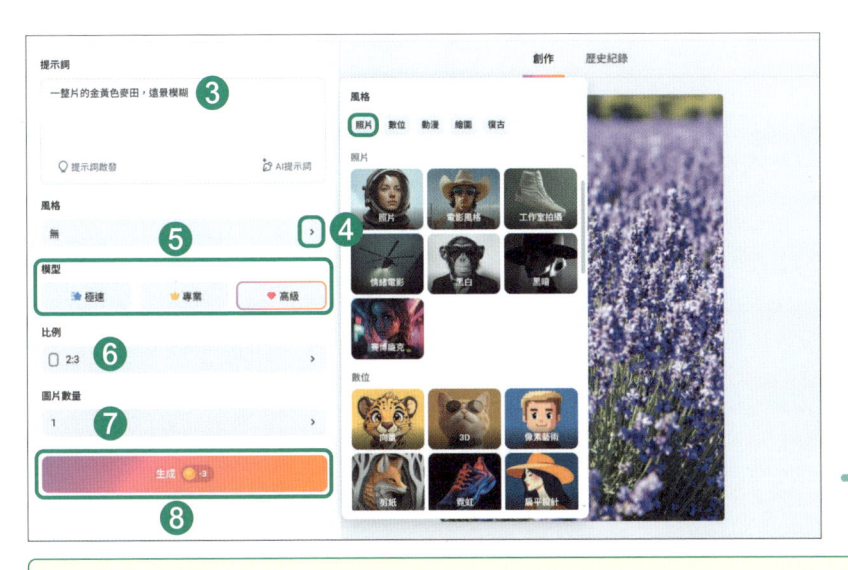

❸ 輸入提示詞（一整片的金黃色麥田，遠景模糊）

❹ 按下此處，在右側視窗選擇風格（此例選擇**照片**）

❺ 選擇生成的**模型**，若選擇**極速**會扣 1 點，生成速度快但較不精細；選擇**專業**會扣 2 點，生成的效果比**極速**好，選擇**高級**會扣 3 點，生成的照片品質更好

❻ 選擇生成的相片比例 (1:1、16:9、9:16、2:3、3:2、4:5、5:4)

❼ 可選擇一次生成幾張照片，最多生成 4 張

❽ 按下**生成**鈕

❾ 切換到剛才去背的視窗

❿ 點選剛剛 AI 生成的照片

⓫ 按下立即生成

⓬ 更換背景了

PART 02 用 AI 一鍵完成：擴圖、調色、合成與編修

2-25

▲ 背景套用內建的照片

▲ 背景套用純色的照片

▲ 背景套用 AI 生成的照片

用 Photoshop 一鍵去背

如果已經是 Photoshop 的訂閱用戶,那麼直接按下內建的**移除背景**鈕,一鍵就能去背了。

在 Photoshop 開啟影像後，直接按下此按鈕就能自動偵測主體，去除背景

去背後會在**圖層**面板產生遮色片，後續如果要細修，可使用**筆刷工具**塗抹遮色片來調整！

1. 點選遮色片
2. 選取**筆刷工具**
3. 前景色為黑色，表示要清除影像，前景色為白色，表示要保留影像
4. 直接用筆刷在影像上塗抹，就可以清除或保留像素

2-27

Unit 10 用 AI 一秒清除影像中不要的物件

　　不論是要做平面廣告或是社群貼文，影像裡如果有不想要的景物，不管是雜物、路人、…，以往得用影像處理軟體 (如 Photoshop) 來修飾，現在不用慢慢塗抹了，用 AI 一秒就能自動清除並且補上自然的背景，既省時又省力！

▲ 想清除影像中的這些物件

▲ 用 AI 一次清理完成

用 AI 一次清理畫面中不要的物件

| 使用 AI | Adobe Firefly、Adobe Express、FlexClip、MyEdit、YouCam、fotor、Photoshop、… |

要移除畫面中不想要的物件，可使用線上的 AI 修圖工具，例如：Adobe Firefly、FlexClip、MyEdit、YouCam、…等等都有提供 **AI 物件移除** 功能。經測試，筆者覺得 Adobe Express 的處理速度算快，且修補後的結果也與原影像融合得較好，所以底下以 Adobe Express 做示範。

Step 1 請開啟網頁瀏覽器，輸入「https://new.express.adobe.com」，進入 Adobe Express 網站，登入你的帳號、密碼後進入主畫面。

> **TIP** 初次使用 Adobe Express 的人，請先註冊帳號；若已經是 Adobe 的訂閱戶，請登入訂閱的帳號、密碼。

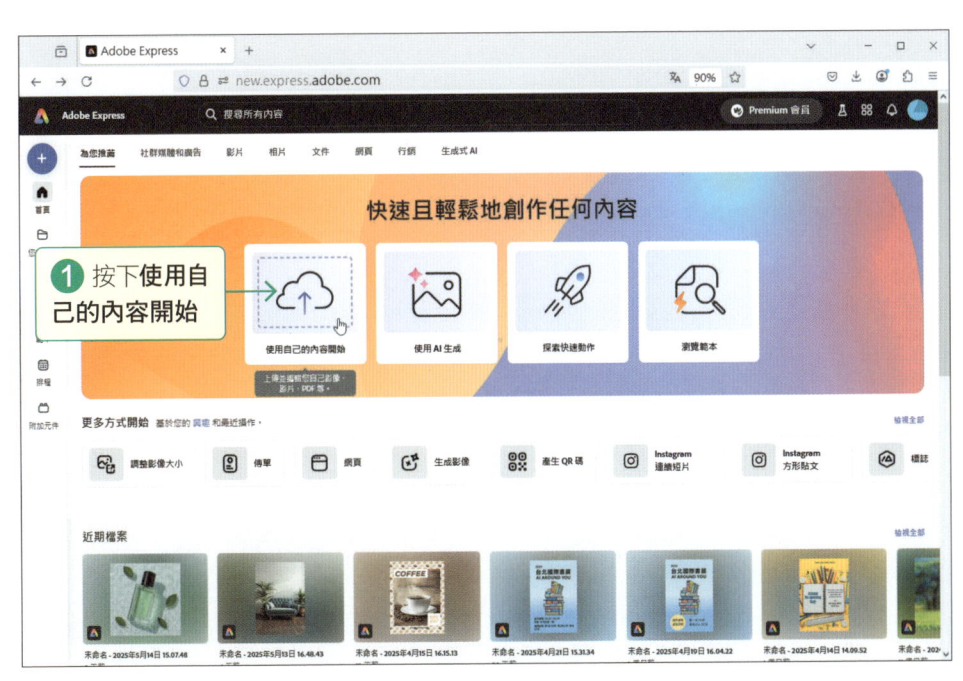

2-29

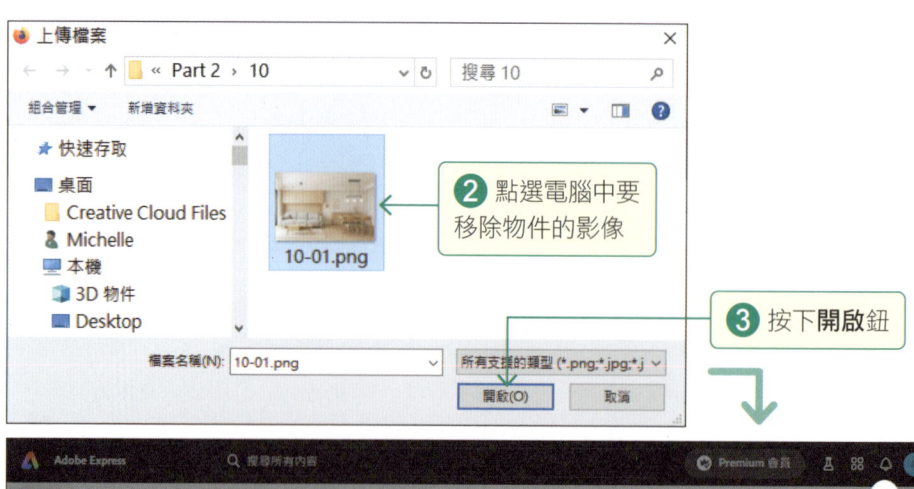

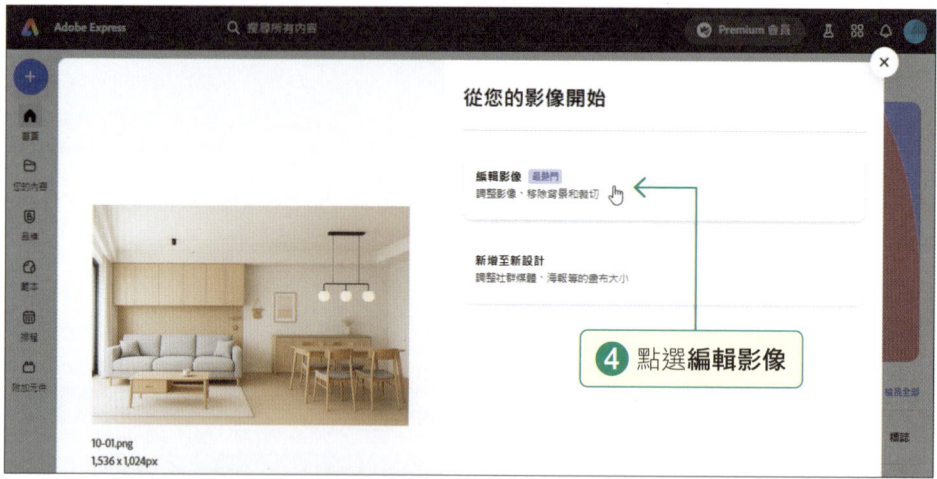

❷ 點選電腦中要移除物件的影像

❸ 按下**開啟**鈕

❹ 點選**編輯影像**

Step 2 進入影像編輯模式後，請在左側面板點選**移除物件**，然後如下操作就可以清除影像中不要的物件。

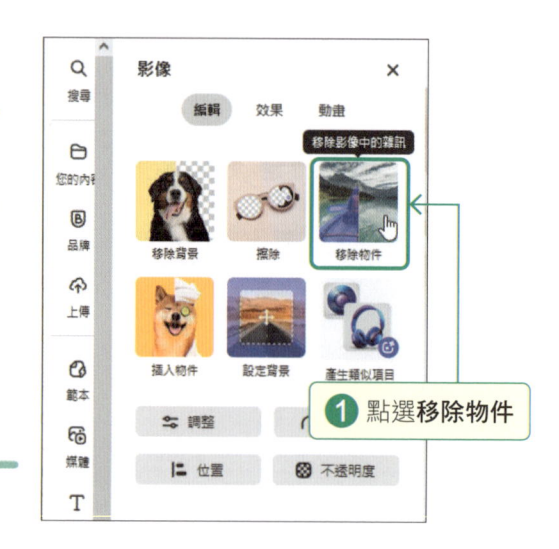

❶ 點選**移除物件**

2-30

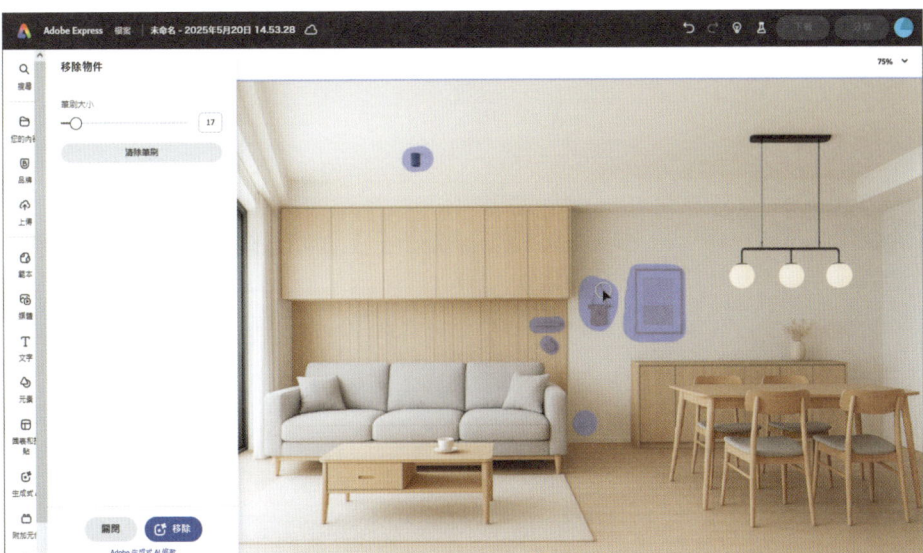

❷ 調整筆刷大小（可依要清除的物件大小來調整） ❸ 在想清除的物件上塗抹

❹ 按下**移除**鈕

▲ 正在生成結果

Step 3 清除物件後，會產生三張影像讓我們挑選，你可以放大畫面的比例，看看哪張圖的清除結果比較好。

❺ 按下此鈕回到編輯畫面

❶ 生成三張圖讓我們挑選

❷ 按此處，可放大、縮小影像的檢視比例

❸ 若是不滿意目前生成的結果，可按下**生成更多**，繼續生成影像

❹ 挑選喜歡的影像後，按下**保存**鈕，儲存結果

Step 4 回到編輯畫面後，按下畫面右側的**下載**鈕，即可儲存影像。

❶ 按下此鈕

❷ 選擇影像格式 (PNG、JPG、PDF)

❸ 按下**下載**鈕即可儲存到電腦中的 Downloads 資料夾

2-32

用 Photoshop 一鍵去除景物

如果已經是 Photoshop 的訂閱用戶，那麼直接用**套索工具**一次圈選要移除的物件，再按下**生成填色**鈕，就可以一鍵去除不要的景物了。

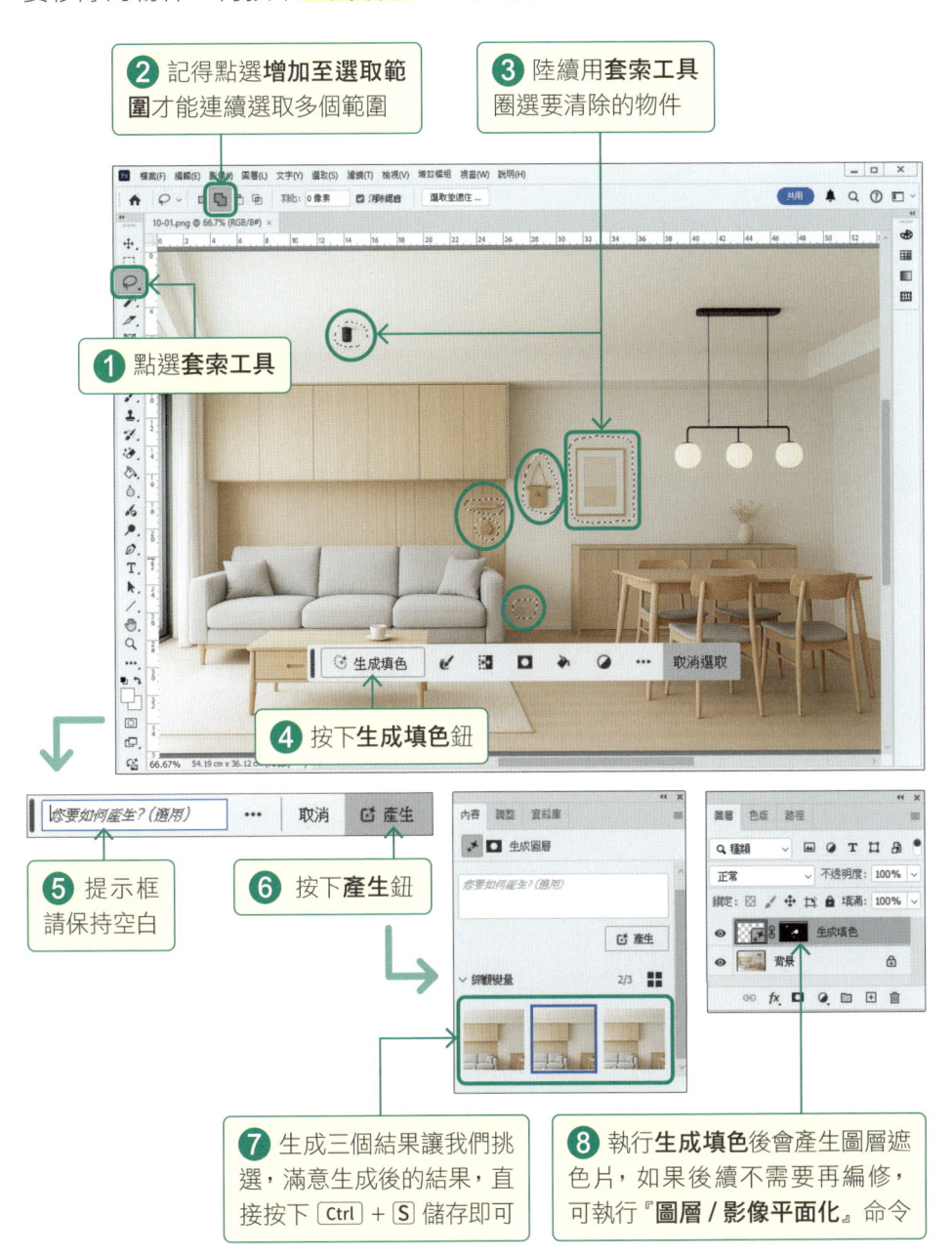

❷ 記得點選**增加至選取範圍**才能連續選取多個範圍

❸ 陸續用**套索工具**圈選要清除的物件

❶ 點選**套索工具**

❹ 按下**生成填色**鈕

❺ 提示框請保持空白

❻ 按下**產生**鈕

❼ 生成三個結果讓我們挑選，滿意生成後的結果，直接按下 [Ctrl] + [S] 儲存即可

❽ 執行**生成填色**後會產生圖層遮色片，如果後續不需要再編修，可執行『**圖層 / 影像平面化**』命令

2-33

Unit 11 影像太單調，試著用 AI 增加景物吧！

有些影像素材看起來很空洞，可能是因為背景太單調、畫面過寬或元素太少，導致整體構圖顯得呆板。但不需重新拍攝或尋找圖庫，只要利用 AI 的智慧補景功能，根據提示語的描述，就能自動加入各種天馬行空的元素，讓畫面變得豐富有趣。

▲ 畫面只有一隻小恐龍，顯得有點單調

▲ 用 AI 局部增加爆米花影像

▲ 套用 Adobe Express 的範本，快速完成特價海報

2-34

用 AI 增加畫面中的景物

使用 AI　Adobe Firefly、Adobe Express、MyEdit、YouCam、fotor、Photoshop、…

　　AI 生圖工具除了可從無到有生成我們想要的畫面，也可以在畫面中的特定部位生成指定的景物。提供 AI 智慧補景的工具有：Adobe Firefly、Adobe Express、Canva、MyEdit、YouCam、…等等。經測試，筆者覺得 Adobe Express 自動分析畫面並補上相符物件的效果比較自然，對其它工具有興趣的人也可以試試，操作上大同小異，底下以 Adobe Express 做示範。

Step 1　請開啟網頁瀏覽器，輸入「https://new.express.adobe.com」，進入 Adobe Express 網站，登入你的帳號、密碼後進入主畫面。

TIP　初次使用 Adobe Express 的人，請先註冊帳號；若已經是 Adobe 的訂閱戶，請登入訂閱的帳號、密碼。

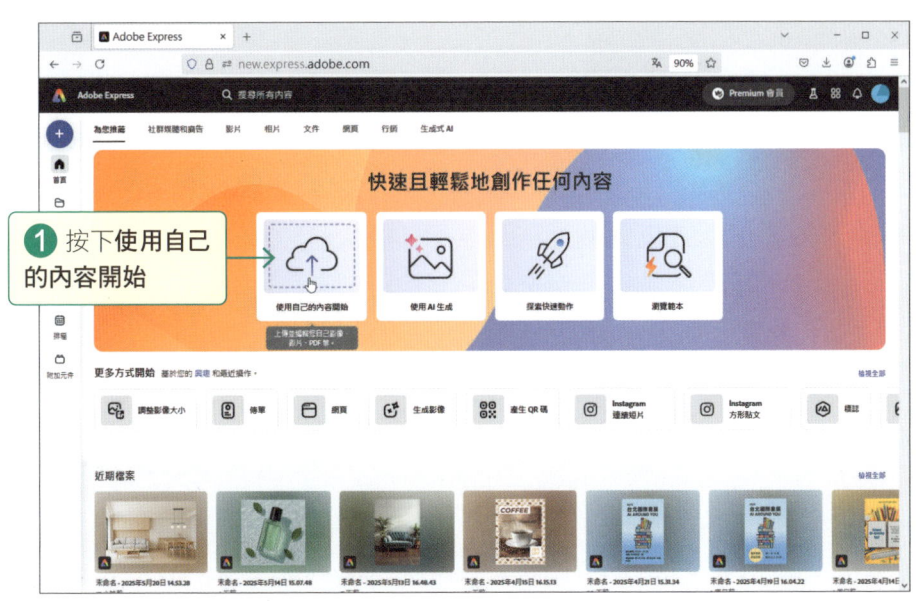

① 按下**使用自己的內容開始**

2-35

❷ 點選影像

❸ 按下**開啟**鈕

❹ 點選**編輯影像**

Step 2　進入影像編輯模式後，請在左側面板點選**插入物件**，然後如右操作就可以在影像中添加物件。

❶ 按下**插入物件**

2-36

❷ 輸入要插入的內容：一盒滿滿的爆米花

❸ 在此調整筆刷大小

❺ 按下**插入**鈕

❹ 在要新增景物的區域來回塗抹出一個範圍

Step 3 接著，會產生三張影像讓我們挑選，你可以放大畫面的比例，看看哪張加入物件後的效果比較好。

❺ 按下此鈕回到編輯畫面

❶ 生成三張圖讓我們挑選

❷ 按此處，可放大、縮小影像的檢視比例

❸ 若是不滿意目前生成的結果，可按下**生成更多**，繼續生成影像

❹ 挑選喜歡的影像後，按下**保存**鈕，儲存結果

PART 02 用 AI 一鍵完成：擴圖、調色、合成與編修

2-37

| Step 4 | 回到編輯畫面後，按下畫面右側的 **下載** 鈕，即可儲存影像。 |

❶ 按下此鈕

❷ 選擇影像格式 (PNG、JPG、PDF)

❸ 按下**下載**鈕即可儲存到電腦中的 Downloads 資料夾

在 Adobe Express 中替影像加入景物後，還可以繼續進行其他編輯，例如想製作一個爆米花的特價海報，就可以切換到 **範本**，從中挑選喜歡的範本來修改。

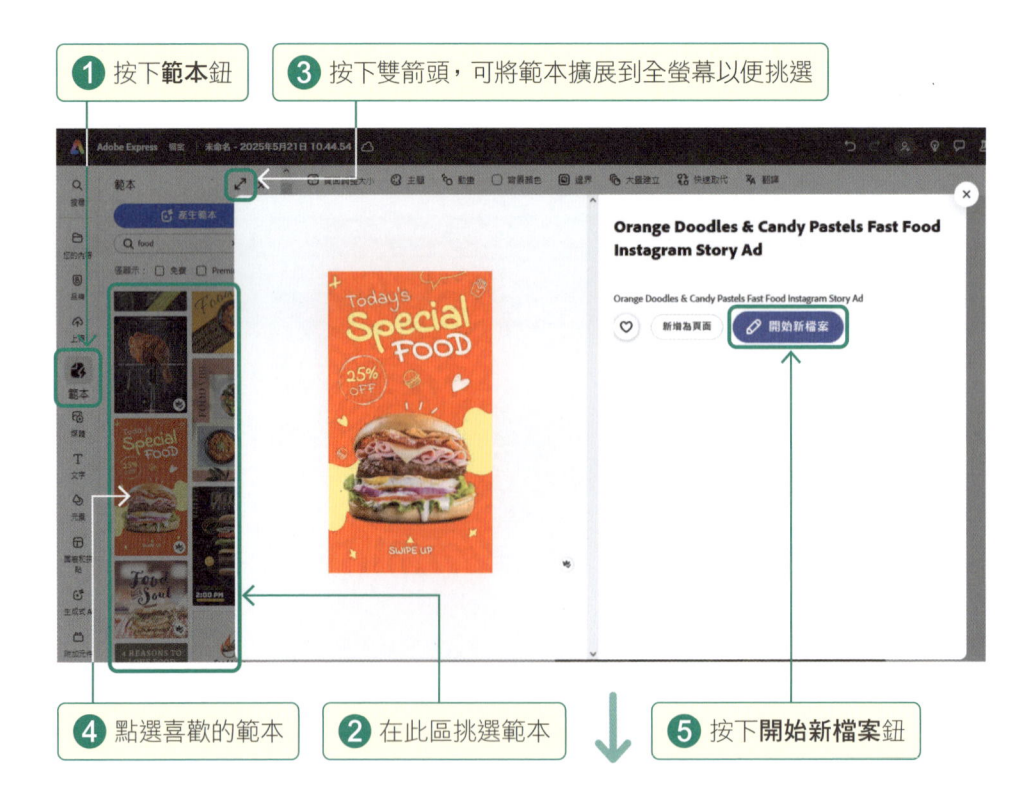

❶ 按下**範本**鈕

❸ 按下雙箭頭，可將範本擴展到全螢幕以便挑選

❹ 點選喜歡的範本

❷ 在此區挑選範本

❺ 按下**開始新檔案**鈕

2-38

❼ 按下**取代**鈕

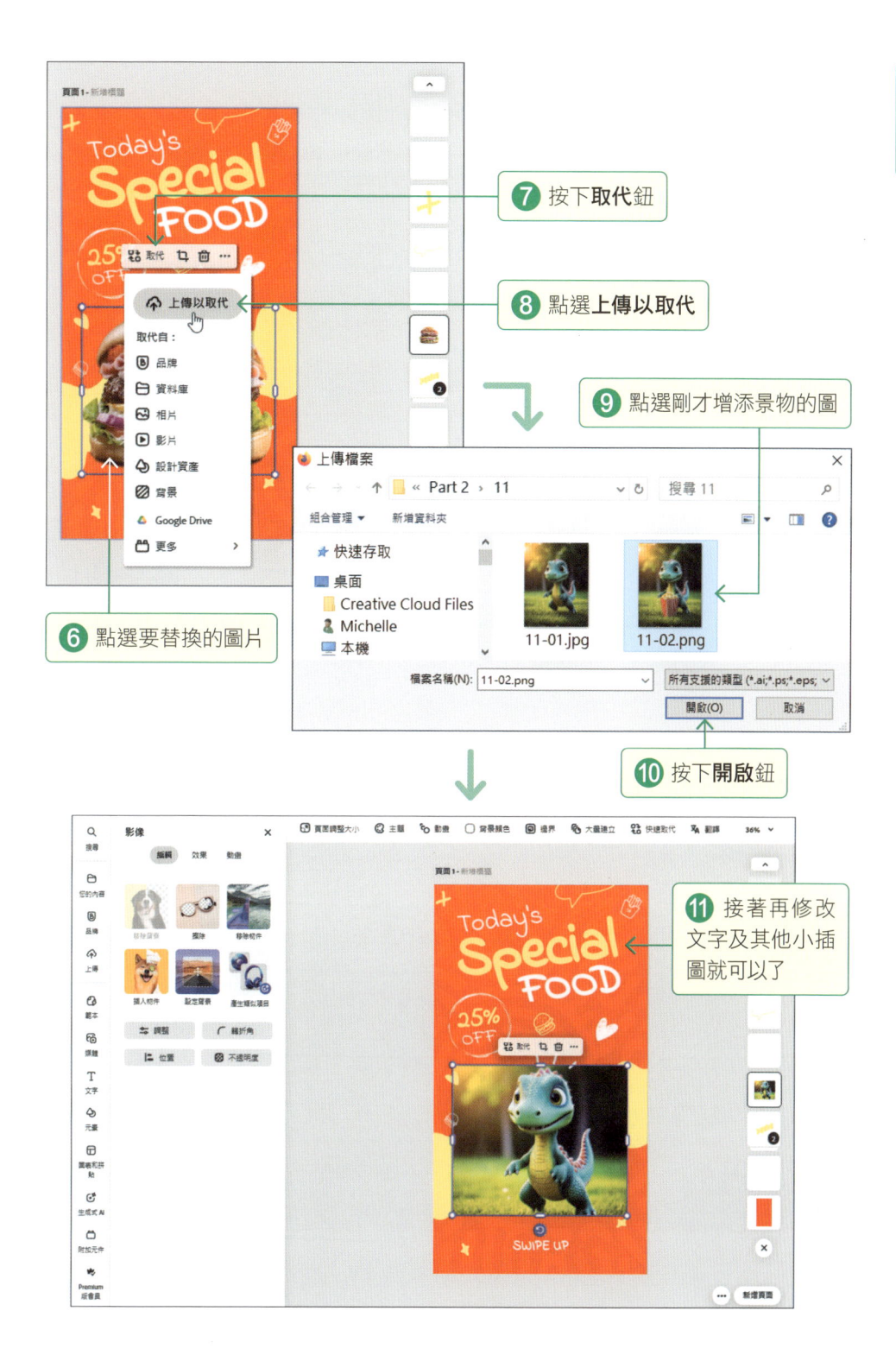

❽ 點選**上傳以取代**

❾ 點選剛才增添景物的圖

❻ 點選要替換的圖片

❿ 按下**開啟**鈕

⓫ 接著再修改文字及其他小插圖就可以了

2-39

PART 02　用 AI 一鍵完成：擴圖、調色、合成與編修

Unit 12　用 AI 無破綻改圖，將景物替換成新物件

　　想要修改圖片內容，卻擔心留下明顯痕跡？傳統修圖在移除或替換圖中元素時，往往難以完美處理背景、陰影與材質的銜接，稍有不慎就會露出「破綻」。現在靠 AI 的生成式修圖技術，不只能夠自動辨識光影與紋理，還可以任意移除或替換圖中的某個區塊，幾秒內就可以生成與原圖自然融合的新影像。

▲ 原圖主體是香水瓶

▲ 用 AI 修圖將香水瓶改成玫瑰花 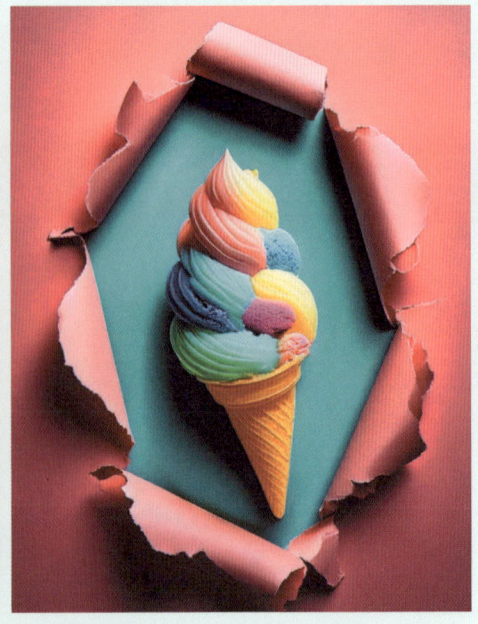　　▲ 用 AI 修圖將香水瓶改成冰淇淋

2-40

用 AI 替換圖片中的景物

使用 AI ｜ Adobe Firefly、MyEdit、YouCam、Picsman、fotor、Photoshop、…

　　使用 AI 的局部替換 (有些工具稱為「AI 局部重繪」) 功能，可以輕鬆更改圖片中的物品，只要用筆刷塗抹要變更的區域 (或是用「套索工具」圈選出範圍)，輸入提示語，就可以將選取的範圍替換成全新的內容，例如原本模特兒手中拿著漢堡，圈選漢堡後輸入提示語，就可以變成手拿精品包。底下使用 Photoshop 2025 示範景物的替換。

Step 1 在 Photoshop 中開啟圖片，選取**套索工具**圈選出要替換的範圍，選取的範圍可以稍微大一點，這樣在生成影像時會比較有空間。

❶ 點選**套索工具**

❷ 沿著物件的邊緣圈選出範圍，不需要很精確選取

2-41

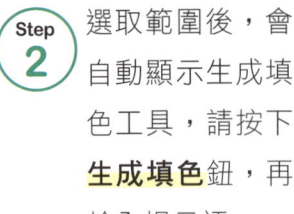

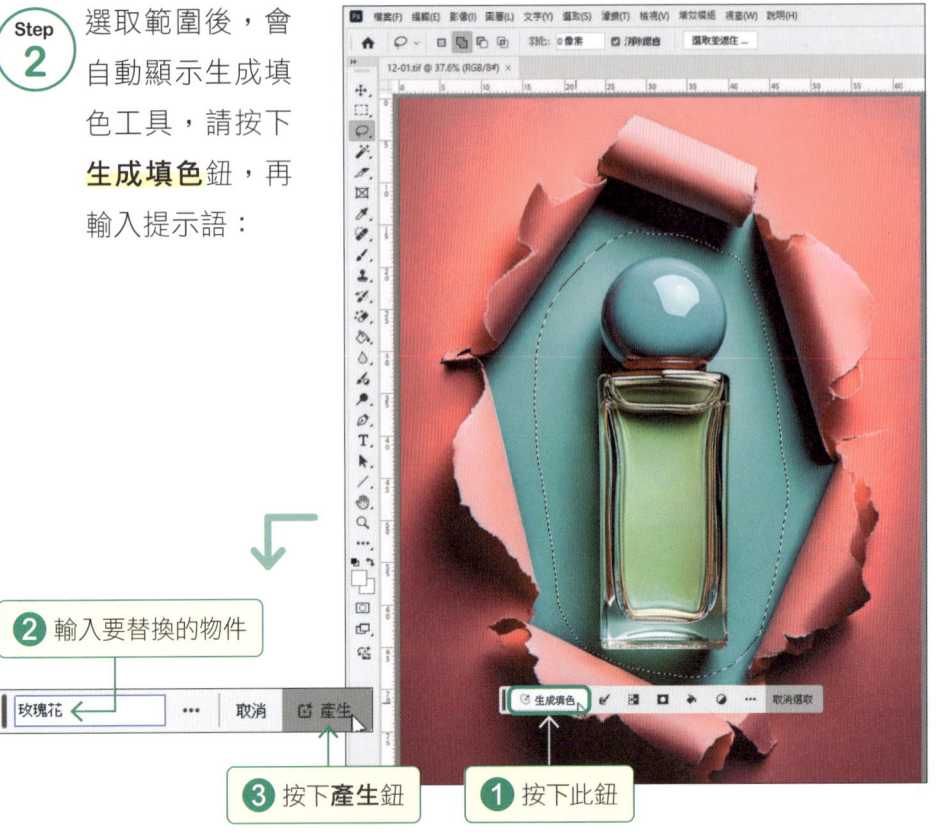

Step 2 選取範圍後，會自動顯示生成填色工具，請按下**生成填色**鈕，再輸入提示語：

② 輸入要替換的物件

玫瑰花

③ 按下**產生**鈕

① 按下此鈕

Step 3 在**內容**面板會生成三張圖片讓我們挑選，如果覺得生成的效果不好，可以按下**產生**鈕，繼續生成圖片。

如果覺得生成後的效果不好，可按下**產生**鈕，繼續生成圖片，或是修改提示，生成其他景物

在此挑選生成後的圖片

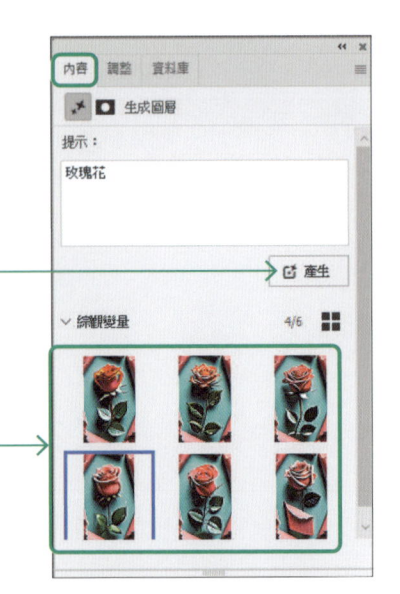

2-42

使用網頁版的 AI 影像編輯工具替換圖片中的景物

如果電腦中沒有安裝 Photoshop，也可以使用網頁版的 AI 影像編輯工具來替換圖片中的景物，像是 Adobe Firefly、MyEdit、YouCam、Picsman、…都可以。底下以 Adobe Firefly 做示範。

Step 1 請開啟網頁瀏覽器，在網址列輸入「https://firefly.adobe.com」進入 Adobe Firefly 首頁。

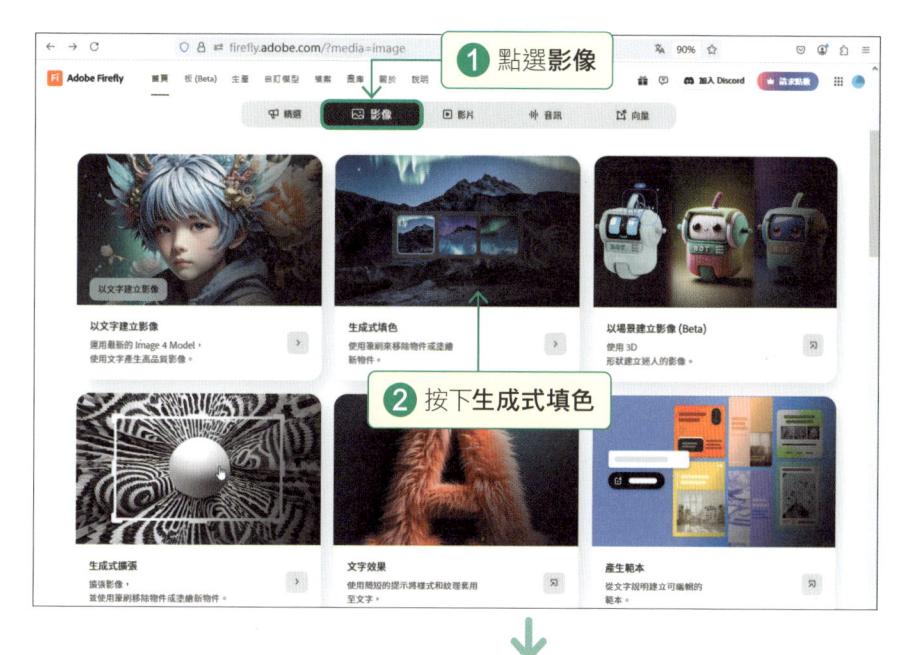

❶ 點選**影像**

❷ 按下**生成式填色**

❸ 按下**上傳影像**從電腦中挑選影像，或是直接將影像拖曳到此區域

2-43

| Step 2 | 進入 Adobe Firefly 的生成式填色頁面後，請按下左側的**插入**鈕，接著在影像中塗抹，擦除不要的物件。

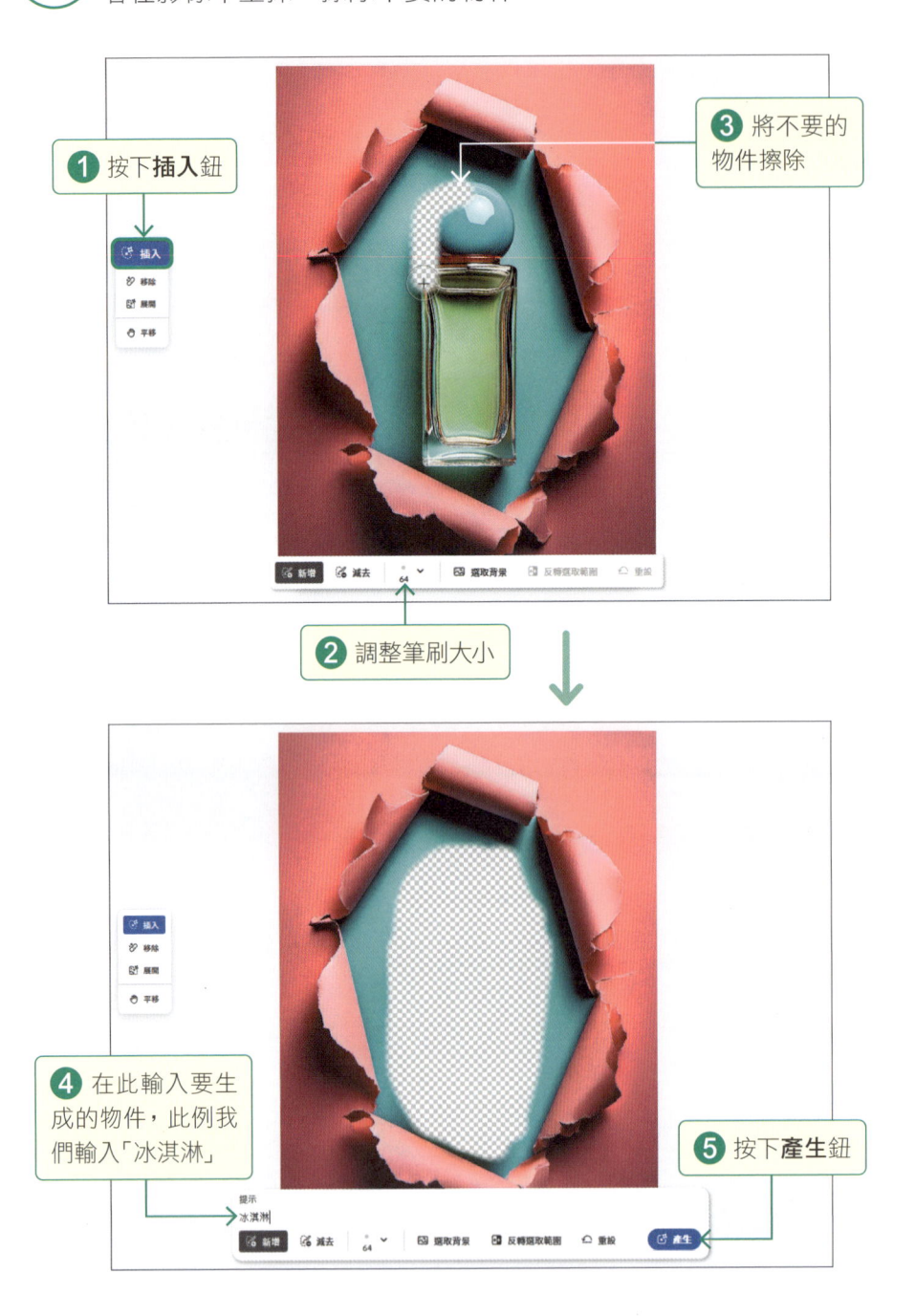

① 按下**插入**鈕

③ 將不要的物件擦除

② 調整筆刷大小

④ 在此輸入要生成的物件，此例我們輸入「冰淇淋」

⑤ 按下**產生**鈕

2-44

Step 3 接著，會生成三張影像讓我們挑選，若是都不滿意，可按下**更多**鈕，繼續生成。

❶ 點選縮圖可逐一瀏覽生成後的結果

❷ 若是生成後的效果不好，可按下**更多**鈕繼續成生成影像

❸ 滿意生成後的影像，請按下**保留**鈕

Step 4 最後，按下**下載**鈕，將生成後的結果儲存到電腦中的 Downloads 資料夾。

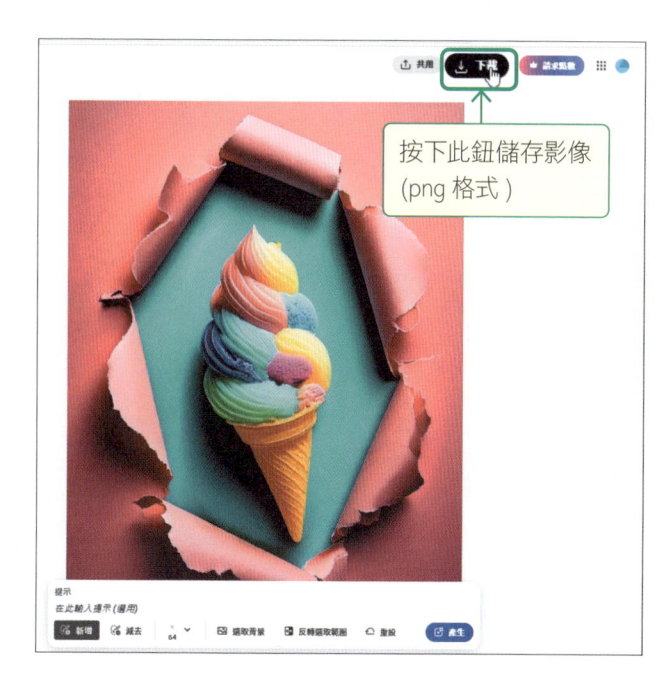

按下此鈕儲存影像 (png 格式)

2-45

Unit 13 用 AI 凸顯主體模糊背景

　　拍照時，總是希望主角看起來更搶眼，但背景常常一不小心就搶了風頭。現在有 AI 工具的輔助，可以輕鬆幫你凸顯主體，把背景巧妙模糊掉。無論是人物、商品還是日常的隨手拍，都能讓照片看起來像專業攝影師拍的！

▲ 原圖

▲ 讓背景更模糊以凸顯人物

使用線上編輯工具模糊背景

使用 AI ： Photoroom、fotor、PicWish、…

社群小編、電商小編經常需要處理產品照、人像照，如果想讓視線更聚焦在主體上，可以適時將背景模糊。目前有不少線上編輯工具提供模糊背景功能，例如：Photoroom、fotor、PicWish、…等，不需要繁瑣的手動調整，通常一鍵就能處理完成。不過這些工具的免費版功能大多會加上浮水印，或是提供較小的影像尺寸供你下載，你可以先試用後再依平常的使用頻率決定是否付費，在此以 Photoroom 做示範。

Step 1 請開啟網頁瀏覽器，連到 Photoroom 網站 (https://www.photoroom.com/zh-tw)，進入首頁後，點選最上方的**照片編輯器**：

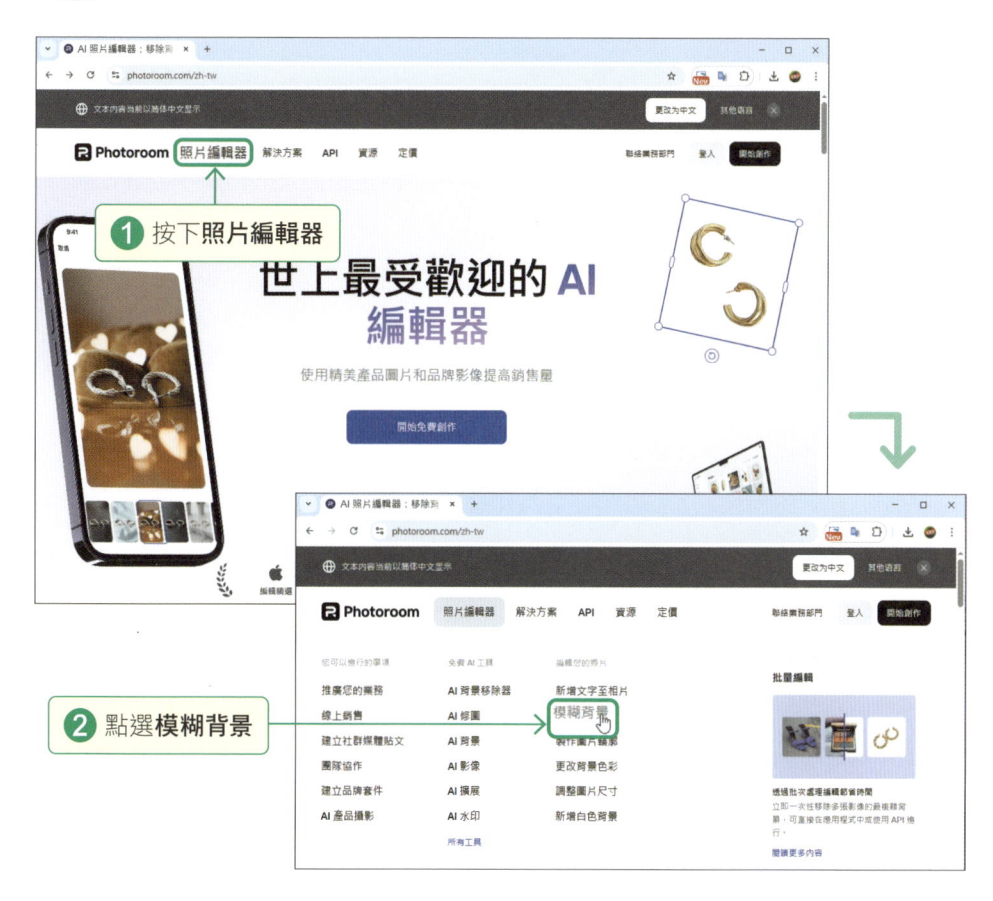

① 按下照片編輯器

② 點選**模糊背景**

2-47

Step 2 上傳要模糊背景的相片。

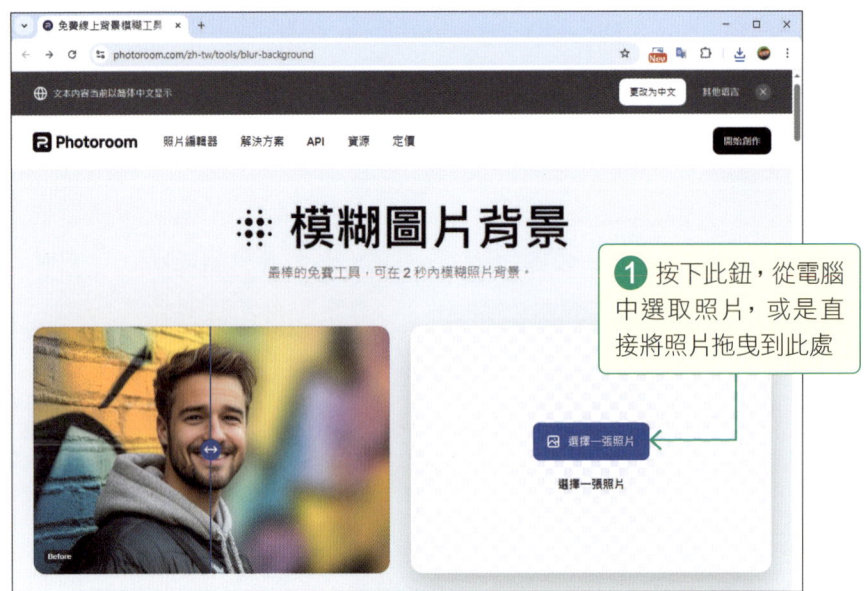

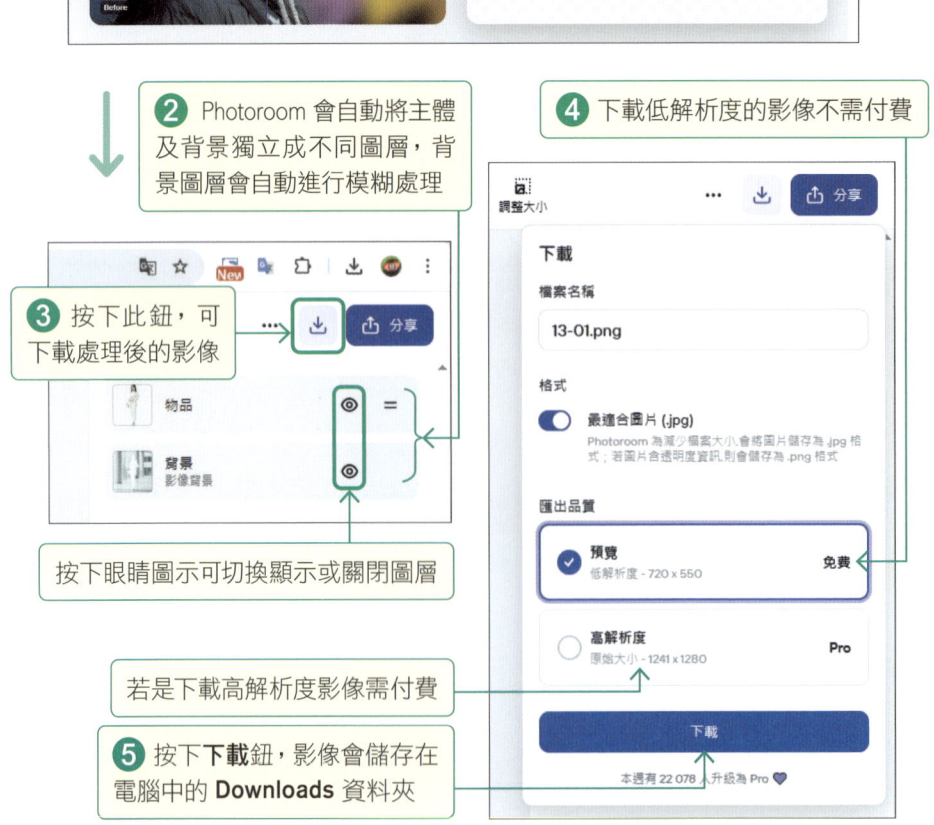

❶ 按下此鈕,從電腦中選取照片,或是直接將照片拖曳到此處

❷ Photoroom 會自動將主體及背景獨立成不同圖層,背景圖層會自動進行模糊處理

❸ 按下此鈕,可下載處理後的影像

按下眼睛圖示可切換顯示或關閉圖層

❹ 下載低解析度的影像不需付費

若是下載高解析度影像需付費

❺ 按下**下載**鈕,影像會儲存在電腦中的 **Downloads** 資料夾

2-48

利用 Photoshop 的 Neural Filters 也能快速模糊背景

Photoshop 2025 有項 Neural Filters，提供膚質改善、風格套用、深度模糊、…等功能。如果是 Adobe 的訂閱使用者，可以善加利用此濾鏡來模糊背景。在 Photoshop 開啟影像後，請執行『**濾鏡/ Neural Filters**』命令，再如下操作：

若是勾選**聚焦於主體**，Photoshop 會自動判斷主體

① 點選**深度模糊**（第一次使用需要按**下載**鈕下載此濾鏡）

② 此開關記得開啟（呈藍色）

③ 取消勾選**聚焦於主體**，可在影像中按一下設定主體的焦點

④ 拖曳**模糊強度**滑桿，可調整背景的模糊程度，數值愈大愈模糊（可從左側的影像觀看調整程度）

⑤ 按下**確定**鈕就完成了

2-49

Unit 14 用 AI 變更人物的穿著

　　想要改變照片中人物的穿著風格，不用再麻煩地修圖或重拍！現在透過 AI 生成與替換技術，只要上傳人像照，就能讓他穿上西裝、改成運動風、換上制服、或是穿出你想要的時尚風格，服裝自然融合在原圖中，布料細節、陰影與姿勢也都無破綻處理，效果驚人又省事！

▲ 原本的穿著是素色 T 恤

▲ 換成西裝後姿勢不變

用 AI 快速換裝

使用 AI　Photoshop、FlexClip、MyEdit、YouCam、fotor、⋯

　　有時候想看看人物換上不同風格的穿著會是什麼樣子，不論是商業模擬、服裝展示、角色創作，甚至只是想幫自己換套衣服拍形象照，但重新拍攝太耗時。現在透過 AI，只要上傳照片，就能自動幫人物換上 T-shirt、西裝、婚紗、制服甚至奇幻造型，更能夠快速預覽各種風格穿搭，效果自然、細節真實，就像真的換了一套衣服一樣！

　　MyEdit、YouCam、fotor、⋯等線上影像編輯工具也有提供換裝功能，有些有提供免費點數或是每日免費次數可試用，操作大同小異，只要上傳想要換裝的照片，再點選現有範本，或是上傳想要變換的服裝即可進行合成。底下以 FlexClip 做示範。

Step 1　請開啟網頁瀏覽器，進入 **FlexClip** 的 **AI 工具**頁面 (https://www.flexclip.com/tw/editor/ai-tools)，並登入自己的帳號、密碼。點選 **AI 換衣器**功能。

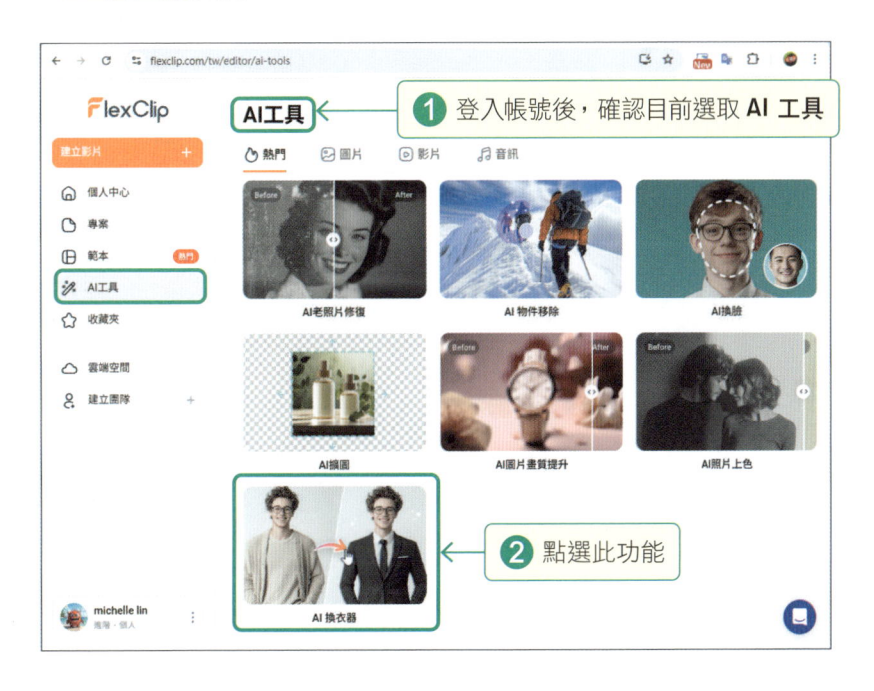

Step 2 上傳要換裝的人像照片，上傳照片後可以點選範本中的衣服，或是自行上傳想要搭配的衣服照片。

❶ 點選**上傳圖片**(想要換裝的人像照片)

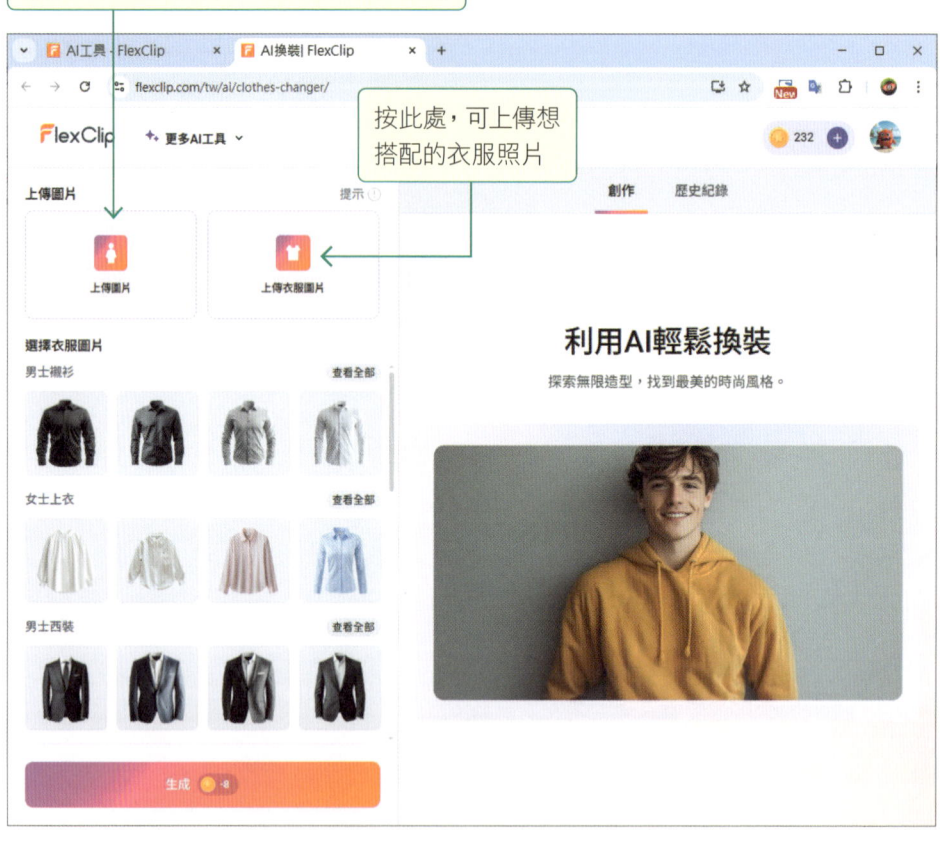

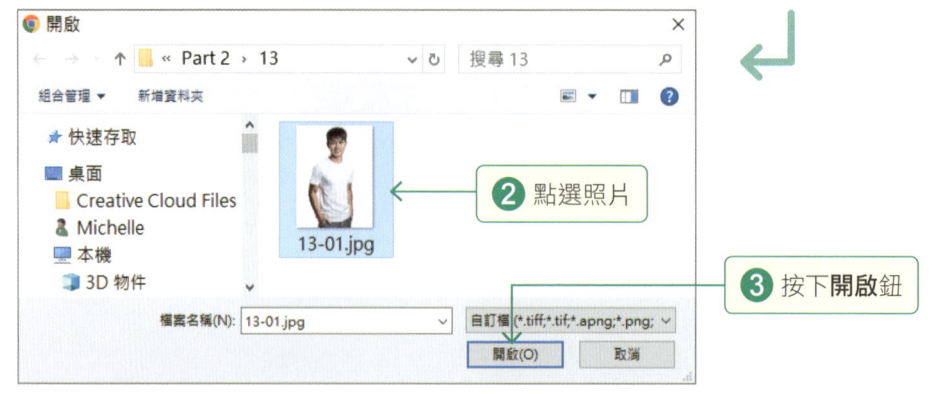

按此處，可上傳想搭配的衣服照片

❷ 點選照片

❸ 按下**開啟**鈕

> **Step 3** 接著就可以開始挑選衣服了，在此我們以套用內建的西裝為例。

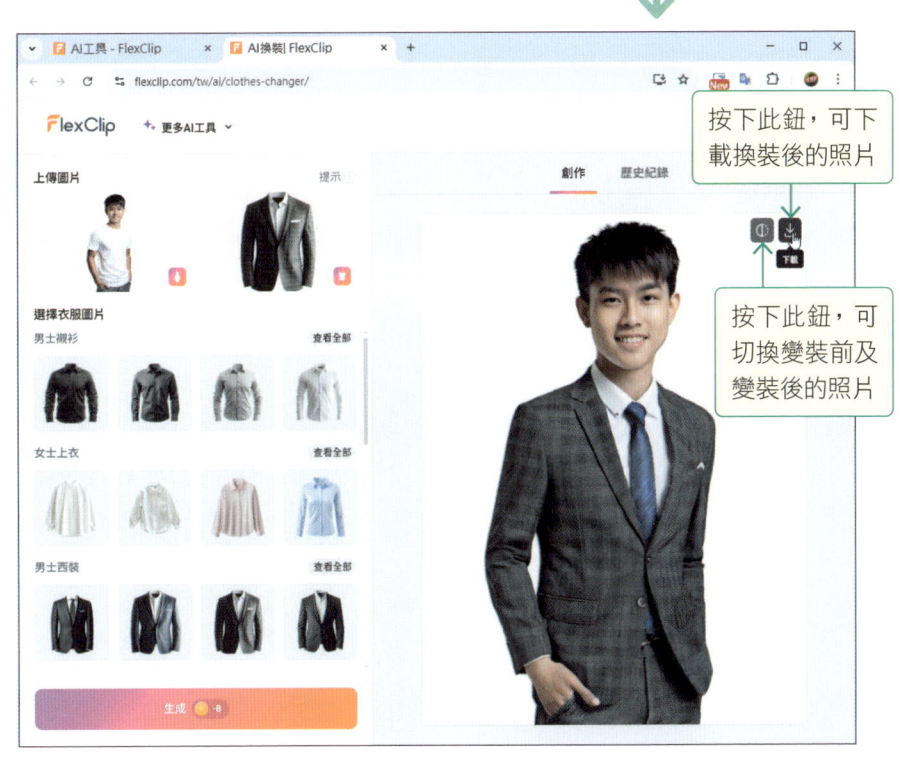

❶ 點選要變換的衣服

❷ 這裡會顯示選取的衣服

❸ 按下**生成**鈕，即會開始合成，付費版的點數一次會扣 8 點

按下此鈕，可下載換裝後的照片

按下此鈕，可切換變裝前及變裝後的照片

用 Photoshop 的 AI 功能變更人物的穿搭

　　如果已經是 Photoshop 的訂閱用戶，那麼在選取人像後，直接利用**生成填色**功能，就可以變換各種穿搭了。

Before

After

Step 1　使用**套索工具**圈選身體的部份，不需仔細圈選，只要圈選出大約的範圍即可。

Step 2 按下**生成填色**鈕，輸入提示就完成了。

① 輸入提示：上班族套裝，高跟鞋　② 按下**產生**鈕

生成 3 張影像，讓我們挑選

　　此外，ChatGPT 也可以快速變換人物的服裝，只要上傳影像後，在提示語描述要變換的穿搭，或是上傳一張服裝的影像，請 ChatGPT 合成，也能得到不錯的效果，可惜 ChatGPT 在生成結果時會稍微變動到人臉，使用 FlexClip及 Photoshop 則可以精準控制人物的造型變化，不會變動到其他部份。

Unit 15 用 AI 快速合成素材

　　影像合成不僅能將創作者腦海中的構想具體呈現，也能實現現實中難以拍攝的畫面。然而，若缺乏熟練的合成技巧，畫面往往容易出現破綻。現在透過生成式 AI 的技術，這些繁瑣的處理工作都能輕鬆完成，大幅提升效率與品質。

▲ 室內拍攝的景物，沒有明顯的光影　　　▲ 想與樹葉的影子合成

▲ 加上光影後，照片變鮮明了

合成素材改變影像的氛圍

使用 AI　Photoshop、ChatGPT、MyEdit、YouCam、…

有時候希望照片有光線照射的感覺，但礙於天候因素沒辦法拍出這樣的照片，現在可以用生成式 AI 來輔助，在影像中加上光影，製造出不同的氛圍。在此使用 Photoshop 的**生成填色**做示範，並搭配圖層**混合模式**及**不透明度**來調整影像的融合程度。

Step 1 開啟要合成的影像。點選**矩形選取畫面工具**後，按下 Ctrl + A 鍵，選取整張影像。

▲ 選取整張影像

Step 2 按下**生成填色**鈕，輸入提示後，按下**產生**鈕。

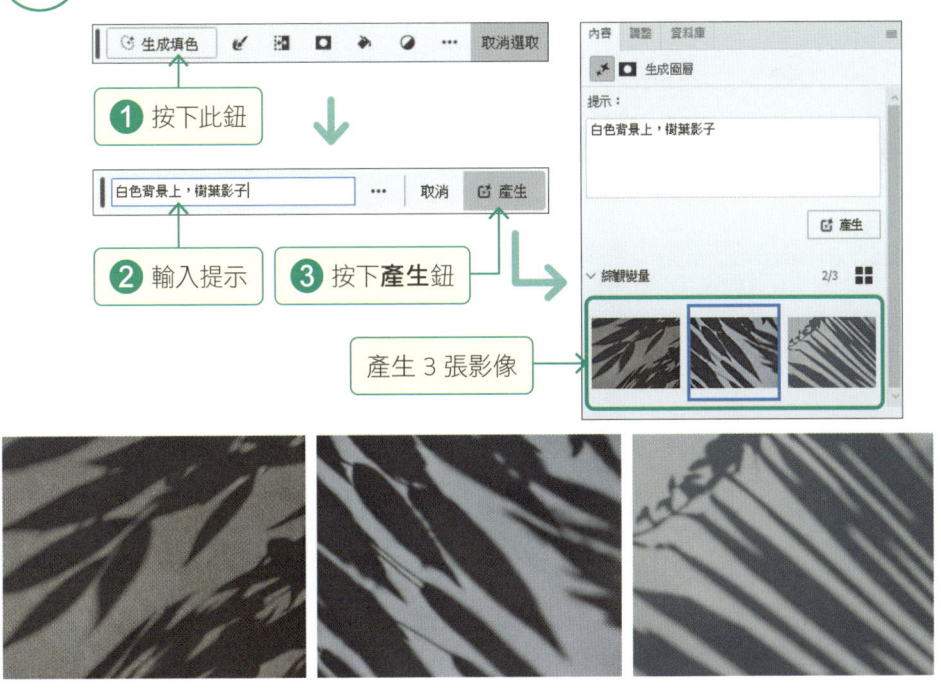

❶ 按下此鈕
❷ 輸入提示
❸ 按下**產生**鈕
產生 3 張影像

2-57

Step 3 挑選好喜歡的影子後，接著調整圖層的**混合模式**，在此調整為**加亮顏色**、**不透明度**：50。

▲ 加上樹葉的影子，並調整**混合模式**後，看起來就像在窗邊用餐一樣有光線灑落

用 ChatGPT 也能合成影像

剛才示範的是用 Photoshop 的**生成填色**來產生葉子的影子，如果你已經有兩張以上的影像要進行合成，也可以使用 ChatGPT 來完成，只要在提示語清楚描述想要的結果就可以了！

▲ 想將花紋影像融入到枕頭及棉被，看看套用後的效果

NEXT

2-58

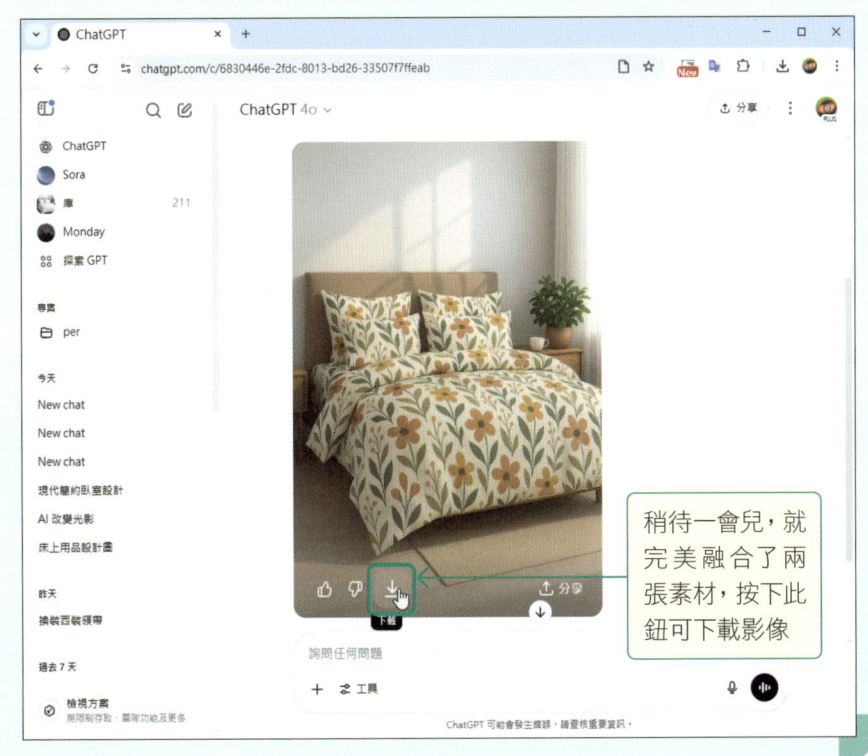

① 開啟 ChatGPT 並登入自己的帳號、密碼，上傳要合成的影像

② 輸入提示語：將第二張照片的花紋，合成到床及枕頭上，製作出床單的效果

③ 按下此鈕送出

稍待一會兒，就完美融合了兩張素材，按下此鈕可下載影像

2-59

Unit 16 用 AI 輔助線稿上色

畫好線稿要一筆一筆上色實在很累！現在有了 AI 自動上色工具，不但能保留線條的細節，還能根據參考底圖自動套色，讓創作流程變得更輕鬆！

▲ 粗略的線稿

▲ 粗略地上底色 (在此只是做簡單的示範，沒有進一步替背景上色)

▶ 用 AI 自動上色 (少女的頭髮及衣服都加上了光澤)

2-60

用 copainter AI 幫線稿上色

| 使用 AI | copainter、sketch2lineart、… |

　　copainter 是插畫輔助 AI 網站，提供「自動描線」(Inking) 與「上色」(Coloring) 功能，「自動描線」功能可以將上傳的手繪草稿整理成乾淨的線條圖。「上色」功能則是**上傳線稿及底色兩張圖片**，AI 就會自動根據提供的內容上色，對於初學者或是想快速視覺化草圖的創作者而言非常方便。

Step 1 請進入 copainter AI 網站 (https://www.copainter.ai/en)，接著按下右上角的 **Login** 鈕，使用 Google 帳戶登入即可使用。

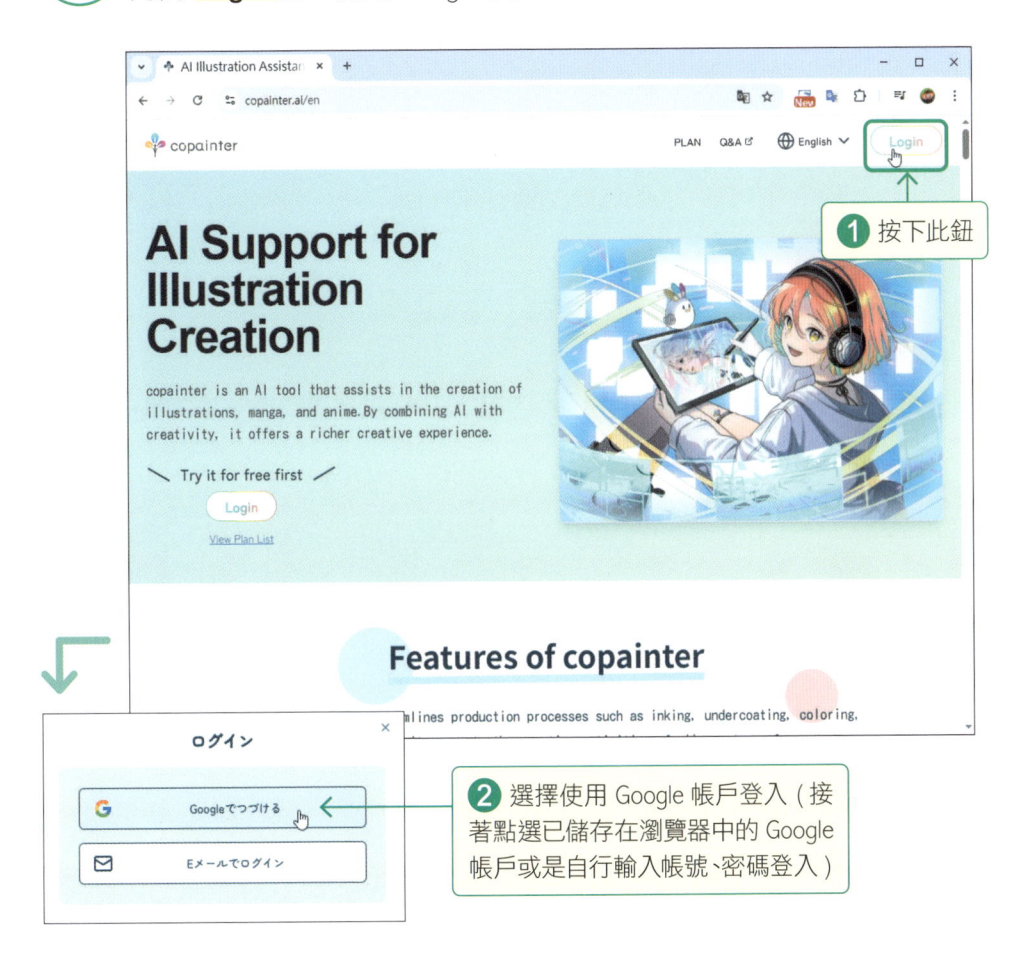

❶ 按下此鈕

❷ 選擇使用 Google 帳戶登入 (接著點選已儲存在瀏覽器中的 Google 帳戶或是自行輸入帳號、密碼登入)

2-61

Step 2 登入 Google 帳戶後，按下右上角的 **Use copainter**，選擇 **Coloring**。

① 在此處按一下

② 選擇 Coloring

Step 3 分別上傳線稿及底圖，可以用滑鼠直接將圖檔拖曳到方框裡，或是在方框中按一下滑鼠，從電腦中選擇圖檔。

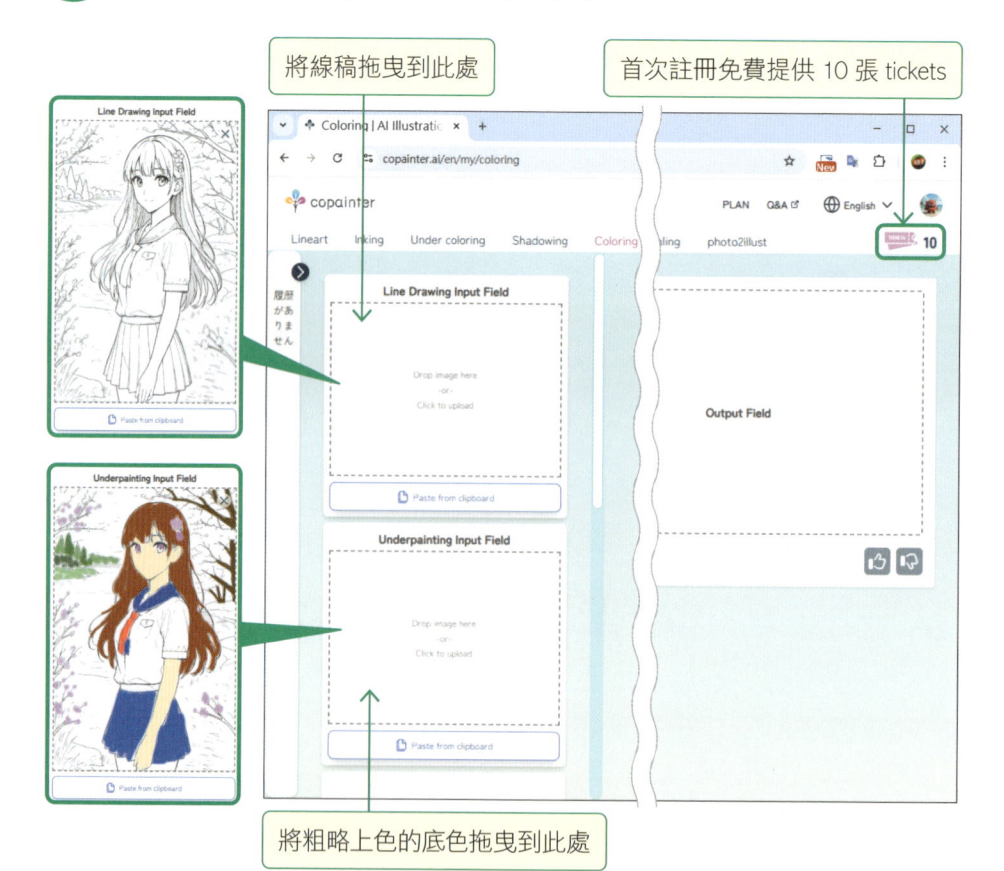

將線稿拖曳到此處

首次註冊免費提供 10 張 tickets

將粗略上色的底色拖曳到此處

2-62

Step 4 上傳圖檔後，請將捲軸往下捲動，進行參數設定，再按下 **Send** 鈕，就會開始進行上色。

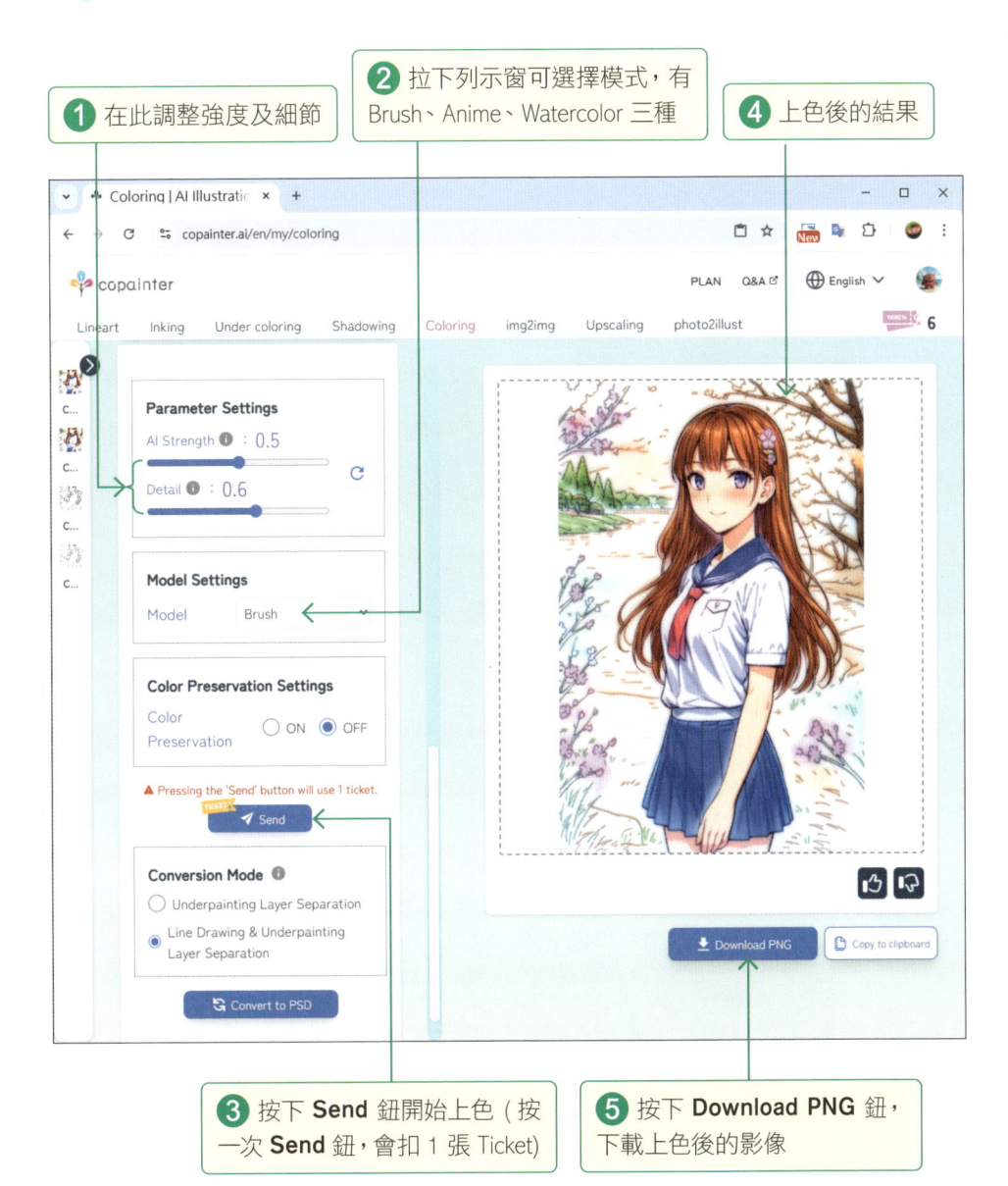

❶ 在此調整強度及細節

❷ 拉下列示窗可選擇模式，有 Brush、Anime、Watercolor 三種

❹ 上色後的結果

❸ 按下 Send 鈕開始上色 (按一次 Send 鈕，會扣 1 張 Ticket)

❺ 按下 Download PNG 鈕，下載上色後的影像

PART 02　用 AI 一鍵完成：擴圖、調色、合成與編修

2-63

AI 聊天機器人也能幫線稿上色

使用 AI ChatGPT、Grok、Gemini、Copilot⋯等 AI 聊天機器人

AI 聊天機器人除了可以生圖外，也可以替線稿上色，只要上傳線稿，輸入提示語＋風格 (如日本動漫風格、美式漫畫風格、⋯等)，就能自動完成，在此以 ChatGPT 為例。

① 選擇 4o 模型

② 上傳線稿圖並輸入提示：請將這張線稿上色，風格為「少女漫畫」

除了自動幫人物上色外，背景也自動填色了

使用 copainter 上色，由於有線稿及底色圖當作參考，所以不會破壞原有的構圖。使用 ChatGPT 雖然上色的完成度高，但每次生成的結果都會略有不同，也會局部變動到原本的構圖。

2-64

Unit 17 電商小編的救星！隨手拍的照片也能變成廣宣圖

　　在電商快速發展的時代，品牌商與代理商經常需要做各種產品廣宣，並進行多平台的行銷推廣。然而，專業攝影往往得花大量的時間與資源，對於忙碌的電商小編來說，並非每次都能安排專業的攝影。現在有了 AI 即使是隨手拍的產品照，都能輕鬆轉成廣宣素材，重點是不用自己去背、想文案，只要上傳照片就能在短時間內完成。

▲ 隨手拍的桌上型電扇，背景雜亂、光線不佳

微風輕拂　靜享涼夏

便攜式 USB 風扇，隨時隨地享受清涼

- 輕巧便攜　不佔空間
- 靜音設計　不受干擾
- USB 快速充電　續航達 8 小時
- 四段風速調節　滿足不同需求
- 360 度可調節角度

夏季限定優惠！
原價 $499，現在只要 $399
買就送精美收納袋
數量有限，售完為止！

↓ 立即掃碼購買 ↓

▶ 透過 AI 的處理，馬上變成一張廣宣素材

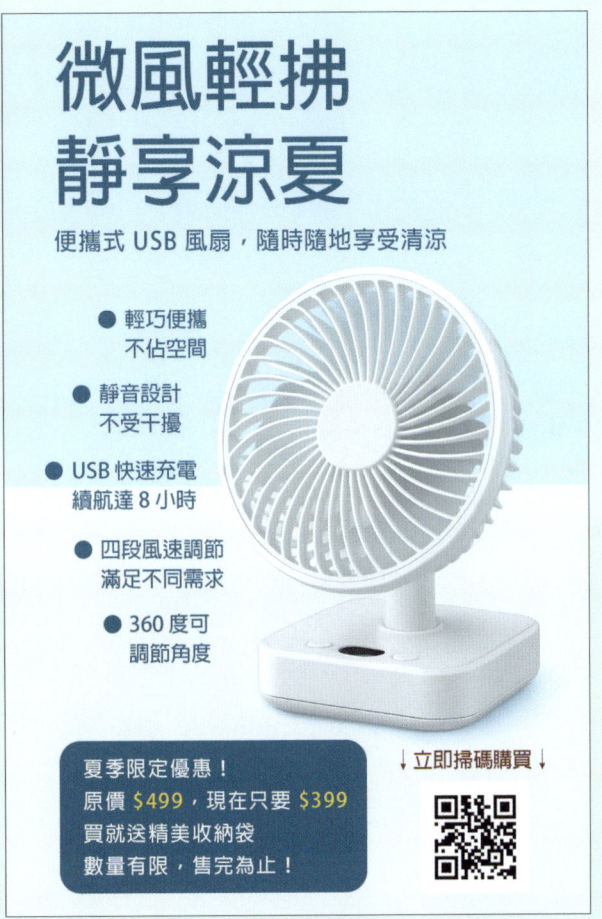

2-65

用 AI 自動產生廣宣文案及圖片

> 使用 AI　Manus

電商小編與社群小編每天都在和時間賽跑，得產出大量高品質的廣宣文案與視覺圖片。面對不斷湧現的行銷需求，該如何在有限的時間內，產出吸睛且符合品牌調性的內容？AI 正是你的得力助手，只要上傳隨手拍的產品照，輸入簡單的需求，就能瞬間產生專業的文案與圖片，減輕工作負擔。底下我們以 Manus AI 做示範。

Step 1 請開啟網頁瀏覽器，輸入「https://manus.im/home」網址，連到 manus 網站，這是一個通用型的 AI 網站，可以幫你解決各項工作及生活中的問題，進入網站後點選畫面右上角的 **開始使用** 鈕，接著使用 Google 帳戶註冊即可開始使用各項服務。

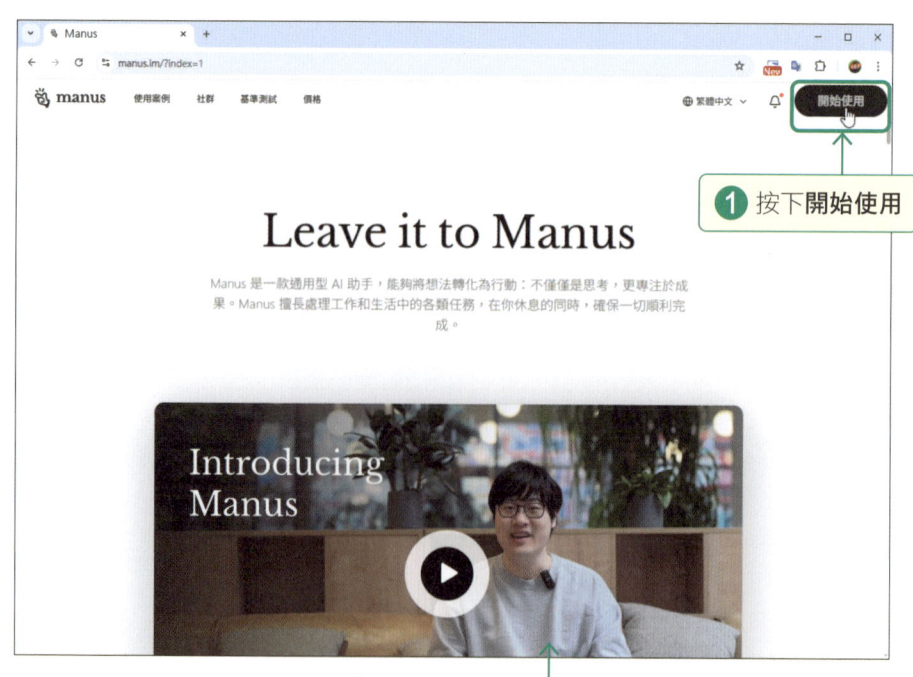

① 按下**開始使用**

這裡有教學影片說明

2-66

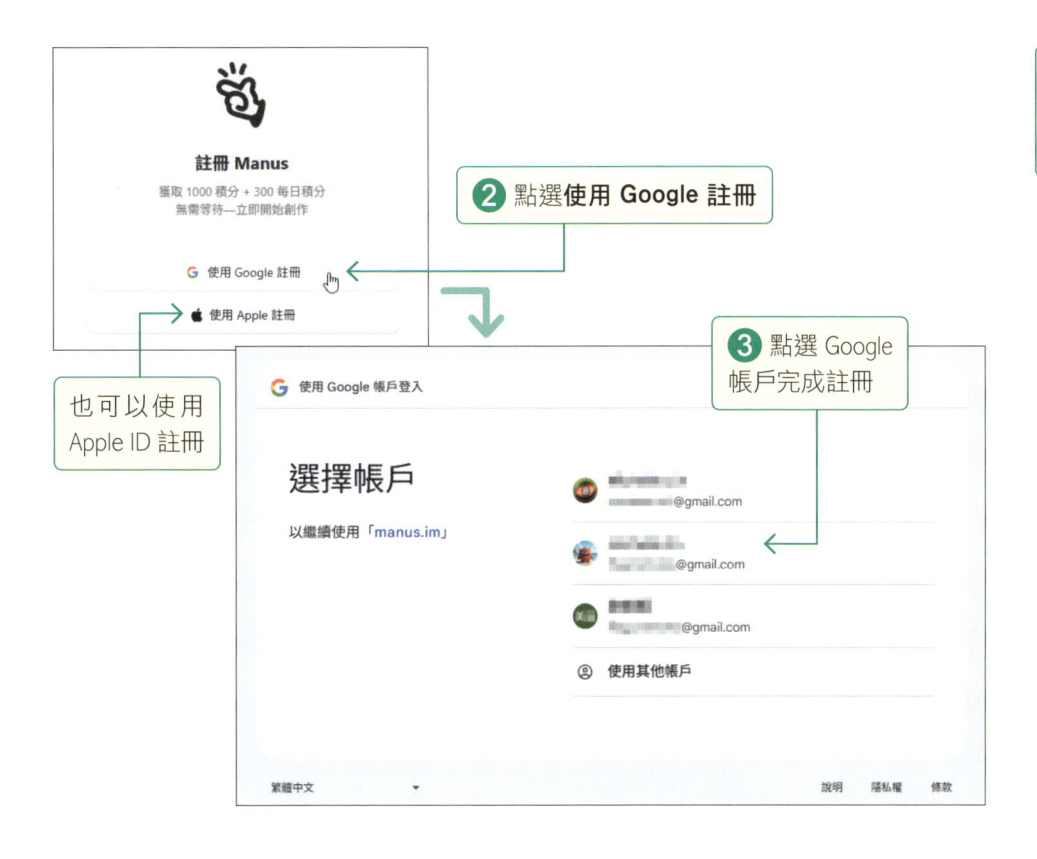

② 點選**使用 Google 註冊**

③ 點選 Google 帳戶完成註冊

也可以使用 Apple ID 註冊

Step 2　首次註冊會得到 1000 免費積分以及每日登入的 300 積分，你可以先用免費積分試用各項功能，再決定是否付費 (註：官方贈送的免費積分可能會隨時變動，在此僅供參考)。

首次註冊、登入會得到免費積分，請按下**知道了**關閉此訊息

2-67

Step 3 接著，在輸入框中輸入你的需求 (提示語)，在此我們想將隨手拍的照片製作成促銷廣告。

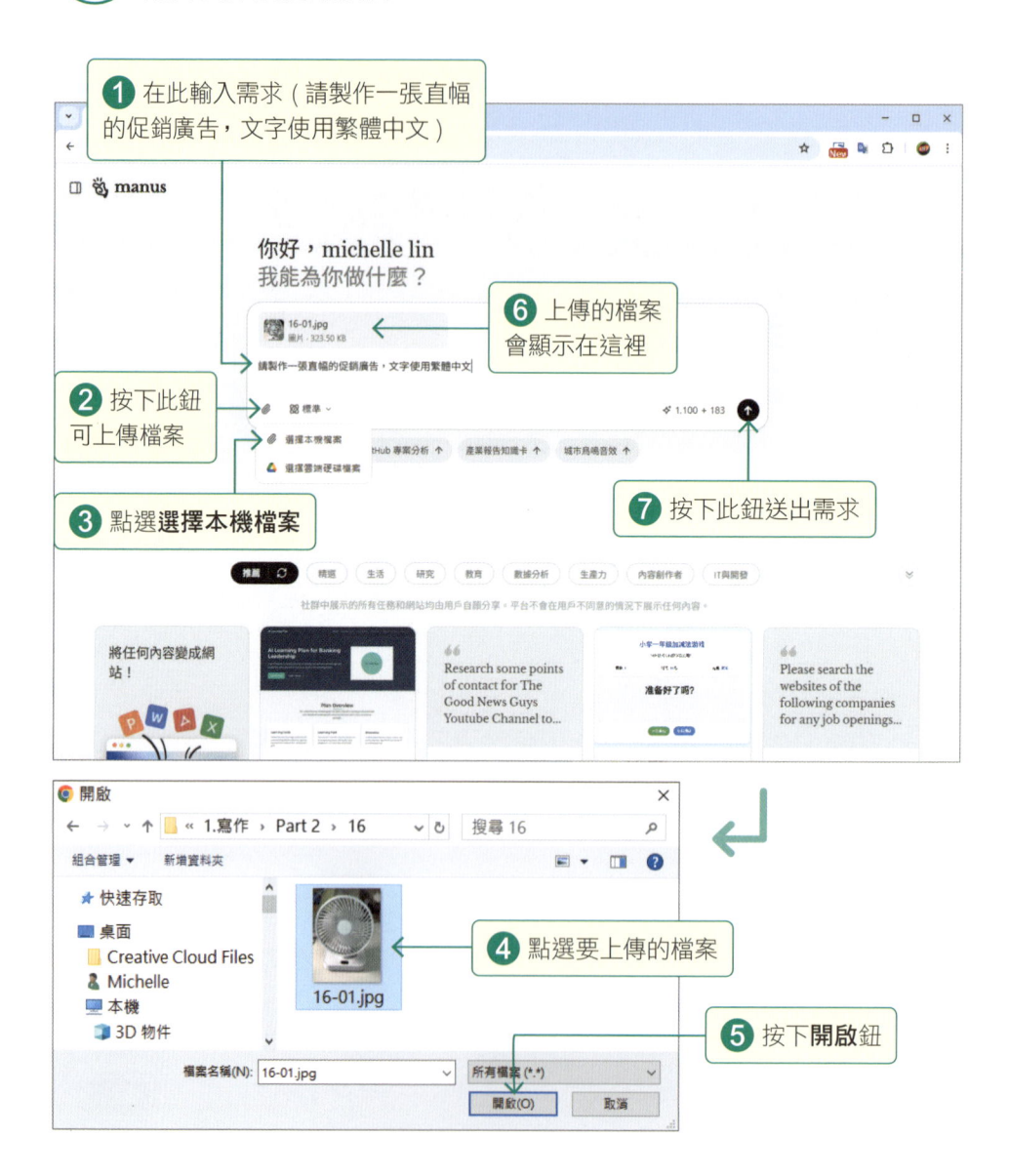

① 在此輸入需求 (請製作一張直幅的促銷廣告，文字使用繁體中文)

② 按下此鈕可上傳檔案

③ 點選**選擇本機檔案**

④ 點選要上傳的檔案

⑤ 按下**開啟**鈕

⑥ 上傳的檔案會顯示在這裡

⑦ 按下此鈕送出需求

Step 4 送出需求後，manus 就會開始處理，大約等個 20 多秒就會生成圖片及廣告文案。

開始處理我們的需求

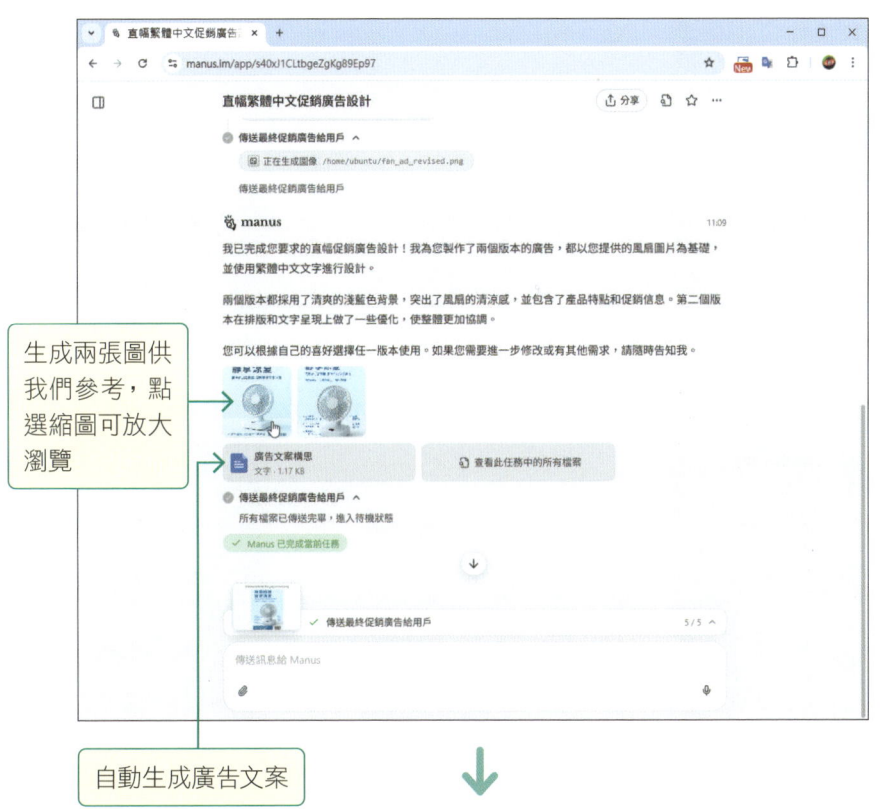

生成兩張圖供我們參考，點選縮圖可放大瀏覽

自動生成廣告文案

PART 02 用 AI 一鍵完成：擴圖、調色、合成與編修

2-69

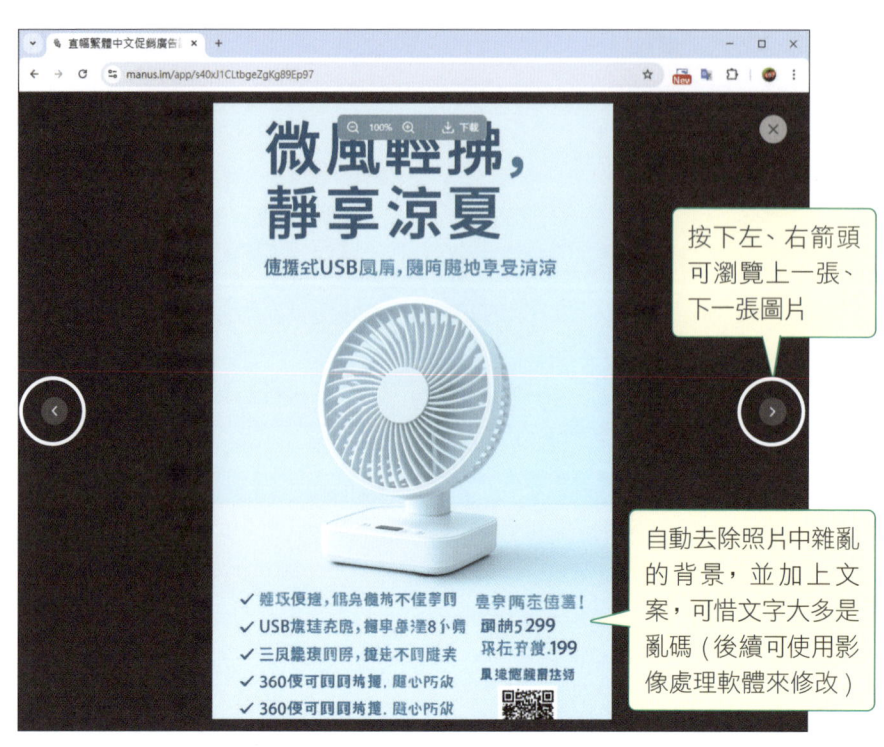

按下左、右箭頭可瀏覽上一張、下一張圖片

自動去除照片中雜亂的背景，並加上文案，可惜文字大多是亂碼（後續可使用影像處理軟體來修改）

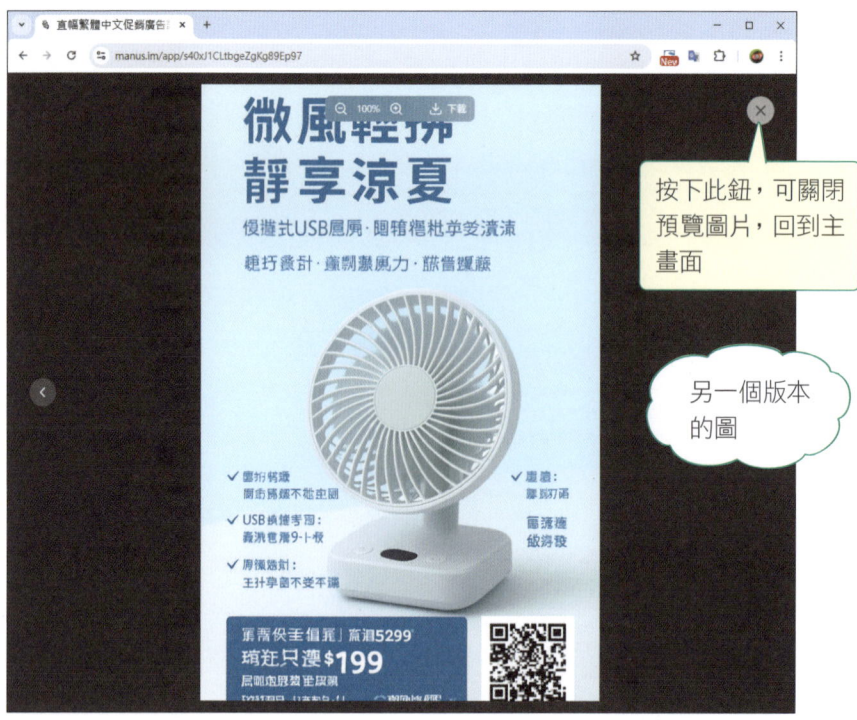

按下此鈕，可關閉預覽圖片，回到主畫面

另一個版本的圖

2-70

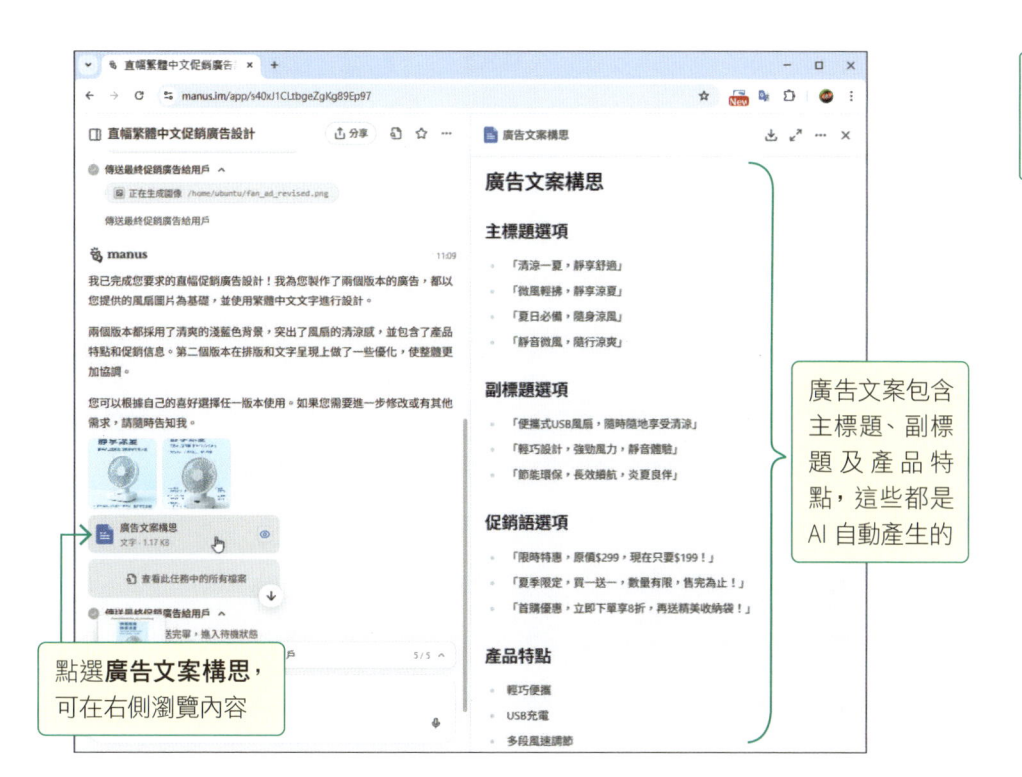

PART 02 用 AI 一鍵完成：擴圖、調色、合成與編修

廣告文案包含主標題、副標題及產品特點，這些都是 AI 自動產生的

點選**廣告文案構思**，可在右側瀏覽內容

Step 5　由於 AI 生成的中文字大多為亂碼，在此我們可以將 AI 生成的圖片及文案下載到電腦裡，後續再用影像處理軟體來修改文字。

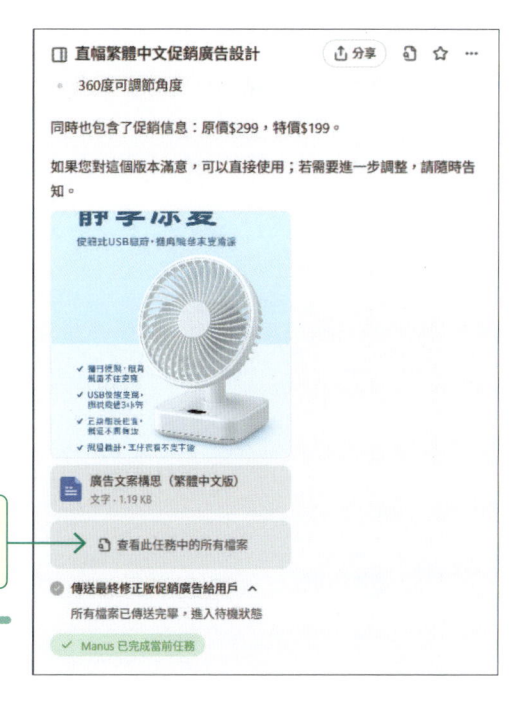

❶ 按下**查看此任務中的所有檔案**

2-71

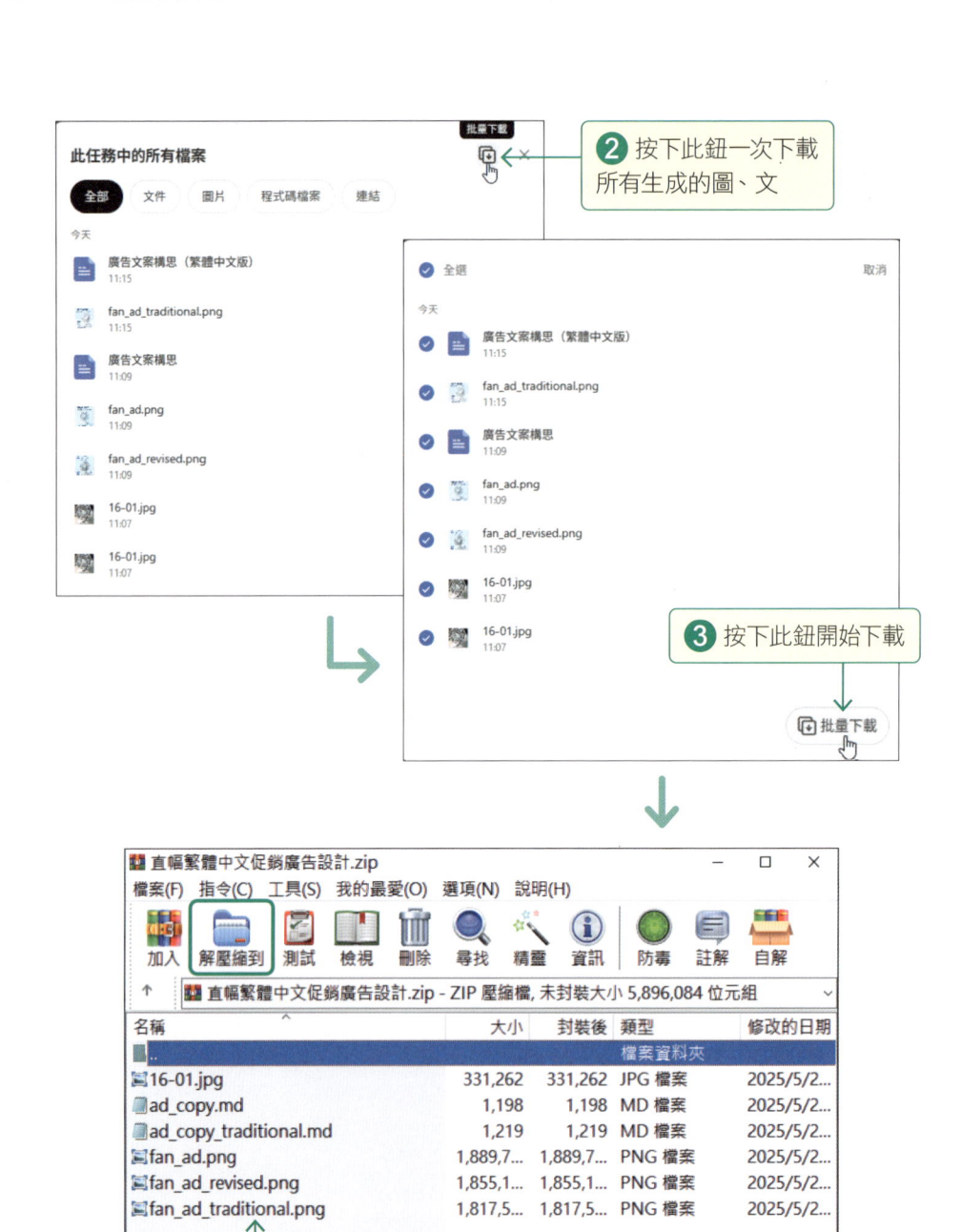

❷ 按下此鈕一次下載所有生成的圖、文

❸ 按下此鈕開始下載

❹ 下載後的檔案為壓縮檔，會存放在電腦中的 Downloads 資料夾，解開壓縮檔就可以進行後續的修改

| Step 6 | 你可以使用 Adobe Express 或是 Photoshop 的**生成填色**功能，將中文亂碼的部份去除並與背景融合 (可參考 **Unit 01**、**Unit 10** 的說明)，再自行輸入文字。

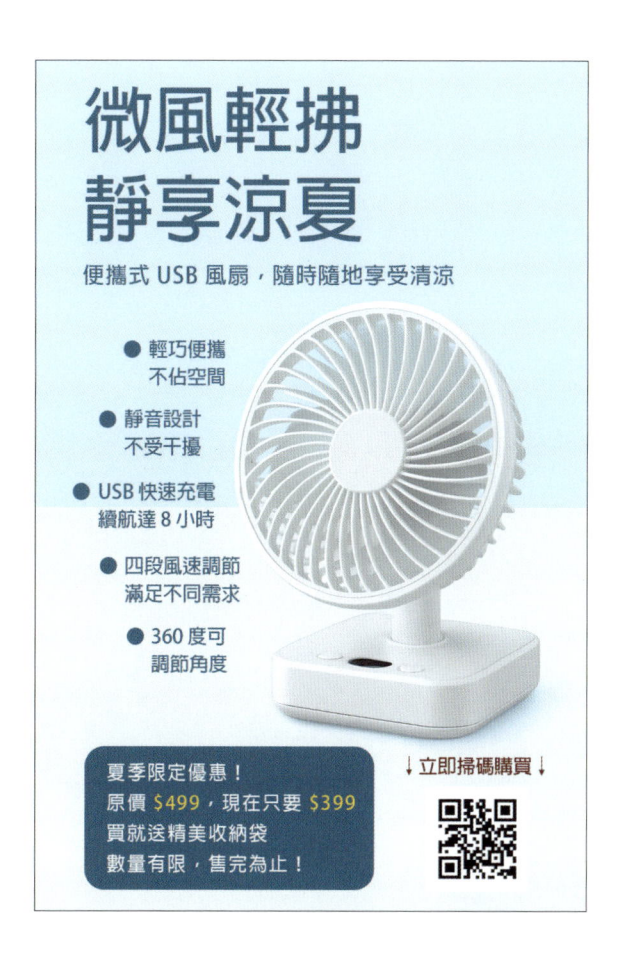

TIP 如果覺得要刪除中文亂碼並與背景融合很麻煩，你也可以直接將 manus 生成的圖餵給 ChatGPT，請它「生成一張去除文字的圖」。這樣後續只要輸入文字就可以了。

Unit 18　請 AI 配色並生成色碼

　　設計作品時，最難的往往不是編排而是「配色」，什麼色系適合品牌？怎麼讓色彩有層次又不混亂？現在不用一張張翻色票了，只要請 AI 幫忙，就能根據品牌、主題、風格、甚至上傳圖片，讓 AI 自動產生和諧的配色，還會附上完整色碼，幫助你快速延伸出多種版本。

#C9F2DF　　#618C03　　#4F7302　　#D96704　　#A60303

AI 配色師：依產業或品牌調配出獨特的配色

> **使用 AI**　AI 配色師、AI Colors、Color Magic、…

配色師 (Colorist AI) 是一個可依不同行業別用 AI 配色的網站，只要輸入行業別、品牌精神以及風格描述，就能自動生成專屬的配色。無論是要柔和的色調還是鮮明的色彩，都能提供適合的色彩方案，並提供色碼讓你做後續的應用。

Step 1　請開啟網頁瀏覽器，連到**配色師** (https://colorist-ai.com) 網站，點按畫面中間的筆刷就可以開始配色，可免費試用 5 次。

① 點按此處開始配色

② 出現規則說明，看完說明後按下**同意**鈕

2-75

| Step 2 | 接著,在第一個輸入框輸入產業別或是品牌的描述,在第二個輸入框輸入風格描述,如果一時沒有靈感,可以另外開啟新的瀏覽器視窗,連到「https://colorist-ai.com/ai-color-prompt」網頁,這裡有配色指令的攻略可參考。

配色師

產業或品牌類型簡述 (3到20字內)
保健食品 ← ① 輸入產業別或品牌描述

期望的風格描述 (10到100字內)
清新自然的風格、綠色調、健康、充滿活力的形象 ← ② 輸入風格

開始配色 ← ③ 按下此鈕開始配色

| Step 3 | 稍待幾秒會生成 5 組配色,並標示色碼,點選單一色塊可快速複製色碼。

您輸入的配色指令:
產業:保健食品
希望風格:清新自然的風格、綠色調、健康、充滿活力的形象

點擊編號或單一色塊,快速複製色碼。如果配色異常,請不要使用深色模式。

① 點按色塊

1
#4CAF50 #8BC34A #CDDC39 #FFFFFF #FFEB3B

2
#388E3C #689F38 #AFB42B #E8F5E9 #FFC107

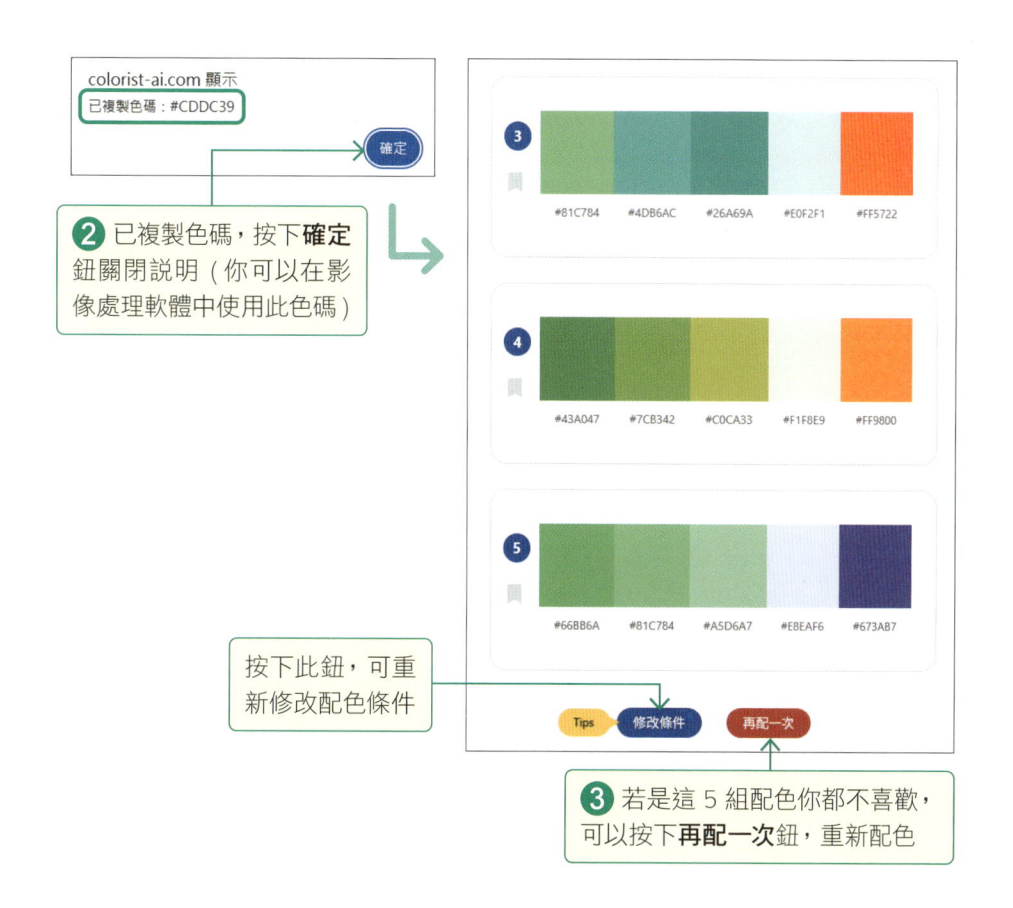

colorist-ai.com 顯示
已複製色碼：#CDDC39
確定

❷ 已複製色碼，按下**確定**鈕關閉說明 (你可以在影像處理軟體中使用此色碼)

③ #81C784 #4DB6AC #26A69A #E0F2F1 #FF5722

④ #43A047 #7CB342 #C0CA33 #F1F8E9 #FF9800

⑤ #66BB6A #81C784 #A5D6A7 #EBEAF6 #673AB7

按下此鈕，可重新修改配色條件

Tips　修改條件　再配一次

❸ 若是這 5 組配色你都不喜歡，可以按下**再配一次**鈕，重新配色

用 Adobe Color 調配色彩

使用 AI｜Adobe Color

　　Adobe Color 是 Adobe 公司推出的配色服務網站，不需付費、也不需下載軟體，直接在網頁中就能進行配色。配色的方法可依「色輪」、「上傳照片吸取配色」或是瀏覽流行配色庫中現有的範本來配色。

Step 1 請開啟網頁瀏覽器，進入 Adobe Color 網站 (https://color.adobe.com/zh/)。如果你是 Adobe 的訂閱用戶，請按右上角的**登入**鈕輸入帳號、密碼登入，如果不是訂閱用戶也可以使用配色功能，差別在於不能儲存配色檔以及不能與 Adobe 軟體做整合，但還是能取得色碼。在此先試試用「色輪」建立配色。

2-77

❶ 請按下**建立顏色主題**的造訪鈕

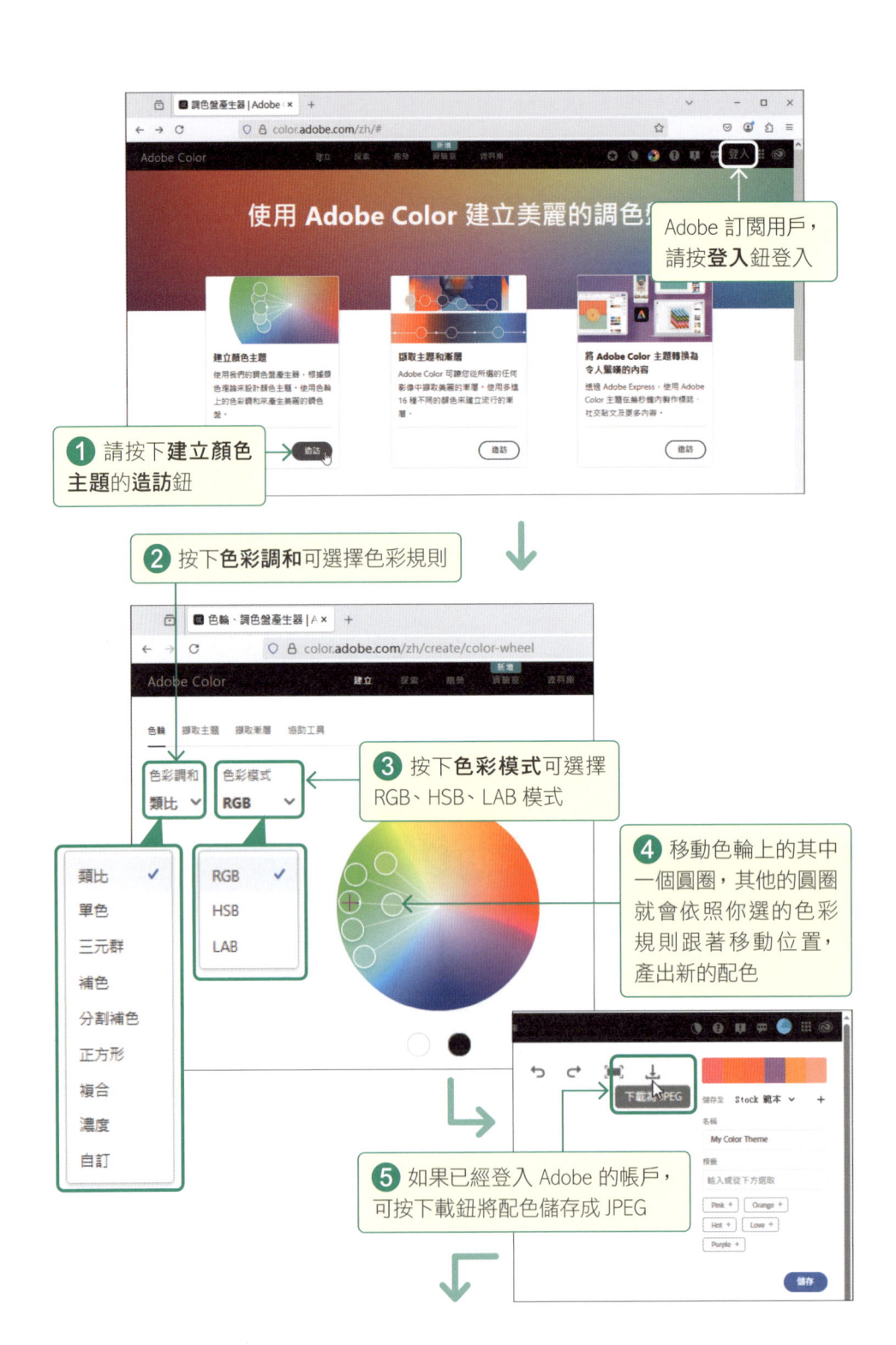

Adobe 訂閱用戶，請按**登入**鈕登入

❷ 按下**色彩調和**可選擇色彩規則

❸ 按下**色彩模式**可選擇 RGB、HSB、LAB 模式

❹ 移動色輪上的其中一個圓圈，其他的圓圈就會依照你選的色彩規則跟著移動位置，產出新的配色

❺ 如果已經登入 Adobe 的帳戶，可按下載鈕將配色儲存成 JPEG

2-78

◀ 你可以將下載的配色用彩色印表機印出來當作參考，上面有色碼及 RGB 值

Step 2 接著，我們再試試「上傳照片吸取配色」的功能，請按下畫面左上角的 **Adobe Color** 回到首頁，點選**擷取主題和漸層**的**造訪**鈕。

① 按下此鈕

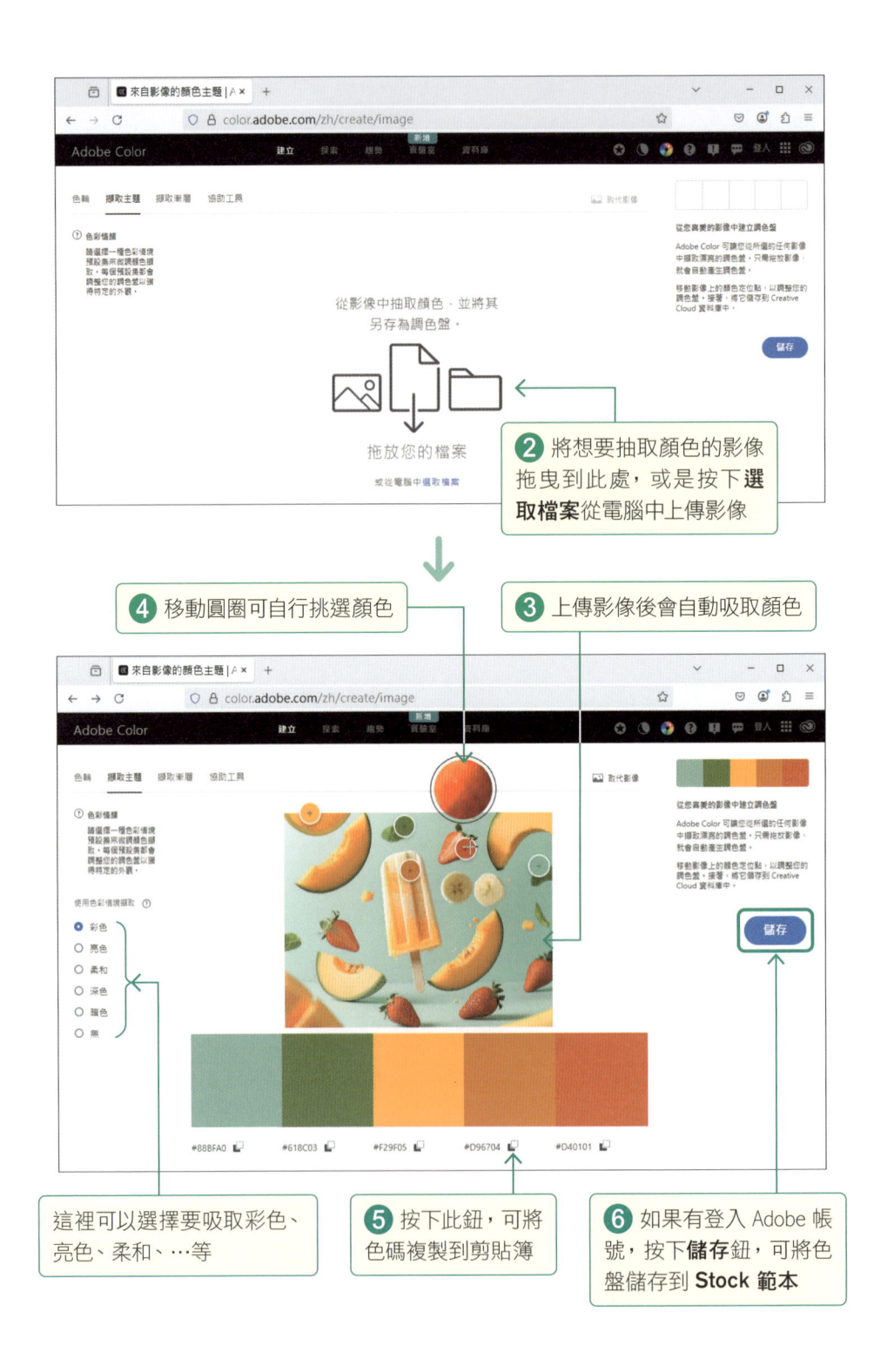

❷ 將想要抽取顏色的影像拖曳到此處，或是按下**選取檔案**從電腦中上傳影像

❹ 移動圓圈可自行挑選顏色

❸ 上傳影像後會自動吸取顏色

❺ 按下此鈕，可將色碼複製到剪貼簿

這裡可以選擇要吸取彩色、亮色、柔和、…等

❻ 如果有登入 Adobe 帳號，按下**儲存**鈕，可將色盤儲存到 Stock 範本

2-80

Step 3 點選畫面最上方的 **趨勢**，還可以從 Behance 和 Adobe Stock 的創意社群，探索不同行業目前的色彩趨勢。點選縮圖可瀏覽配色組合，並下載配色。

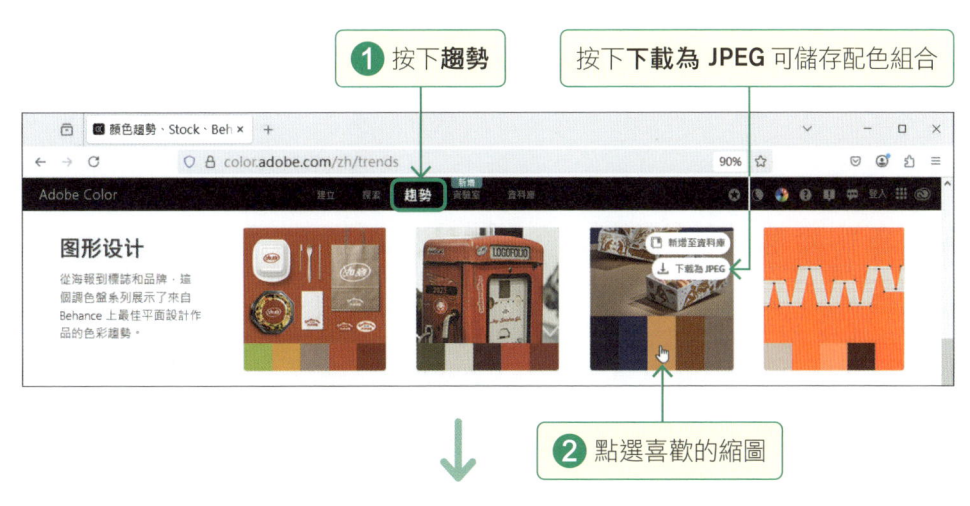

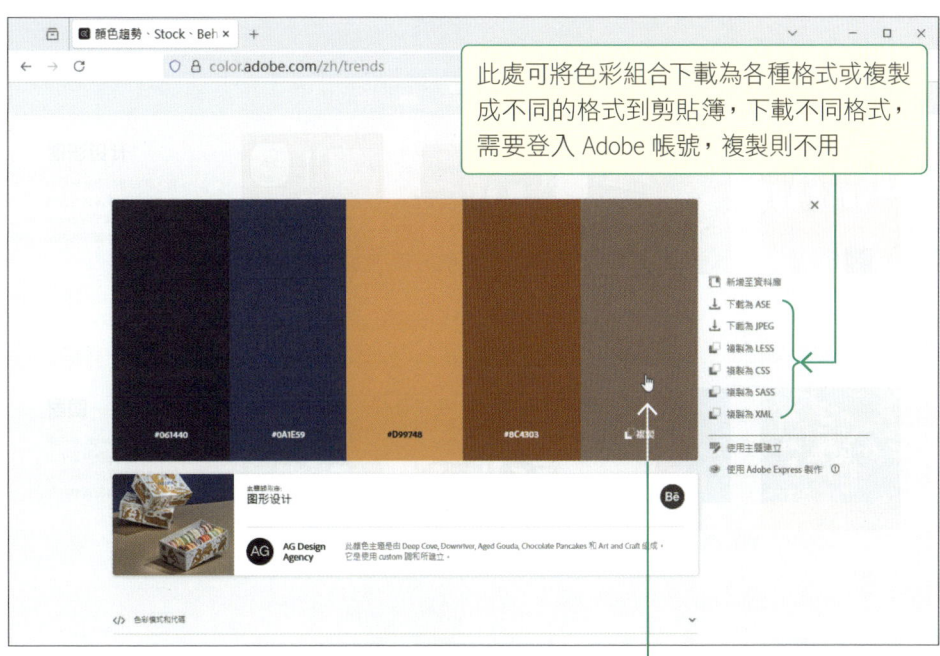

❶ 按下 **趨勢**

按下 **下載為 JPEG** 可儲存配色組合

❷ 點選喜歡的縮圖

此處可將色彩組合下載為各種格式或複製成不同的格式到剪貼簿，下載不同格式，需要登入 Adobe 帳號，複製則不用

❸ 將滑鼠移到色彩上按一下，可將色碼複製到剪貼簿

Unit 19 用 AI 製作文字效果

　　在數位設計與內容創作的領域中，文字不僅是傳遞資訊的媒介，更是吸引目光、展現風格與深化品牌記憶的重要元素。以往設計者得花大量時間處理字體、排版和視覺細節，現在 AI 徹底改變了這個流程。只要清楚描述想要的文字效果，AI 就能快速生成，並根據需求自動搭配風格、色彩和質感。不論是社群媒體標題、品牌標誌還是海報，AI 都能在短時間內為你打造出令人驚艷的效果。

▲ 用 ChatGPT 製作毛茸茸的怪物文字

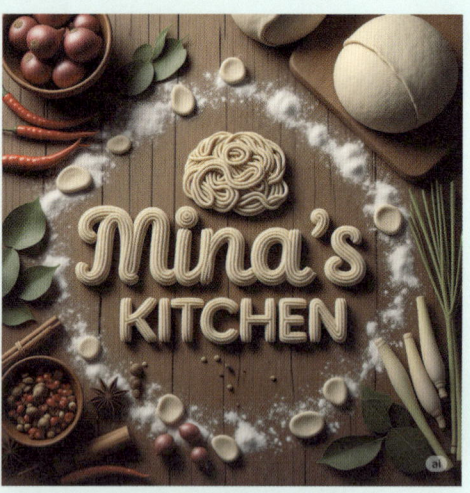

▲ 用 Gemini 製作由麵條拼成的文字

▲ 用 Gemini 製作毛茸茸的怪物文字

▲ 用 Gemini 製作由白米拼成的文字

2-82

用 AI 聊天機器人製作文字效果

使用 AI ChatGPT、Grok、Gemini、Copilot…等 AI 聊天機器人

AI 聊天機器人不只可以生圖,還能製作各種文字效果,以往要在文字表面覆蓋柔軟細膩的毛茸茸效果,需要繁複的後製技巧,現在有了 AI 只要清楚描述想要的風格、顏色和質感就能快速生成,如果想要去背圖也沒問題,只要在輸入提示時描述清楚就可以了。底下以 ChatGPT 做示範。

Step 1 請開啟網頁瀏覽器,進入 ChatGPT (https://chatgpt.com),並登入你的帳號,接著在畫面右側的對話框如下輸入提示 (prompt):

> 提示
>
> 建立單字「DONNA」的 3D render,設計 5 個全身毛茸茸的怪物字母。每個字母都是獨立的生物,只有五官,沒有四肢。字母上覆蓋著濃密、柔軟、逼真的毛髮,色調鮮明:
> D 為天空藍
> O 為珊瑚紅
> N 為薄荷綠
> N 為淡紫色
> A 為鵝黃色
>
> 每個字母都透過眼睛和嘴巴表達獨特的情感:
> D 露出燦爛的笑容,非常愉悅。
> O 害羞而悲傷的樣子。
> N 露出牙齒,帶著頑皮的笑容。
> N 眼皮沉重,暴躁的表情。
> A 張大嘴巴,睜開大眼睛,驚訝的表情。
>
> 攝影棚燈光,柔和的背景投射出淡淡的陰影。不需要任何配件或道具,乾淨、高品質的怪物字體設計,個性十足。

①在此輸入提示語

②按下此鈕送出

生成毛茸茸的怪物字體

Step 2 我們將同樣的提示語分別輸入到 Gemini、Copilot 及 Grok，看看效果如何。

▲ Gemini 生成後的結果

▲ Copilot 生成後的結果

▲ Grok 生成的效果不如預期

底下再提供兩種文字效果供你參考，一種是由麵條組成的文字，另一種則是由白米拼成的文字效果。

> **提示**
>
> 用白米製作一張米娜廚房（Mina's Kitchen）的逼真標誌。標誌的每個字母和形狀均由白米手工塑造而成。標誌放置在木質廚房檯面上，周圍環繞著花椰菜、黃檸檬、一些辣椒和其他香草。照片比例 4:3，請讓照片極為逼真。
>
> 用麵條、麵團製作一個逼真的「Mina's kitchen」標誌。標誌上的每個字母和形狀都是用麵條手工製作。標誌放在木製廚房檯面上，周圍撒著麵粉，還有柔軟的麵團。麵條標誌放在木製廚房檯面上，周圍是傳統的印尼烹飪元素。

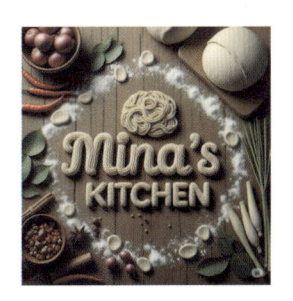

使用 AI 聊天機器人來建立文字效果的確很快速，但是後續要修改就得重新再下提示語。如果希望後續能修改，可以使用 Adobe Express、Canva、fotor 來建立文字效果。

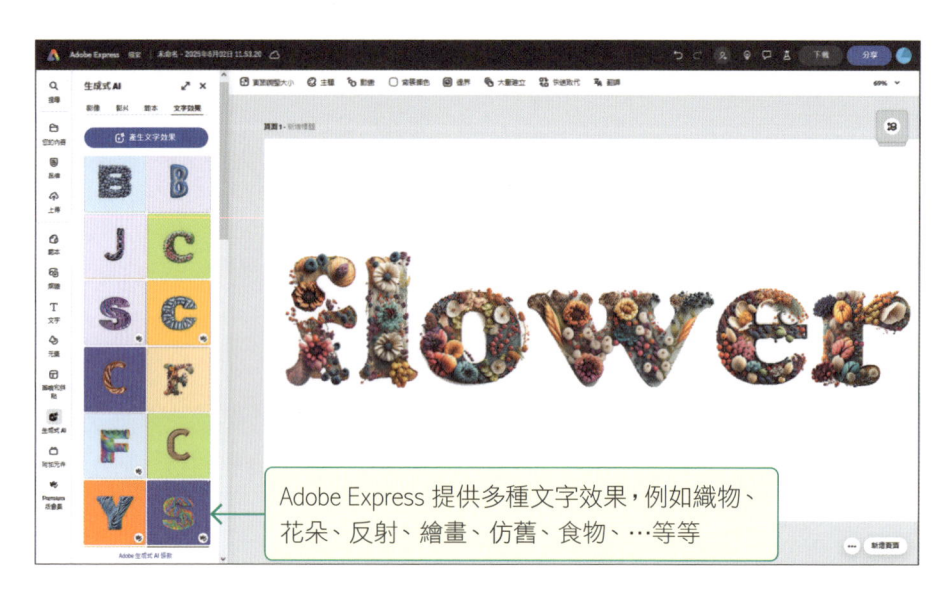

Adobe Express 提供多種文字效果，例如織物、花朵、反射、繪畫、仿舊、食物、⋯等等

也可以在**文字效果**底下輸入提示語，自訂想要的文字效果

Unit 20 用 AI 生成逼真的商業攝影照片

隨著 AI 技術不斷地進步，想要拍攝食材漂浮在空中，或是水果掉到水裡濺起水花、…等，這些原本需要耗費大量時間與專業攝影技巧與設備才能達成的畫面，現在透過 AI 的強大生成能力，都能迅速、逼真地實現。AI 不僅可以模擬光影、紋理與動態細節，更賦予創意無限的可能，讓每張照片都能成為視覺焦點。

▲ 漂浮在空中的漢堡

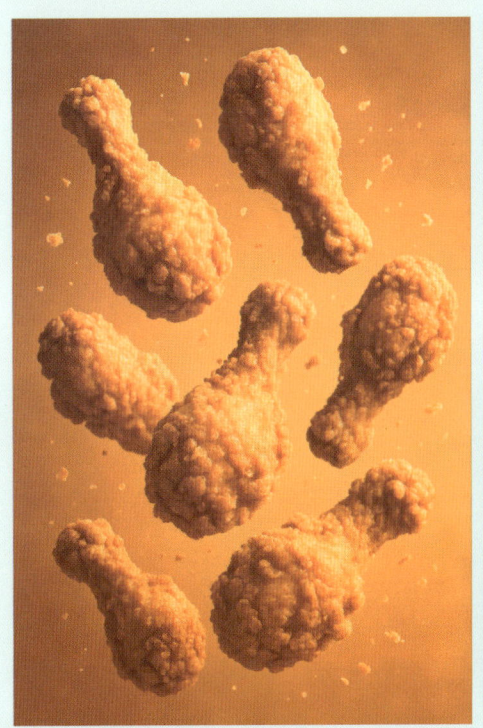

▲ 美味的炸雞腿定格在空中

▲ 水果切片浸泡在氣泡水裡

2-87

用 AI 生成無重力感的食物漂浮照

使用 AI ChatGPT、Grok、Gemini、Copilot…等 AI 聊天機器人

相信大家都看過食材漂浮在空中的廣告，要拍攝這種戲劇張力十足的照片，得用一些道具輔助並用影像處理軟體後製，既費時又費力。現在用 AI 聊天機器人就可以生成這類無重力感的漂浮照，底下以 Google Gemini 做示範。

Step 1 請開啟網頁瀏覽器，進入 Google Gemini (https://gemini.google.com/app?hl=zh-TW)，並登入你的 Google 帳號，在畫面右側的對話框如下輸入提示 (prompt)：

> 提示：建立一張超逼真的商業攝影照片，一個漢堡漂浮在空中，背景是藍天白雲，食材有生菜、蕃茄切片、漢堡肉、起司，全都分層漂浮，旁邊還有幾個大小不一的小漢堡

❶ 在此輸入提示　❷ 按下此鈕送出

2-88

❸ 按下此鈕可將圖片下載到電腦的 **Downloads** 資料夾

生成我們想要的漂浮漢堡照片了

Step 2 底下再提供兩組提示供你參考，一組是炸雞腿漂浮在空中，另一組是水果切片浸泡在氣泡水裡。你可以將提示餵給 Gemini、ChatGPT、Copilot 或是 Grok 看看哪個效果比較好。

> 提示
>
> 建立一張超逼真的商業攝影照片，多隻炸雞腿漂浮在空中，排列不用太整齊，脆皮屑屑灑落在半空中，細緻的紋理，背景用暖色調、明亮的攝影棚燈光，適合速食店的廣告美學。
>
> ---
>
> 建立一張超逼真的商業微距攝影照片，「柑橘切片 (柳橙、青檸、黃檸檬)、奇異果切片和草莓」浸泡在氣泡水裡。水果切片有大有小，排列不用太整齊。「冰塊和碳酸氣泡」環繞著新鮮的水果，呈現出新鮮和清澈的感覺，背景為藍色，明亮的燈光，細緻入微的紋理，帶來清爽多汁的視覺享受。適合夏日飲料的廣告美學。

2-89

Unit 21　用 AI 合成模特兒拿著產品的展示照

　　如果只是單純展示產品，很難讓人有購買慾望，尤其是衣服、鞋子、包包、帽子、耳機、…等產品。如果有模特兒的穿搭展示，感覺就完全不同了，會讓消費者比較有真實感。然而，找模特兒與攝影師進行拍攝往往得花不少成本。現在有了 AI 的輔助，可以直接合成模特兒拿著產品的展示照，展現商品最吸睛的一面，省時又方便！

▲ 模特兒手拿產品的展示照比較有互動感

▲ 單純的產品展示

▲ 讓模特兒揹著包包，比較有真實感

◀ 單純的產品展示

用 AI 生成產品展示照

使用 AI ChatGPT、Grok、Gemini、Copilot…等 AI 聊天機器人

AI 聊天機器人不只可以生圖,還能生成模特兒手拿自家產品的展示照,只要上傳產品照,就會自動與模特兒搭配,光影也能自然地融合在一起。底下以 ChatGPT 做示範。

Step 1 請開啟網頁瀏覽器,進入 ChatGPT (https://chatgpt.com),並登入你的帳號,接著在畫面右側的對話框如下輸入提示 (prompt):

> 提示
> **(上傳檔案)**
> 請生成一張圖:一位年輕漂亮的女模特兒手上拿著這瓶香水,半身照,背景為亮麗的燈光散景

① 輸入提示,並上傳產品照

② 按下此鈕送出

ChatGPT 依照我們的要求將香水合成到模特兒手上了,不過模特兒的手部姿勢不自然

▲ 把相同的提示餵給 Google Gemini，手部的姿勢有好一點，你可以多試幾個 AI 聊天機器人，看看哪個效果好，或是請 AI 調整手部的姿勢，重新生成圖片

▲ 把相同的提示餵給 Copilot，整體的效果比 ChatGPT 及 Google Gemini 好，不過仔細看，香水上方的紋路有稍微變動到

Step 2 底下再提供一組模特兒揹著包包的提示供你參考，你可以將提示餵給 Gemini、ChatGPT、Copilot 或是 Grok 看看哪個效果比較好。

> **（上傳檔案）**
> 請生成一張圖：一位年輕漂亮的女模特兒揹著這個包包，半身照，背景為時尚的都會街道

▶ Copilot 生成的效果比較自然

◀ ChatGPT 生成的效果比較不自然，包包揹帶有點短

2-92

Unit 22 用 AI 生成向量圖形

　　目前大多數的 AI 生圖功能以產生點陣圖為主，少數具備向量圖生成功能的 AI 聊天機器人 (如 ChatGPT)，通常生成的是 SVG 格式的簡單線條圖。若需要產出更精細的向量圖形，建議使用 Illustrator 的 AI 生成技術來實現。

▲ 使用 Illustrator 生成向量圖，後續還可以編輯圖形及色彩

2-93

只要輸入提示就能建立向量圖形

Illustrator 從 2024 版開始，內建了生成式的 AI 模型，可以**生成向量圖形**，不論是想建立場景、主體或圖示，只要輸入你想得到的描述，就能產生多種版本供你挑選，後續還可進一步使用 Illustrator 的各項工具來微調圖形細節、縮放大小或更改配色。

Step 1 請啟動 Illustrator，執行『**檔案 / 新增**』命令，建立一份**寬度** 2400px、**高度** 1800px 的文件。

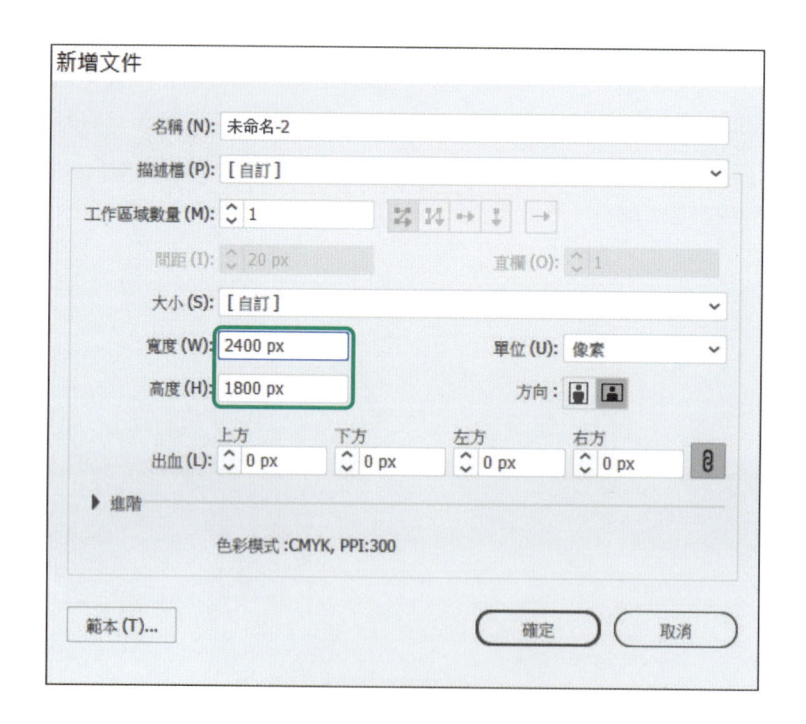

Step 2 建立文件後，請按下工具箱中的**矩形工具**，建立一個和文件一樣大的矩形。接著按下**相關工作列**的**產生向量**鈕，開始建立向量圖。

2-94

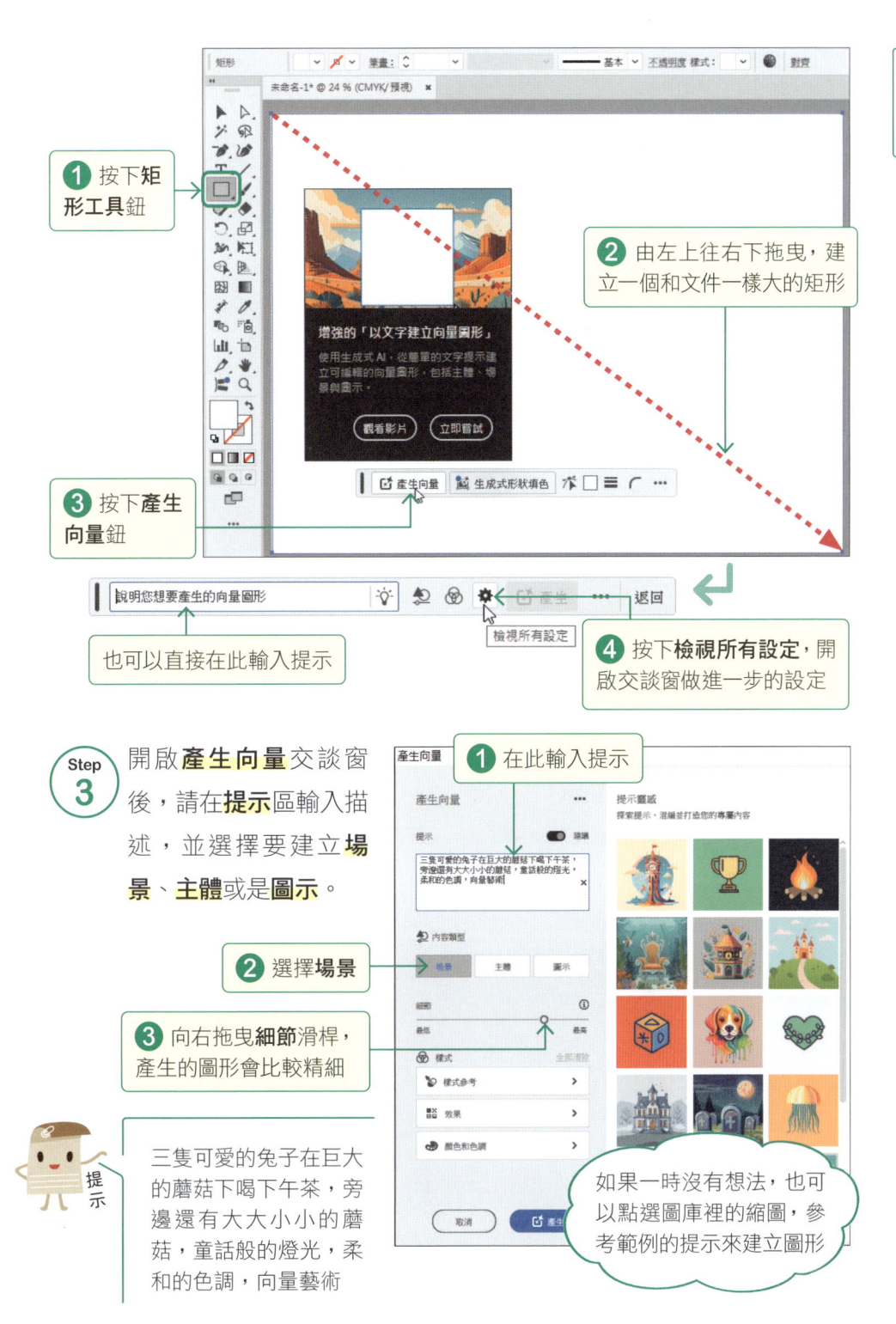

PART 02 用 AI 一鍵完成：擴圖、調色、合成與編修

① 按下**矩形工具**鈕

② 由左上往右下拖曳，建立一個和文件一樣大的矩形

③ 按下**產生向量**鈕

④ 按下**檢視所有設定**，開啟交談窗做進一步的設定

也可以直接在此輸入提示

Step 3 開啟**產生向量**交談窗後，請在**提示**區輸入描述，並選擇要建立**場景**、**主體**或是**圖示**。

① 在此輸入提示

② 選擇**場景**

③ 向右拖曳**細節**滑桿，產生的圖形會比較精細

提示：三隻可愛的兔子在巨大的蘑菇下喝下午茶，旁邊還有大大小小的蘑菇，童話般的燈光，柔和的色調，向量藝術

如果一時沒有想法，也可以點選圖庫裡的縮圖，參考範例的提示來建立圖形

2-95

| Step 4 | 如果你有現成的圖稿，希望 AI 生成類似風格的向量圖形，可按下**樣式參考**，並上傳圖稿讓 AI 參考。

❷ 按下**選擇資產**

❶ 點選**樣式參考**

2-96

❸ 將電腦中的圖稿拖曳到工作區

❹ 出現滴管時，在圖稿中按一下

❺ 回到**產生向量**交談窗，這裡會顯示參考的圖稿

❻ 按下**產生**鈕開始生成向量圖

PART **02** 用 AI 一鍵完成：擴圖、調色、合成與編修

2-97

Step 5 生成的圖形會顯示在**屬性**面板，預設會產生 3 個版本讓你挑選，若是不滿意，可以再次按下**產生**鈕，繼續產生圖形。

按下**產生**鈕，可繼續產生圖形

產生 3 個變化版本供你挑選

請注意！只有在選取圖形時，**屬性**面板才會顯示**變化版本**

▲ 產生 3 個變化版本讓你挑選

2-98

Step 6 後續想要修改圖形，可用**選取**工具選取圖形，再按下**相關工作列**的**解散群組**鈕。

❶ 按下此鈕

❷ 點選圖形

❸ 按下**解散群組**鈕

調整完畢，請記存檔喔！

2-99

Unit 23　AI 風格轉換：
手繪 / 漫畫 / 水彩 / 普普風

　　AI 除了生圖之外，也能將照片或插圖轉換成「手繪風、水彩風、漫畫風、普普藝術風」等多種藝術形式，讓同樣的內容有不同的視覺表現。不論是行銷素材、社群貼文還是插畫創作，AI 風格轉換能快速幫你找到靈感、製作多版本的影像。

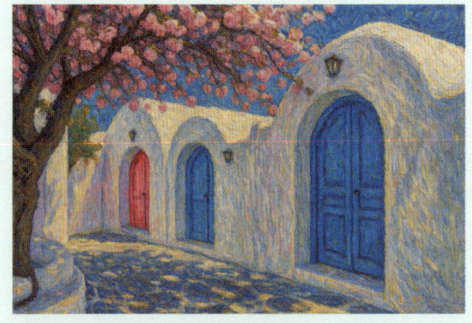

▲ 用 AI 轉換成「油畫」效果

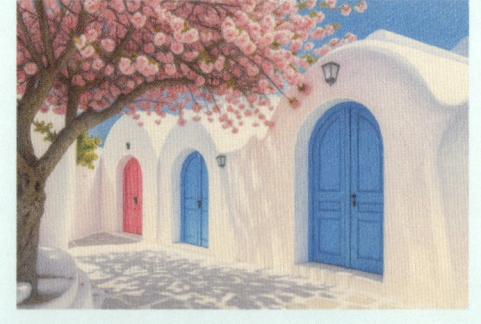

▲ 用 AI 轉換成「色鉛筆」效果

▲ 原影像

▲ 用 AI 轉換成「漫畫線稿」效果

用 AI 聊天機器人轉換影像風格

使用 AI　ChatGPT、Grok、Gemini、Copilot…等 AI 聊天機器人

　　以往要轉換影像的風格，得要使用影像處理軟體 (如 Photoshop) 的**濾鏡**功能，套用一到多層的濾鏡，並調整各項參數，才能調到想要的效果。現在只要在 AI 聊天機器人中輸入提示，並上傳影像，就能得到想要的風格或效果。底下以 ChatGPT 為例。

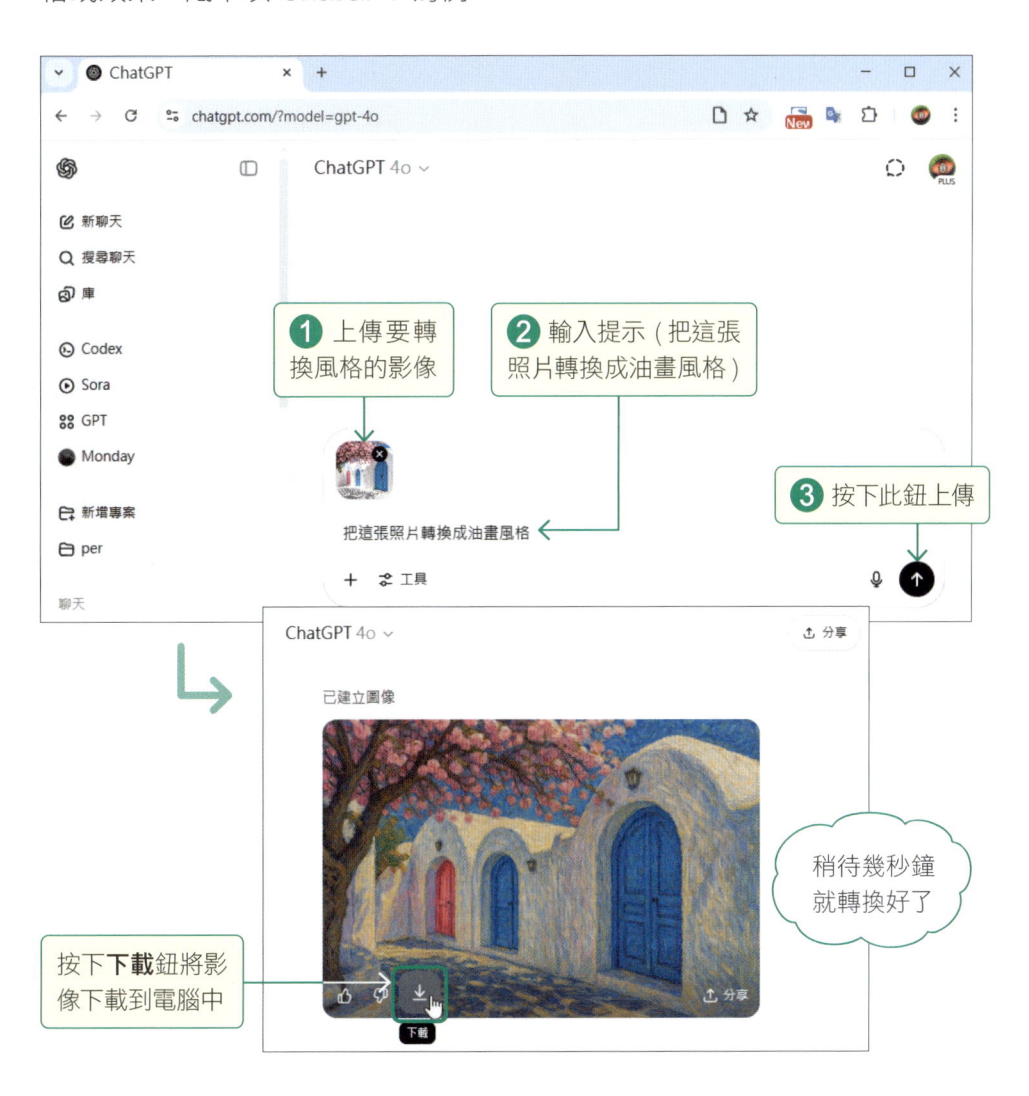

❶ 上傳要轉換風格的影像

❷ 輸入提示 (把這張照片轉換成油畫風格)

❸ 按下此鈕上傳

稍待幾秒鐘就轉換好了

按下**下載**鈕將影像下載到電腦中

2-101

常見的風格種類

AI 聊天機器人可以依照你的需求將影像轉換成不同的藝術風格、攝影風格、時代風格、甚至動畫風格。以下是常見的風格類型分類：

類型	說明
藝術風格	模仿畫家，如梵谷、莫內、畢卡索等畫風，把照片變成油畫、水彩畫、粉彩畫風、素描、手繪鉛筆、馬賽克風格、普普藝術風、浮世繪風、…等
插畫/動畫風格	日本漫畫風、3D 卡通風格、日系漫畫、少女漫畫、黏土動畫、簡筆卡通風
時代與文化風格	模擬 80 年代 VHS、膠卷底片、復古相機效果、昭和復古風、賽博龐克、蒸氣龐克、未來極簡、中世紀歐洲風格
科技風格	賦予照片像「科幻未來」、「霓虹夜景」、「數位故障」等視覺效果
現代攝影風格	模仿 IG 網紅常用的 Lightroom 濾鏡風格，如冷調街拍、暖色美食攝影、HDR 高動態風格、黑白、高對比、夜景霓虹風、日系清新風、夢幻柔光風
肖像風格	動漫人物化、魔幻寫實、虛擬偶像風、雕像風、角色扮演風

使用線上圖片編輯工具轉換風格

使用 AI FlexClip、MyEdit、PicsArt、YouCam、Fotor、GoEnhance…

除了用 AI 聊天機器人來轉換風格外，有些線上圖片編輯工具也提供風格轉換，例如：FlexClip、MyEdit、…等等，有些甚至提供 AI 影片風格轉換濾鏡，只要上傳照片，點選範本就能套用。通常轉換成靜態影像有免費的次數可使用，若是轉換成影片則需要付費。底下以 FlexClip 做示範。

Step 1 請開啟網頁瀏覽器，連上 FlexClip (https://www.flexclip.com/tw/editor/ai-tools) 網站，點選 **AI 工具**的**照片轉 AI 藝術圖片**：

① 點選 AI 工具
② 點選此項

| Step 2 | 接著在視窗的左側會顯示多種效果，像是動畫、繪圖、3D、動作人偶、風格化、⋯等。點選喜歡的效果後，上傳圖片，就可以開始轉換。 |

② 將照片拖曳到此處

① 點選喜歡的效果（在此選擇 **3D 拍立得**）

③ 按下**生成**鈕（付費的使用者生成一次會扣 2）

PART 02 用 AI 一鍵完成：擴圖、調色、合成與編修

2-103

稍待幾秒就完成轉換了

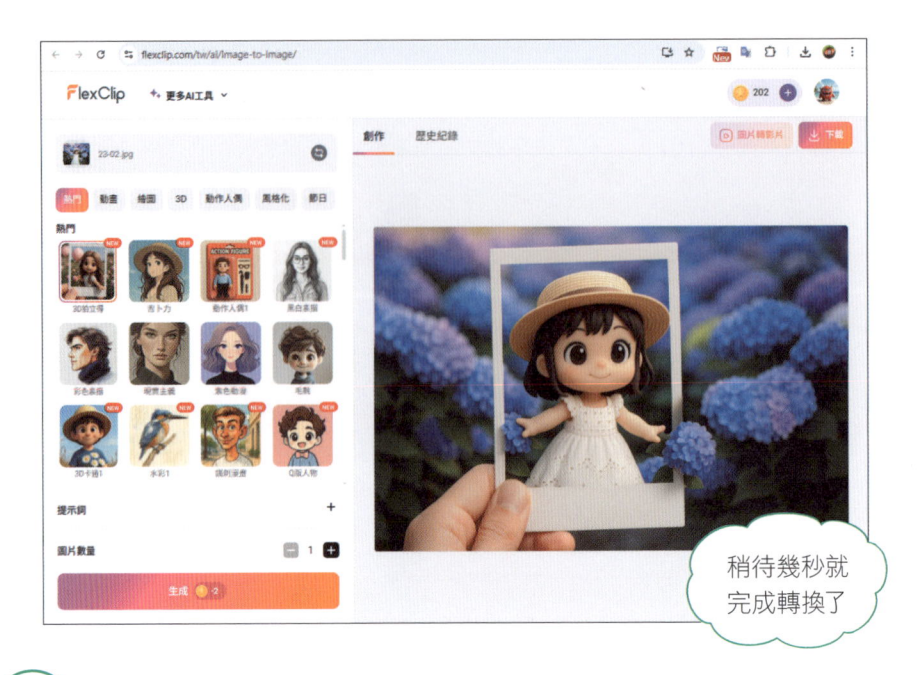

Step 3 此外，還可以轉換成時下流行的動作人偶效果。

❶ 點選**動作人偶1**

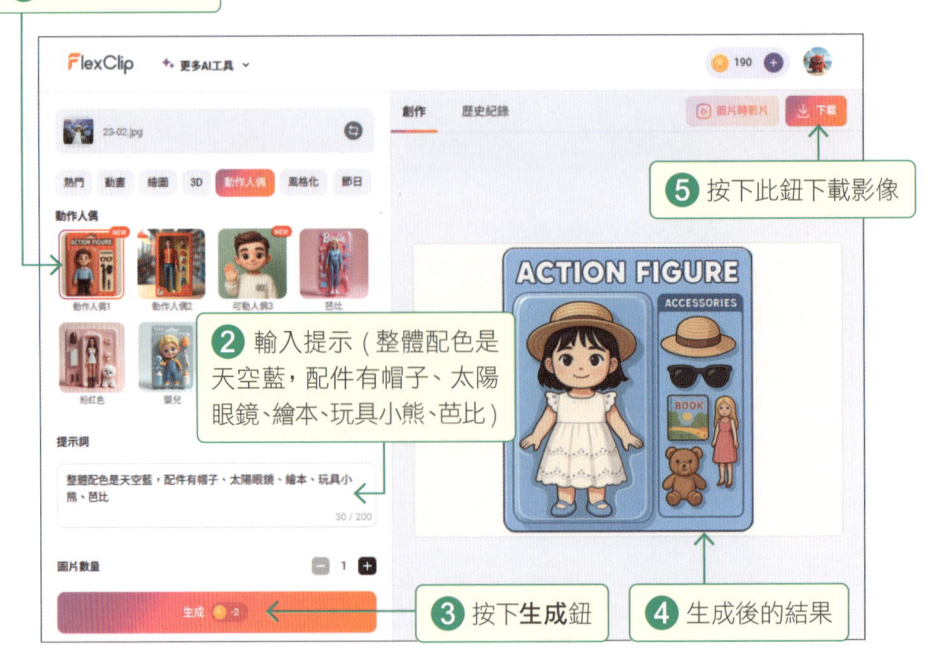

❷ 輸入提示（整體配色是天空藍，配件有帽子、太陽眼鏡、繪本、玩具小熊、芭比）

❸ 按下**生成**鈕

❹ 生成後的結果

❺ 按下此鈕下載影像

2-104

PART 03

生成式 AI 的應用

Unit 24 生成手繪風的 LINE 貼圖

　　你是否也曾經想過要製作一組屬於自己的 LINE 貼圖，卻因為不會畫畫、不知道從何開始而卻步？在 AI 時代，這些都不是問題！透過簡單易用的生成工具 (如 ChatGPT)，即使完全沒有繪圖基礎，也能輕鬆製作出可愛又富有個人風格的手繪貼圖。無論是表達日常情緒、抒解職場壓力，或是用於團購服務宣傳，都非常合適。

▲ 自製手繪風的職場負能量貼圖

用 AI 製作 LINE 貼圖

使用 AI ChatGPT、Grok、Gemini、Copilot、…等 AI 聊天機器人

很多人會想自己動手做 LINE 貼圖，不單純只是好玩，更有機會賺點外快！不過對大多數人來說，從「有想法」到「真的做出來」過程總是卡卡的。這時候，不妨善用生成式 AI，即使不會畫圖，不知道該寫什麼對白也沒關係，AI 可以幫你想角色、設計貼圖情境、對白還能幫你抓語氣。一套貼圖從零到完成，只要幾個步驟就可以了。底下以 ChatGPT 為例，幫你把腦中的點子變成一組真的可以上架的 LINE 貼圖！

Step 1 如果對貼圖的角色、動作或是文字沒什麼想法，可以請 ChatGPT 幫忙想貼圖的情境與文字。請開啟網頁瀏覽器，連到 ChatGPT (https://chatgpt.com) 網站，並登入你的帳號，接著在畫面右側的對話框如下輸入提示 (prompt)：

提示語包含的結構 ○○目的的 LINE 貼圖＋情境＋風格＋肢體動作

> **提示**：我要製作一組「職場負能量」的 LINE 貼圖，請提供 8 個貼圖文字（字數不要太多）以及情境描述，風格適合 Q 版上班族角色，搭配誇張肢體語言與表情，營造無奈、疲憊、無助等情緒。

❶ 輸入提示

> 我要製作一組「職場負能量」的 LINE 貼圖，請提供 8 個貼圖文字 (字數不要太多) 以及情境描述，風格適合 Q 版上班族角色，搭配誇張肢體語言與表情，營造無奈、疲憊、無助等情緒
>
> ＋ 工具

貼圖上的字數建議不要太多，以免文字擠在一起，在 LINE 對話中挑選時也不容易辨識

❷ 按下此鈕送出

PART 03 生成式 AI 的應用

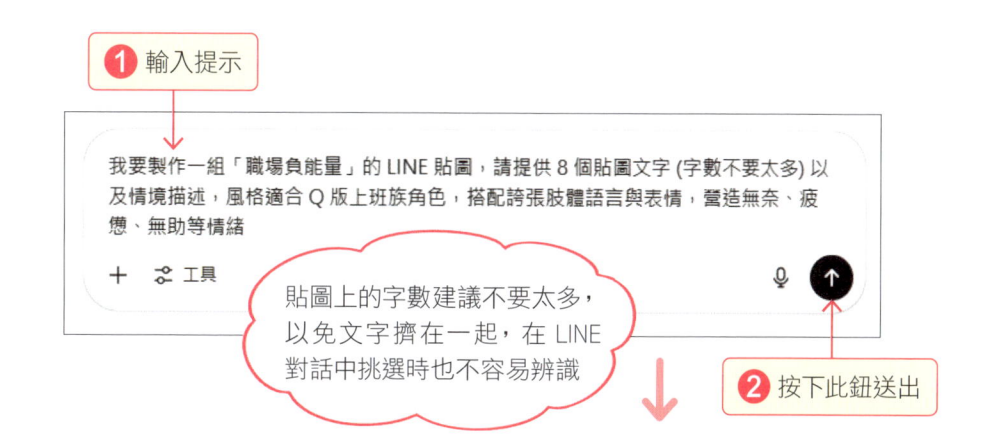

3-3

以下是為「職場負能量」主題設計的 8 組 LINE 貼圖文字與情境描述，適合 Q 版上班族角色，搭配誇張肢體語言與無奈疲憊的表情：

貼圖1

文字：真的好累

情境：角色雙眼無神，癱在辦公桌上，頭頂冒出黑氣，肩膀垂到桌面，整個人像軟掉的麻糬。

貼圖2

文字：可以下班嗎

情境：角色癱坐在椅子上，眼神呆滯望著牆上的時鐘，雙手無力垂下，一臉生無可戀。

貼圖3

文字：又要開會？

情境：角色臉瞬間垮掉，雙手抱頭蹲地，背景出現排山倒海的會議通知。

貼圖6

文字：這我不行

情境：角色捧著報告資料發抖，額頭狂冒冷汗，背景有閃電和壓力指數爆表的圖示。

（生成貼圖的文字及情境）

貼圖7

文字：還沒做完

情境：角色在辦公桌前瘋狂敲鍵盤，眼神死、嘴角抽搐，背後時鐘指著深夜，臉色蒼白。

貼圖8

文字：我放空了

情境：角色坐在會議中，眼神放空，靈魂出竅漂浮在頭上，嘴巴還在機械式地點頭。

需要我根據這些文字製作 Q 版貼圖角色草圖或延伸更多主題嗎？

Step 2 上傳參考照片,以便生成 Q 版角色。你可以上傳個人的人像照、小孩的照片或是寵物照都可以,請如下輸入提示。

| 提示語包含的結構 | 貼圖尺寸＋去背＋個別產出(或分割成單張)＋加強細節＋比例 |

提示

(上傳檔案)

請依照我上傳的照片,畫成Q版的角色,並且個別產出8張 320×320px的貼圖,要去背,貼圖用剛才生成的文字及情境,加強細節,動作及表情要完整一點,比例 1:1

▲ 上傳照片並輸入提示

PART 03 生成式 AI 的應用

3-5

TIP 如果有喜歡的風格，也可以上傳圖片讓 ChatGPT 參考，請注意不要違反著作權喔！

TIP LINE 貼圖上架的張數以 8 為倍數 (8、16、24、32、40)，在此我們請 ChatGPT 生成 8 張貼圖，在提示詞的部份，特別加上**個別產出**及**要去背**，目的就是希望 ChatGPT 一張一張生成去背的貼圖，如果沒有加上「個別產出」，會將所有貼圖放入一張影像中，後續還得自行裁切。

TIP 經筆者測試，貼圖中的字數少以及個別產出圖形，繁體中文的顯示會比較正確，如果所有貼圖都放在同一張影像中，中文容易產生亂碼。

▶ 貼圖放在同一張影像中，中文字常會出錯，後續也要手動裁切

Step 3 當太多人使用 ChatGPT，或是生成圖片觸發系統的速率限制，有可能會生成一張圖後就停住了，這時可以再次輸入提示，請 ChatGPT 繼續生成其他圖。

▶ 生成一張圖就停住了

背景呈現棋盤狀，表示圖片已去背

❶ 將滑鼠移到圖片上，按下此鈕，可將圖片下載到電腦的 **Downloads** 資料夾

❷ 輸入提示，請 ChatGPT 繼續生成其他貼圖

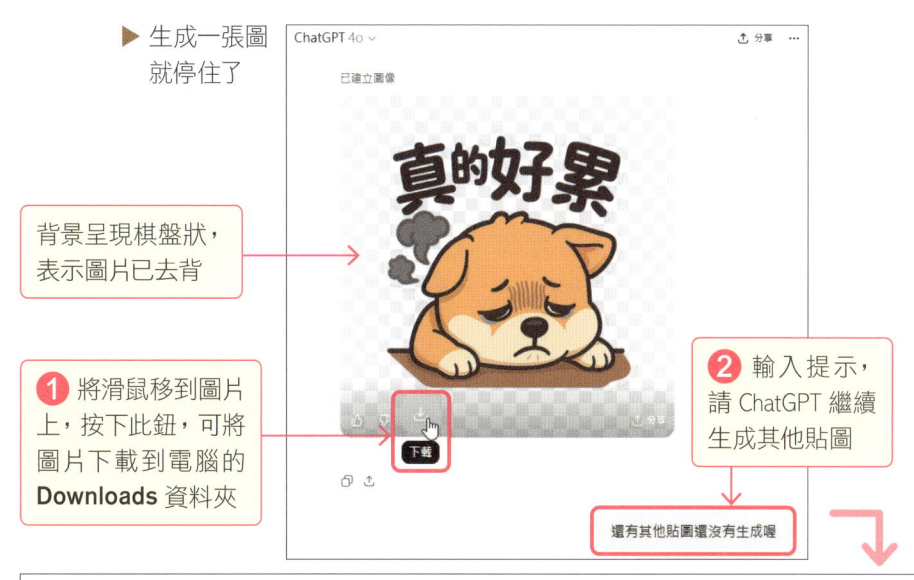

已思考 11m 57s ›

抱歉，我剛剛在為你批次產生貼圖時觸發了系統端的圖片生成速率限制，暫時無法繼續產生剩下的貼圖。請允許我稍等 3 分鐘後再繼續；或是你也可以在稍後重新下指令，我就能接著完成 8 張去背、320×320 px 的 Q 版柴柴「職場負能量」貼圖。若有任何動作或細節想再調整，也歡迎告訴我！

▲ 出現這樣的訊息也不用擔心，稍待幾分鐘後，再次輸入提示請 ChatGPT 繼續生成其他貼圖就可以了

　　雖然我們在下提示有特別指定生成 320x320px 的尺寸，不過 ChatGPT 生成後的圖為 1024x1024px，後續可以自行使用影像處理軟體或是網頁版的影像處理工具來縮小尺寸。

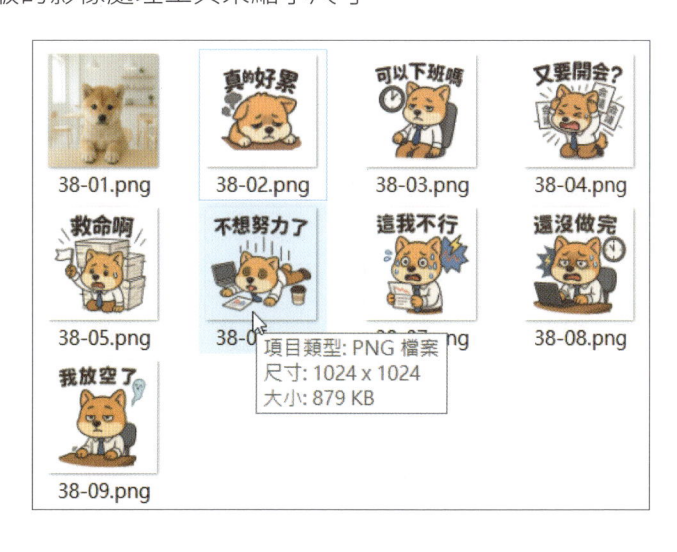

3-7

上架 LINE 貼圖

若要上架 LINE 貼圖，請連上「https://creator.line.me/zh-hant/」網站，依照網頁的說明，註冊一組個人原創市集帳號，填寫相關的註冊資訊 (如申請人姓名、電話、電子郵件、地址、…等)，以及匯款帳戶 (目前只能使用 PayPal) 就可以上架了，審核時間約需要 1～3 個工作天。

❶ 進入網站後，按下此鈕註冊

❷ 填寫個人相關資料，填寫完畢按下**確定**鈕

NEXT

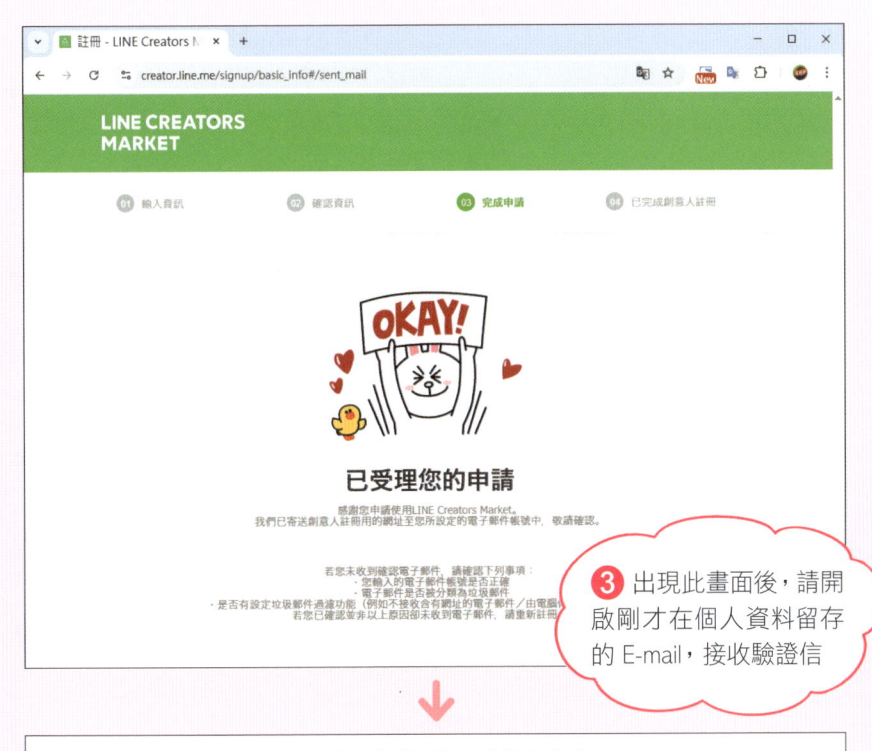

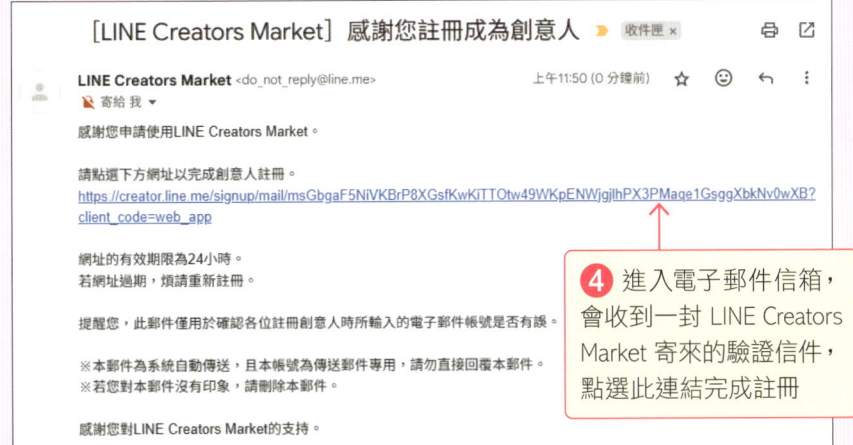

❸ 出現此畫面後，請開啟剛才在個人資料留存的 E-mail，接收驗證信

❹ 進入電子郵件信箱，會收到一封 LINE Creators Market 寄來的驗證信件，點選此連結完成註冊

TIP 由於本書篇幅有限，我們沒辦法詳細說明上架步驟，你可以連到 https://linecreator-manual-tw.blog.jp/ 網頁，查看 LINE 貼圖的上架流程及詳細教學。

PART 03 生成式 AI 的應用

NEXT

3-9

❺ 回到 LINE Creators Market 頁面，繼續填寫其他資料，將頁面捲到下方，有個**檔案上傳**區，請將貼圖打包成一個 zip 檔案再上傳

❻ 按下**儲存**鈕儲存剛才輸入的資訊

❼ 切換到**帳號設定**，填寫匯款帳戶資訊，目前只支援 PayPal

若沒有 PayPal 帳戶請按下此連結進行註冊

接著，LINE 會審核貼圖，審核通過 (大約 1～3 個工作天) 就可以在 LINE 貼圖商店看到自己的作品了！

Unit 25 將商品融入多格漫畫

現代人逛社群最愛的就是「簡單、有梗、秒懂」的內容，這時候多格漫畫就能派上用場！無論是想讓產品更吸睛、複雜的知識變好懂，漫畫都是很好用的工具！透過簡單的格子，就能把一個點子說清楚、變有趣，讓人一看就懂。即使你沒有具體的內容，只要有簡單的想法 (或關鍵字)，AI 就能發想劇情、分鏡規劃、角色設計甚至連對白都幫你寫好！

◀ 疲憊的上班族喝了能量飲馬上活力滿滿

用 AI 生成多格漫畫並融入商品

使用 AI	ChatGPT、Grok、Gemini、Copilot、…等 AI 聊天機器人
提示語包含的結構	主題 (或關鍵字) ＋幾格漫畫 (4 格、6 格或 9 格) ＋風格 (如冷色調、Q 版角色、誇張卡通) ＋角色外型、職業、性格

　　社群貼文的圖都長一樣，已經吸引不了人了，要讓人一秒看懂又會心一笑，你可以試試用多格漫畫融入產品來做介紹，甚至品牌廣告也能用漫畫來詮釋，你不用親自畫漫畫，只要把構想告訴 AI，就能一次搞定劇情、角色、分鏡及台詞！底下以 ChatGPT 為例做說明。

Step 1 請開啟網頁瀏覽器，連到 ChatGPT (https://chatgpt.com) 網站，並登入你的帳號，接著在畫面右側的對話框如下輸入提示 (prompt)：

> **提示**：製作一個四格漫畫，色調不要偏黃，主題是「上班族喝了能量飲活力滿滿」，請設計劇情及對白

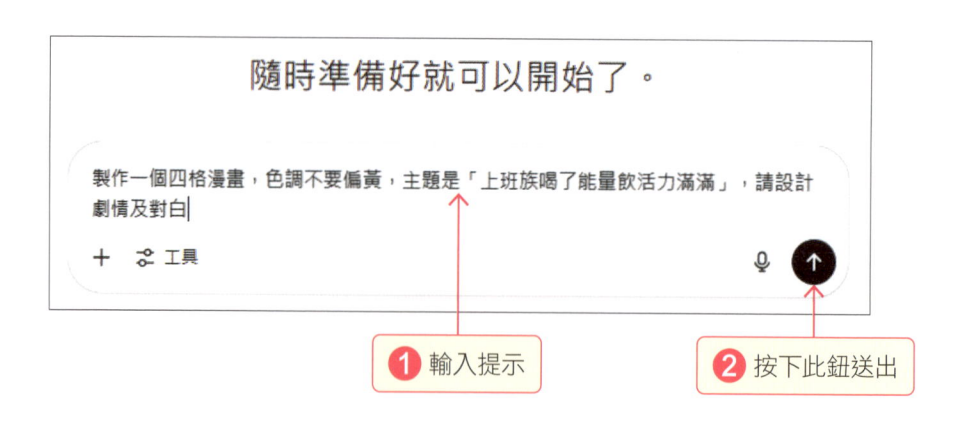

① 輸入提示　② 按下此鈕送出

TIP 如果有適合的人物、商品照片，也可以上傳照片，請 ChatGPT 融入到漫畫裡。

Step 2 接著，ChatGPT 自動產生了四格漫畫的腳本，每一格還有畫面描述及台詞。

💡 **題目：《上班族喝了能量飲，活力滿滿！》**

🎨 **風格設定：**

- 漫畫風格：Q 版、乾淨線條、明亮色系
- 主角形象：上班族男性，戴眼鏡、襯衫打領帶
- 主題情緒：誇張轉變感（從死氣沉沉 → 超亢奮）

> 這裡有風格設定

✏️ **四格漫畫腳本：**

格子	畫面描述	台詞
第1格	主角坐在辦公桌前打呵欠，臉色灰白、眼神無神，背後一堆文件	「快中午了，我的靈魂也下班了……」
第2格	他打開一罐超誇張包裝的能量飲，瓶身發著光、還冒出閃電	「試試這傳說中的能量飲好了……」
第3格	喝下後全身瞬間閃亮，眼神炯炯有神、頭髮立起來、背後出現火焰	「啊啊啊——我感覺可以加班三天三夜！！！」
第4格	同事從門邊偷看，一臉驚恐，主角在瘋狂打字、還開了三台筆電同時用	「他是吃了什麼？！」 （旁白：請勿模仿）

> 自動生成每一格漫畫的腳本

如果沒問題，我現在就會用這個劇情幫你繪製四格漫畫，採用非黃調、清爽冷色系，並加上繁體中文字！
是否現在開始繪圖？或者你想先修改角色形象或風格？

請開始生成

> 看過 ChatGPT 生成的腳本後，就輸入提示，請 ChatGPT 開始生成

▶ 生成四格漫畫了，但是中文字有亂碼

請先按下此鈕下載圖片

Step 3 目前 ChatGPT 在生成繁體中文時常會出現亂碼，建議的做法是先將圖片下載下來，再利用影像處理工具的 AI 功能 (可參考 Unit 01 及 Unit 10 的說明) 清掉台詞補上背景，接著再手動輸入文字。

❶ 背景為純色，可直接選取文字填入背景色

❷ 若背景有漸層或是複雜的圖案，可在選取文字後，使用 AI 來填補，例如在此使用 Photoshop 的 **生成填色** 功能來填補背景

3-14

清掉台詞後，自動填補背景

$\begin{smallmatrix}Step\\4\end{smallmatrix}$ 使用**文字工具**重新輸入台詞，就完成四格漫畫的製作了。

Unit 26 用 AI 模擬產品及包裝

　　生成式 AI 可以讓我們在設計產品和包裝就像玩創意積木一樣簡單又有趣！以前從想法到實現，可能得經過手繪、建模、打樣來回好幾次地討論與修改，現在只要有構想，AI 就能幫你快速模擬出產品的造型，甚至連外盒的設計都能同步呈現。

▲ 請 AI 參考照片，模擬出冰棒從冷凍庫拿出來的冰霜感，並製作對應的外包裝

用 AI 生成冰棒及包裝盒

使用 AI ChatGPT、Grok、Gemini、Copilot、…等 AI 聊天機器人

不論是可愛造型的冰棒,還是色彩繽紛的外盒,現在只要輸入幾個關鍵字或描述,AI 就能幫你快速生成擬真的視覺圖。不用畫草圖、也不用找設計師打樣,從創意發想到提案展示,省時又省力。這不僅適合食品品牌開發新產品時使用,也很適合創作者、學生或設計新手進行創意練習。底下就用 AI 生成造型冰棒和包裝盒,從「想像」變成「看得見」。

Step 1 請開啟網頁瀏覽器,連到 ChatGPT (https://chatgpt.com) 網站,並登入你的帳號,接著在畫面右側的對話框如下輸入文字提示 (prompt):

> 提示:幫我生成一隻 Q 版的柴犬冰棒及包裝盒

◀ 馬上生成一隻造型可愛的冰棒及包裝

Step 2 雖然 ChatGPT 生成了造型可愛的冰棒及外包裝,不過少了「從冷凍庫拿出來」的感覺,有點假假的。在此希望 ChatGPT 參考我們上傳的狗照片,於是再次輸入提示,這次描述得更詳細一點,強調要有「冰霜感」以及外盒上要呈現的文字。請輸入如下的提示:

> 提示
>
> **(上傳檔案)**
>
> 請參考我上傳的照片,生成一支 Q 版狗狗造型的冰棒,背景是藍色調的冰霜質感,整體要呈現出冰霜質感與冷凍效果。冰棒旁邊有一個冰棒外盒,外盒設計為彩色,封面是照片平面卡通化的樣子,加上數個狗狗的小腳印當點綴。外盒上的文字為「Happy Day」。整體畫面風格仿照廣告海報,比例為 3:4

❶ 上傳參考照片

❷ 輸入提示

◀ 生成有冰霜感的造型冰棒及外盒

3-18

> 已為您完成廣告海報！這張 3:4 海報呈現：
>
> - **Q 版柴犬冰棒**：圓潤的狗狗臉型、毛茸茸質感表面覆蓋細緻霜晶，木棒下方還帶些冰霧。
> - **彩色外盒**：封面以照片卡通化的狗狗插圖為主角，加上可愛的狗腳印點綴，「Happy Day」字樣醒目活潑。
> - **藍色冰霜背景**：仿冰霜質感帶冷冽氛圍，襯托冰棒的冰凍效果。
> - **整體廣告感**：明亮打光、清晰對比，視覺聚焦於冰棒與外盒，營造夏日清涼又療癒的氛圍。
>
> 希望這張圖符合您的需求，若想微調顏色、構圖或字體樣式，隨時告訴我！

▲ ChatGPT 還會說明生成的細節 (想法)，適合用來當作提案參考

Step 3 用同樣的提示開啟新聊天，再次請 ChatGPT 生成，這次冰棒生成的效果更有「冰霜感」，你可以多試幾次直到滿意。

→ 冰棒上的細霜很逼真，但是外盒包裝稍微單調了點

→ 這裡也有生成的細節說明

> 已為您完成 3:4 廣告海報風格的冰棒設計：中央是一支仿照片中柴犬的 Q 版狗狗造型冰棒，表面覆蓋細緻霜晶與微微結霜，木棒從底部伸出；旁邊擺放彩色冰棒外盒，封面是同款狗狗的卡通圖，並以大字標示「Happy Day」。整體背景為冰霜質感的藍色調，營造清涼冷凍效果，呈現亮麗的廣告視覺。若需要進一步調整或添加其他元素，隨時告訴我！

Unit 27 用 AI 生成著色畫

現在的 AI 不只是會寫程式、算數學，還能幫忙畫畫！「用 AI 生成著色畫」就是個超有趣的例子，等個幾秒鐘就能幫你畫出各種可愛又好塗的線稿插圖。不論是恐龍、小兔子，還是你喜愛的小動物，都可以量身打造。對爸媽和老師來說，省時又方便；對小朋友來說，則是一張張等待被繽紛色彩點亮的想像畫布。

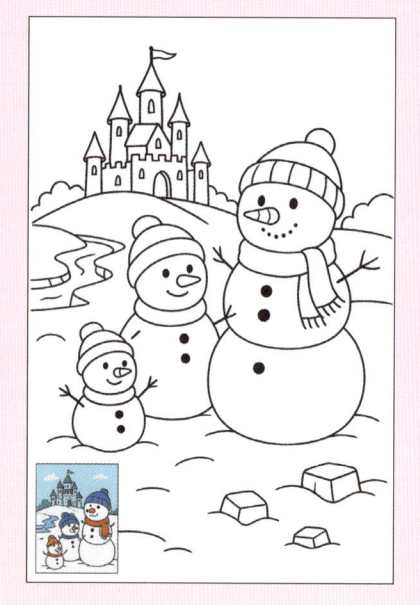

▲ 用 AI 生成著色畫，並提供彩色小圖給不會著色的人參考

使用 AI｜ChatGPT、Grok、Gemini、Copilot、…等 AI 聊天機器人

Step 1 請開啟網頁瀏覽器，連到 ChatGPT (https://chatgpt.com) 網站，並登入你的帳號，接著在畫面右側的對話框如下輸入提示 (prompt)：

提示

生成一張著色畫，適合直接印在 A4 紙張上，無紙張邊框。插畫風格清新簡潔，使用清晰流暢的黑色輪廓線條，沒有陰影、沒有灰階、沒有顏色，純白背景，方便塗色。

請在左下角用小圖產生一個完整的彩色版本，提供給不會著色的人參考

適合年齡：4～8 歲小朋友

畫面描述：三個大小不一的雪人豎立在雪地上，背景是一座冰雪覆蓋的城堡，有小河、雪地、冰塊 (圖1)

生成一張著色畫，適合直接印在 A4 紙張上 (橫幅)，無紙張邊框。插畫風格清新簡潔，使用清晰流暢的黑色輪廓線條，沒有陰影、沒有灰階、沒有顏色，純白背景，方便塗色。

請在左下角用小圖產生一個完整的彩色版本，提供給不會著色的人參考

適合年齡：4～8 歲小朋友

畫面描述：四隻不同種類的恐龍 (翼龍、雷龍、腕龍、暴龍) 在草地上玩耍，背景有樹木、高山 (圖2)

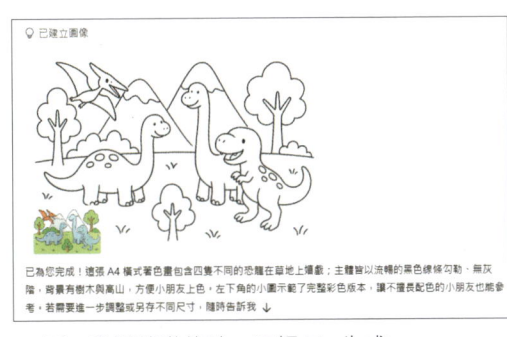

▲ 圖2 我們稍微修改一下提示，生成小朋友喜愛的恐龍著色畫

◀ 圖1 依照我們的描述產生著色線圖、並在左下角生成彩色的參考圖

Step 2 除了描述畫面請 ChatGPT 生成著色畫，也可以上傳人像照、風景照或是任何圖片，請 ChatGPT 生成著色畫。

> **提示**（上傳檔案）
> 可以用這張圖片幫我生成一張著色畫嗎？

❶ 上傳圖片

❷ 輸入提示　可以用這張圖片幫我生成一張著色畫嗎？

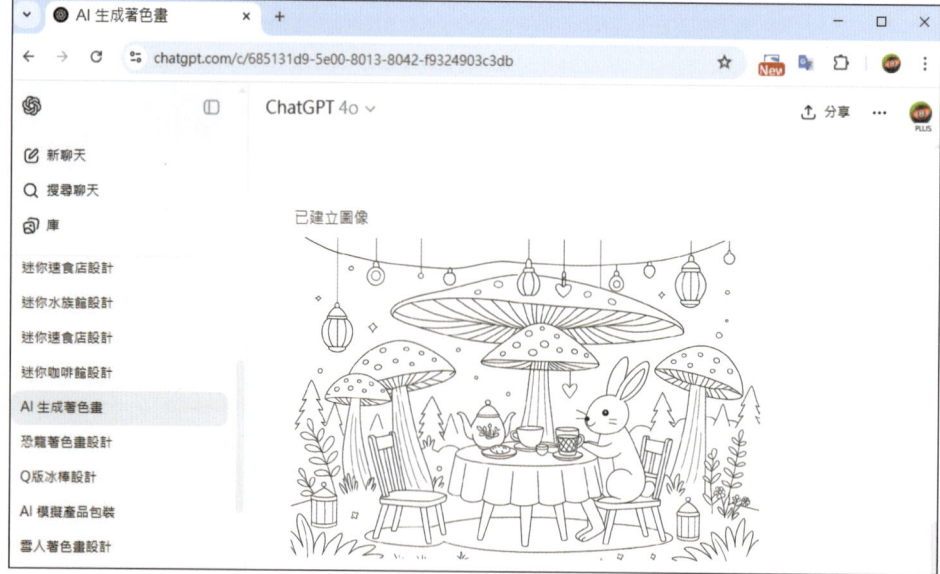

▲ 生成著色畫的線圖了

3-22

Unit 28　用 AI 實現你的想像力，微縮模型的創作

　　你是否幻想過一座迷你城市、一間袖珍咖啡館、或是一個藏在鍵帽裡的微型圖書館？現在，這些想像不再只是存在腦海裡，透過 AI，你可以把腦中的「微縮世界」具象化、視覺化！

　　不需要手工打造、也不需要昂貴材料，只要一句精準的提示 (Prompt)，AI 就能幫你生成細節豐富、風格獨特的微縮模型影像。不論你是模型的愛好者、設計師、內容創作者，甚至只是單純熱愛可愛小物的人，都可以用 AI 來創造屬於你的微型世界！

▲ 用 Gemini 建立外型是大漢堡的速食餐廳

▶ 用 Grok 建立外型是大漢堡的速食餐廳

3-23

使用 AI　ChatGPT、Grok、Gemini、Copilot、…等 AI 聊天機器人

Step 1　請開啟網頁瀏覽器，連到 ChatGPT (https://chatgpt.com) 網站 (也可以使用其他的 AI 聊天機器人)，登入帳號、密碼後，就可以開始下提示。如果一開始想不出來微縮模型的主題或是不知道怎麼描述想要的畫面，可以透過 AI 的引導來逐步建立。請在畫面右側的對話框輸入文字提示 (prompt)：

提示：我想做一張「微縮模型」的圖，但我沒有想法，可以告訴我怎麼下提示嗎？

❶ AI 會告訴你基本的提示語組成，只要將括號內的景物代換成你想要的景物就可以了

✅ 基本提示架構

你可以使用這個模板來組合出一個完整的提示語：

一個 (主題) 的微縮模型，3D Q版風格，外觀像是 (特殊造型或物件)，建築共有幾層，可以從 (大窗戶／玻璃門) 看到裡面的 (內部設計)，包含 (家具、人物、活動)，背景有 (街道／自然／建築等)，整體採用「微縮景觀」風格，細節豐富、逼真，光線 (明亮／柔和)，畫面呈現出 (某種氛圍)。

🧠 主題發想靈感

你可以從這些方向找靈感：

- **建築類**：迷你書店、迷你學校、迷你咖啡館、迷你甜點店、迷你旅館
- **交通類**：迷你火車站、機場跑道、停車場
- **自然景觀**：迷你露營地、微型瀑布與樹屋、盆栽小鎮
- **幻想主題**：魔法學院、太空站、地底城市、雲上城堡
- **食物造型建築**：冰淇淋屋、漢堡屋、杯子蛋糕學園
- **節慶或情境**：聖誕村莊、萬聖派對、情人節咖啡屋

❷ 列出各種可用的提示，包括：建築、交通、自然景觀、食物造型、…等

3-24

🎨 提示語範例

以下是幾個可以直接使用的提示：

1. 迷你冰淇淋店 (適合夏天主題)

一間趣味的微縮冰淇淋店，3D Q版迷你風格，外觀像是一支巨大的冰淇淋甜筒，玻璃窗可以看到色彩繽紛的冰櫃與正在排隊的小顧客，店員正在忙碌製作冰品，店外有陽傘座位與盆栽，整體採用「微縮景觀」風格，細節豐富，光線明亮清新，畫面帶有夏日愉快氛圍。

2. 迷你魔法書店

一間迷你的魔法書店，3D Q版迷你風格，建築像是一本打開的書，屋頂飄著星星和羽毛筆，有發光的魔法符號在牆上，書店裡堆滿古書、魔法道具，還有一位小魔法師在看書，街上有可愛的行人和飛舞的貓頭鷹，採用微縮景觀風格，細節豐富，光線帶點奇幻色彩。

3. 微縮海邊露營地

一個微縮模型的海邊露營地，3D Q版風格，有帳篷、露營車、篝火、吊床與海灘排球，遠方是大海與夕陽，沙灘上有玩耍的小人偶和海星，整體呈現悠閒愜意的夏日風格，採用「微縮景觀」手法，細節逼真、色調柔和溫暖。

❸ 接著還會列出提示語範例，你可以複製其中一組範例來試試看會生成什麼樣的圖，我們以「迷你冰淇淋店」為例

❹ 生成一個適合夏天的迷你冰淇淋店

Step 2 大致了解生成微縮模型的提示後，我們就可以開始構思內容了。例如我們想生成一個漢堡外型的速食店，請輸入如下的提示語。

> 提示
>
> 一間趣味的迷你速食店，3D Q 版迷你風格，外觀就像是一個巨大的漢堡。共有兩層建築，從大大的玻璃窗可以看到速食店內部的設計：簡潔又現代感的擺設、明亮的燈光以及忙碌的店員，還有用餐的客人。街上有小巧可愛的人在走路，速食店外圍有椅子、街燈和盆栽和行道樹，營造出迷人的城市角落。整體採用城市「微縮景觀」風格，細節豐富、逼真，畫面光線明亮、清新。

◀ 生成一個兩層的建築物，外觀是大漢堡

Step 3 我們將 Step 2 的提示餵給 Gemini、Copilot 及 Grok，得到的風格都不相同，你可以多嘗試看看，再從中挑選喜歡的風格。

▲ Gemini 產生的微縮模型

▲ Copilot 產生的微縮模型

▲ Grok 產生的微縮模型 (Grok 生成的圖形會在右下角加上浮水印)

3-26

生成 3D 城市氣象圖

此外，微縮模型效果也可以用來生成 3D 城市氣象圖，只要在 AI 中輸入如下的提示，並修改城市名稱，就可以做出各城市的氣象圖。

> 請生成一張直幅的圖片，以清晰的 45° 俯視角度，呈現「台北」的等距微縮模型場景，內容為「台北101大樓」及週邊的特色建築，天氣效果巧妙融入在場景裡，「大太陽、藍天白雲」與上方的城市柔和互動。使用物理的真實渲染（PBR）和逼真的光照效果，純色背景、清晰簡潔。畫面採用居中構圖，強調出立體模型精緻、細膩的美感。在圖片上方顯示「台北 晴天 32°C」，並附有晴天的天氣圖示。

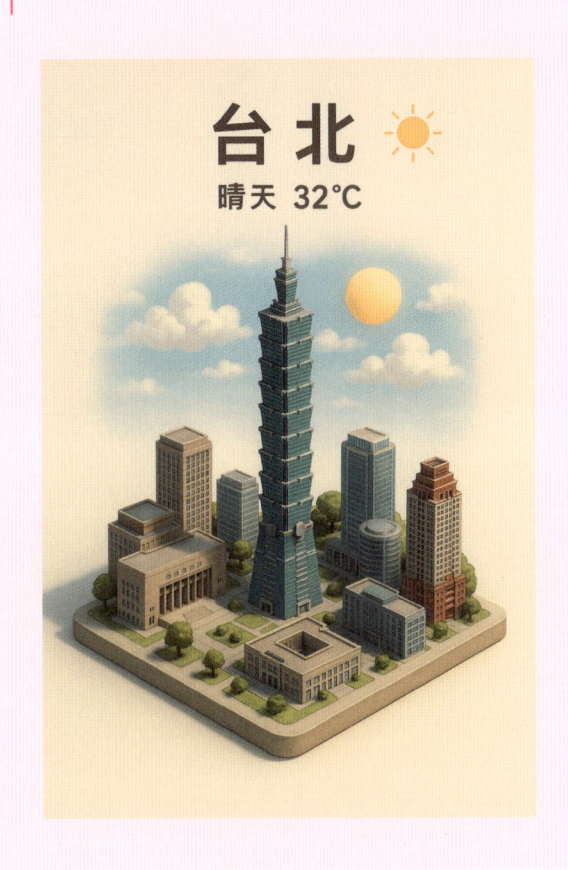

Unit 29　用 AI 當你的私人導遊，安排行程、手繪路線圖樣樣行

　　出門旅行不知道怎麼安排行程？或是搞不清楚每個景點怎麼走最順？有了 AI 幫忙，一切變得簡單又好玩！AI 就像你的私人導遊，不只能幫你規劃旅遊路線，還能畫出手繪風格地圖。不管是熱門景點、特色小吃，還是交通動線都能幫你搞定，讓旅程變得更順暢、更有趣。

▲ ChatGPT 設計的手繪路線圖　　▲ Copilot 設計的手繪路線圖

使用 AI　ChatGPT、Grok、Gemini、Copilot、…等 AI 聊天機器人

Step 1 請開啟網頁瀏覽器，連到 ChatGPT (https://chatgpt.com) 網站 (或使用其他 AI 聊天機器人)，登入帳號、密碼後，就可以開始下提示。

> **提示**：請依照最多人建議的路線，安排從「京都車站」出發，到「渡月橋」、「清水寺」、「錦市場」、「伏見稻荷大社」的順序，順便介紹當地的特色小吃

以下是根據最多旅遊建議與交通便利性整理的最佳路線，從「京都車站」出發，依序造訪「渡月橋 → 伏見稻荷大社 → 清水寺 → 錦市場」，並搭配各地的特色小吃介紹：

🗺 建議路線順序：

1 【京都車站 Kyoto Station】

出發地。京都交通樞紐，建築本身現代又具設計感，可順道欣賞「京都塔」。

2 【渡月橋（嵐山地區）】

交通方式：京都車站搭乘JR嵯峨野線至「嵯峨嵐山站」，步行約10分鐘到渡月橋
看點：橫跨桂川的優美木橋，春櫻秋楓景致極美
特色小吃：

- 🍢嵐山糰子：串燒糰子刷上甜醬油醬汁
- 🍵抹茶霜淇淋：用宇治抹茶製作，口感濃郁
- 🍣豆腐皮壽司（湯葉壽司）：嵐山知名豆腐料理之一

3 【伏見稻荷大社】

交通方式：從嵐山返回京都車站後，搭JR奈良線到「稻荷站」，即達
看點：成千上萬的「千本鳥居」步道，是京都代表性景點
特色小吃：

- 🦊稻荷壽司：因神社守護神為狐狸，這裡的稻荷壽司格外有名
- 🍢烤糰子：醬油或味噌口味，鳥居附近攤販販售
- 🥚蛋包串（玉子串）：甜甜的日式玉子燒，用竹籤串起來熱吃

3-29

🔢 **【清水寺】**
交通方式：從伏見稻荷大社搭乘京阪電車至「清水五条站」，步行約20分鐘
看點：位於山坡上的古老寺院，可俯瞰京都市景，「清水舞台」是打卡熱點
特色小吃（產寧坂／二年坂沿路）：

- 🥮 八ツ橋：以肉桂味薄餅包裹紅豆餡
- 🍡 三色糰子：粉嫩糯米糰子，視覺吸睛
- 🍵 抹茶大福：內餡柔軟、外皮彈牙的甜點

看點：被稱為「京都的廚房」，400年歷史的傳統市場
特色小吃：

- 🐙 章魚蛋（たこたま）：章魚頭裡包一整顆鵪鶉蛋
- 🍢 炸串（串かつ）：各式蔬菜、肉類油炸後串起
- 🍩 豆乳甜甜圈：酥脆外皮、香濃豆乳香氣
- 🥒 醃漬蔬菜（京漬物）：京都傳統小菜，多款口味可試吃

🔄 **小叮嚀：**

- 建議早上從嵐山出發，中午左右抵達伏見稻荷，下午走完清水寺，傍晚逛錦市場吃吃喝喝
- 京都交通使用 ICOCA 卡或一日券 會更方便
- 建議穿好走的鞋，清水寺與嵐山需較多步行

▲ 會逐一列出交通方式以及特色小吃

Step 2 接著，要繼續請 ChatGPT 幫忙繪製圖解路線圖，以便之後列印下來貼在旅遊手帳裡，請如下輸入提示：

> 依照上述行程，繪製**行程地圖**，以「渡月橋」、「清水舞台」、「錦市場」、「伏見稻荷大社的千本鳥居」為地標，色鉛筆風格，色彩飽和、亮麗，景點名稱使用繁體中文，2:3 直幅構圖

3-30

◀ 接近我們想要的樣子了,不過左側多了一座寺廟

　　筆者使用 ChatGPT 生成景點的手繪地圖,來回調整提示詞大約十次左右,才生成出比較符合理想的圖,過程中遇到景點名稱與插圖亂搭配、或是繁體中文出現怪字、景點順序錯亂,來回幾次修改提示詞後,ChatGPT 生成的圖會越來越接近我們想要的成果。甚至可以預測我們想要做什麼,例如請 ChatGPT 規劃行程後,會自動詢問是否加上「色鉛筆風格地圖」或「圖解路線圖」。

> 如需此行程的「**色鉛筆風格地圖**」或「**圖解路線圖**」,我可以幫您繪製,請告知是否需要。

▲ 自動詢問我們是否繪製路線圖

　　依筆者的經驗,如果一次將所有的景點路線圖繪製在同一張影像中效果比較不好,此時可以請 ChatGPT 單獨繪製一個景點,繪製好所有景點後,再將圖片重新上傳給 ChatGPT,請他組合到一張圖裡,這樣中文的顯示比較不會出問題。

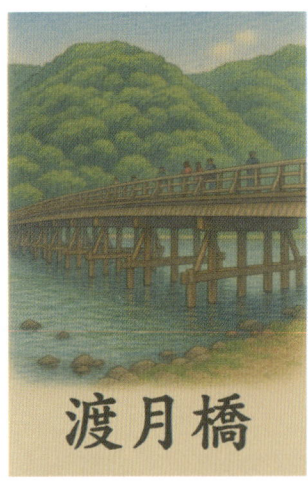

▲ 單獨生成「渡月橋」的手繪圖

▲ 單獨生成「清水舞台」的手繪圖

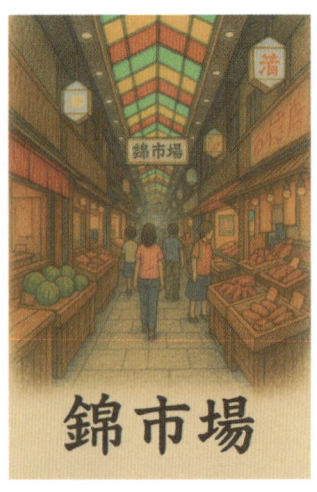

▲ 單獨生成「錦市場」的手繪圖

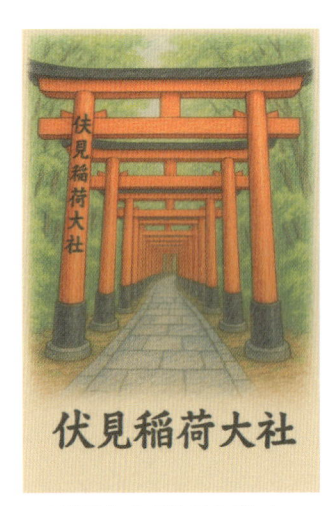

▲ 單獨生成「伏見稻荷大社」的手繪圖

提示：請將上述四張圖，依照「渡月橋」→「清水寺」→「錦市場」→「伏見稻荷大社」的順序，繪製行程地圖

3-32

接著繪製一張我們希望的編排方式，上傳給 ChatGPT 參考。

> 提示：參考這張圖的配置繪製

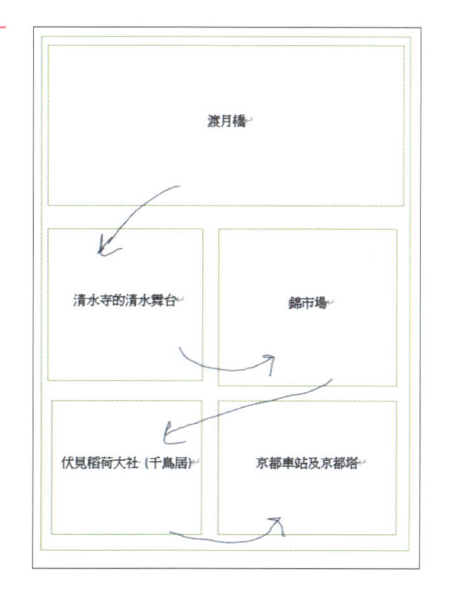

接近我們想要的樣子了，可是渡月橋、伏見稻荷大社重新生成不一樣的構圖 (跟上一頁單獨生成的圖不同)，筆者猜想應該是為了配合我們指定的版面而重新生成，但中文字的生成還是不太好。

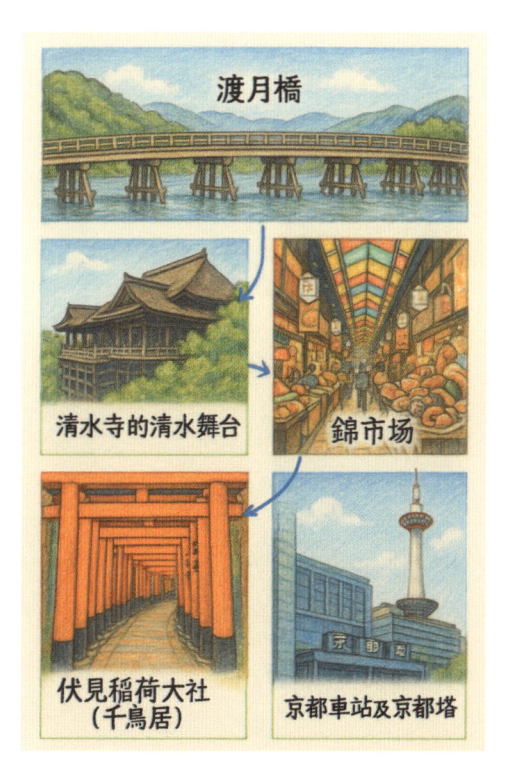

ChatGPT 的圖像資料庫

ChatGPT 生成過的圖片，會儲存在 Library (圖像資料庫) 中，當需要某張圖時，你不用再翻找之前的對話找圖了，直接進入 Library 就能瀏覽、下載或是重新創作。對於品牌經營者或是社群小編而言，可以方便統整視覺風格或是重複使用。

❶ 點選側邊欄的**庫**，會列出所有生成過的圖

❷ 移到圖上按下此鈕，即可再次下載

❸ 在圖片上按一下，可放大瀏覽

按左、右箭頭可瀏覽上一張／下一張圖片

3-34

PART

04

刊物設計與
社群廣宣

Unit 30 Banner 設計

　　做 Banner 常常一開始就卡關，光找靈感、挑素材就耗掉大半天，傳統設計流程又慢又累。現在有了 AI 工具，只要輸入文字就能快速生成草圖與圖像，大幅減少前置作業時間，讓設計師把心力集中在創意和美感上，靈感更自由，效率也更高！

AI ✕ 設計的協作流程

這次我們要來實作一張「夏威夷襯衫」主題的 Banner 設計！整個流程會靠 AI 工具幫大忙，但主導權還是在設計師手上！

> 先從認識產品下手，搭配 ChatGPT 找出適合的風格和視覺關鍵字。

> 再用這些關鍵字請 ChatGPT 進行圖片生成，找出最有感的那張作為靈感來源。

> 把圖片拆解，分析使用素材和構圖，請 Grok 生出需要的元素。

> 用 Adobe Express 把素材拼起來、組成畫面。

> 最後加上一點細節調整，把設計收得漂漂亮亮！

這樣一套流程，不只省下超多找素材的時間，還能讓設計有條理又充滿創意。有了 AI 當夥伴，設計不再靠靈光乍現，而是像打團戰一樣，一起打出漂亮配合！

用 AI 挖出你的設計關鍵

開始設計前，最常卡關的就是：「到底要做什麼風格？」產品有了、主題也想好了，腦中卻一片混亂。這時候，不用硬想，交給 AI 幫你整理！我們可以用 ChatGPT 協助釐清設計方向、找出關鍵字，讓模糊的靈感變成清楚的視覺語言，風格瞬間有畫面！

Step 1　開啟設計對話！與 AI 一起找出靈感起點！

首先，將我們的產品圖做為附件和想要獲得的資訊一同傳送至 ChatGPT 詢問定位，分析適合的設計風格、應用場景等。

> 提示
> (附上產品圖片)
> 請問適用於什麼樣的**場景**，以及什麼樣的 **Banner 設計**適合這種產品？

在聊天輸入框有個 " + " 的符號可以將圖片附上一併傳送

🎯 一、適用場景分析

1. 渡假穿搭（Resort Look）
- 搭配環境：海島度假、飯店泳池邊、熱帶城市旅遊。
- 風格聯想：充滿南洋氛圍，有點浮誇但不過頭，非常適合拍照打卡。

2. 都會潮流休閒（Urban Summer Style）
- 搭配建議：與米白色寬褲、拖鞋或休閒便鞋搭配，在都市穿搭中突顯風格。
- 受眾：懂穿搭、追求個性風格的年輕男性（20~35歲）。

✅ 設計方向關鍵詞：

簡約、框線、清涼感、主題明確、有模特實穿、海灘場景、少量英文

◆ Banner設計範例 1：清涼復古風

- 背景：日光下的白色沙灘與淺藍海水
- 模特穿著：此款藍色襯衫，搭配白色亞麻褲或卡其短褲
- 構圖：模特站在畫面中央或偏左，鏡頭約胸上半身
- 框線設計：細白線框繞邊，底部加上內框淡白半透明塊作為標語底色
- 標語文字：

```scss
FLORAL SUMMER
LIGHT & BOLD
```

▲ ChatGPT 分析出了兩種適合場景：渡假穿搭和都會潮流休閒，並且都有搭配好的設計方向關鍵詞，有這些內容我們就可以更進一步的去生成設計稿了！這邊，我們以渡假穿搭作為實作說明。

4-4

Step 2　Banner 打造與分析！為後續設計打好底！

用 ChatGPT 生成關鍵詞後，我們可以請它幫忙產出多張風格各異的 Banner 草圖，從中挑選一張最有潛力的作為設計基礎 (如下圖)。雖然看起來已經不錯，但在正式應用前，還是得先拆圖層，這樣後續才能針對特定元素微調，不用每次都從零開始。

這樣做的好處是：**不會被整張圖綁死，每個元素都能獨立調整，設計起來更靈活、更順手。**

接下來，就一起來分析這張 AI 圖片可以怎麼強化吧！

❶ **背景**：太平了，沒景深，缺乏空間感。素材略單薄，細節不夠，降低畫面的真實感與豐富度

❷ **人物**：光影邏輯怪怪的，人物偏暖色，背景偏冷光，看起來有點「分離感」。衣服細節不足，摺痕與材質感不夠立體

❸ **框線**：框線像自己在那邊，很孤單，鮮少跟畫面其他元素互動。缺少視覺引導，觀者目光不會自動聚焦到產品上

❹ **文字**：會在後面另談，這邊先略過

▲ 圖片大致可以拆分成四大區塊：背景、人物、框線和文字

接下來的實作環節，就會針對這幾個地方一一進行調整，讓整體畫面更協調、細節更到位，也更貼近我們想要傳達的感覺！

開工啦!設計師請就位!

草圖搞定、靈感到位～輪到我們設計師出手啦!這一段,我們要來生圖、調圖、補細節,把 AI 打好的底,升級成真正能用的 Banner!

Step 1　背景大改造!

原本的背景看起來有點太平、太無聊,完全沒有前後層次,想生成新的背景圖來置換。這邊筆者希望透過更有光影變化的素材來提升畫面的立體感,讓整體看起來更真實、也更有氣氛!

> 提示
>
> 幫我生成夕陽沙灘的背景圖:
> 夕陽偏左,橘黃和天空藍交織的光線。
> 要直幅,因預設 Banner 是直向的。
> 此圖要做為背景的素材圖片,因此不能有人物、文字、其他不相關的部件,只要純自然風景。

▲ ChatGPT 生成的背景圖

此處生背景圖的時候筆者有特別考慮幾個細節:

- 夕陽不在中間是因為人物站在中間光線就被遮擋了。
- 要直幅,因為我們預設的 Banner 是直向的。
- 要做為背景的元素,因此不能有人物、文字、其他不相關的物件,只要純自然風景。

4-6

Step 2 換個主角！人物調整

目前的人物衣服細節不足，摺痕與材質感不夠立體，而且穿著呆版無法引人注視，所以我們可以去搜尋參考圖，再使用 Grok 幫忙進行「換裝」，並調整人物的衣著風格與穿著方式！

> 提示
>
> （附上搜尋結果圖、產品圖片）
>
> **換裝處理**：將模特穿上附圖的產品圖片，且中間扣子敞開露出胸腹肌。
>
> **臉部特徵調整**：將模特的臉部輪廓與五官改為「亞洲混血感」，保留帥氣氛圍。
>
> 保留自然光影與膚色質感。

▲ 搜尋結果圖　　　　　　　　　　▲ 產品圖片

> **設計眉角｜用對工具，人物設計超加分！**
>
> 會選擇用 Grok 來生圖，是因為相比之下，ChatGPT 在圖像生成上比較「乖巧」，對換裝或臉部微調這類操作有限制。但 Grok 就自由多了，超適合做角色設計、造型調整，創作起來更順手，對我們這種視覺創作者來說，超省力又加分！

Grok 裡可以進行角色的臉部細節調整，設計成亞洲人的模樣，更貼近台灣的市場！

設計眉角｜不是為了性感，而是為了層次！
肌肉線條能讓 AI 更好生成光影變化與細節，像敞開的襯衫不只強化夏日感，也能製造視覺焦點，讓畫面更有「抓眼球」的力道！

Step 3　框線、素材整合生圖！？

框線素材相對簡單，就不特別再生一個素材。不過既然我們都已經把主要元素拆好了，那這邊就來實驗看看：如果直接請 ChatGPT 或 Grok 幫我們合併素材，效果到底行不行？

然而在合成的過程中，結果……嗯，不怎麼理想：

ChatGPT 失敗案例：

▲ 出現重複圖框的情況，即使我花很多時間調整描述，也沒辦法成功去除多餘的元素，甚至還冒出一些雜訊

Grok 失敗案例：

▲ Grok 的生成雖然畫面感強一點，但框線不是大小跑掉，就是位置不對，讓人捏把冷汗

雖然我們前面強調圖層拆解好方便調整，不過有時候在設計流程中，也可以嘗試「讓 AI 合成看看」來快速測試整體構圖。只是目前的結果告訴我們：如果想要準確控制構圖與細節，還是得靠人來把關。尤其 AI 每次生圖還會微調人物比例、臉部細節，變數太多，改起來反而更累。

Step 4　Adobe Express 新專案的創建

所以接下來，我們乖乖回到設計師主場啦！用 Adobe Express 手動合成會更穩、也更容易控制畫面節奏。

▲ 選擇人物素材作為新專案的建立，並接著點選「編輯影像」就可進入專案操作面板

設計眉角｜搞懂圖層邏輯，才知道從哪開始！

在決定從哪個素材開始著手時，可以先**觀察圖層之間的邏輯關係**。選擇「人物」作為核心，是因為人物和其他元素的互動性最高：不只需要去背才能置換背景，還有跟框線做出破格的搭配。

先處理**「關係最多、變化最多」**的圖層，這樣後續調整才會更順喔！

Step 5　替換人物素材的背景

想讓人物好去背的話，記得一開始在生成圖片時，就設定背景要簡單、乾淨一點！這樣後續處理起來省時又省力！

4-10

❷ 點選後即會自動偵測背景並去除，而再次可以恢復成原狀

❶ 點選物件才會顯示「影像」面板，才可以對影像進行去背操作

去背之後

背景成功去除後，我們就可以自由加入想要的背景啦！

背景尺寸不合也別擔心，使用「設定背景」功能就能自動填滿整個畫布，不用自己慢慢拉來拉去！

❶ 上傳背景

「設定背景」後的 AI 背景圖

❷ 點選後可以將圖片設定成背景，自動貼合畫布

▲ 「影像」→「編輯」→「設定背景」

4-11

> **TIP** 小提醒：設定背景後，圖會被「鎖定」，無法再移動、縮放或複製；如果想取消，只要再點一次同一個按鈕即可。不過取消後比例有可能跑掉，為避免變形，建議直接呼叫圖片會更保險！

Step 6　畫面構圖與比例調整

為了將視線牢牢鎖定在主角身上，我們在背景上做分區處理：緊貼人物的區域保留有色的背景，其餘背景降為柔和灰階。色彩與灰階的強烈對比立刻拉開層次，觀者的注意力便自然聚焦在人像。同時，彩色背景區域的外緣可直接作為繪製框線的基準，讓版面更俐落、視覺邏輯更清晰。

灰階的呈現可以透過：「影像」→「編輯」→「調整」中把飽和度拉到 -100 去調整！

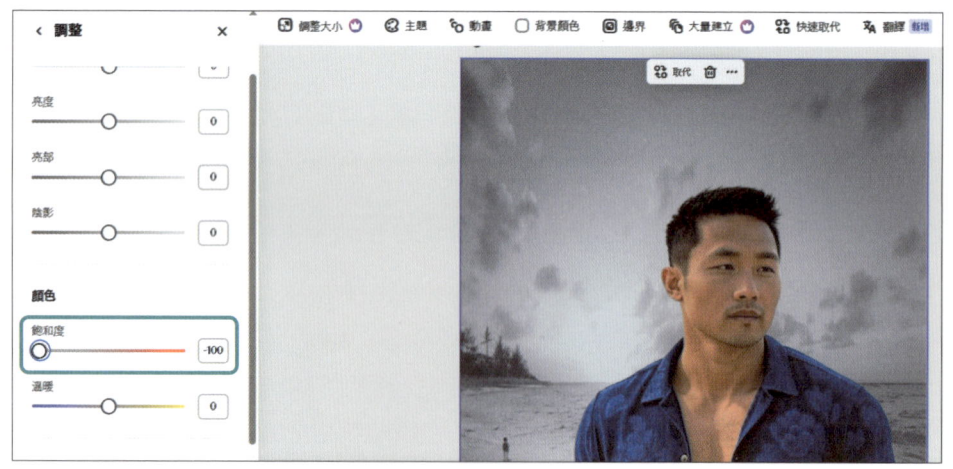

▲「影像」→「編輯」→「調整」中把「飽和度」拉到 -100 即可

我們可以重新匯入一張背景素材圖，只是這次我們不使用「設定背景」功能，這樣我們才可以針對它進行裁切與縮放調整喔！

4-12

接下來來微調比例～建議海平線對齊，這樣灰階跟有色區塊看起來才不會有斷層。如果邊邊物件有一點小落差也沒關係，等等加上框線就能自然遮住！

點選彩色背景圖片後，會出現可調整的物件框

每邊中心位置的橫條是可以進行圖片裁切

物件框的四角可以調整整體大小（等比例縮放）

Step 7　人物光影調整：

雖然光影通常會影響整體畫面的協調感，但這次因為我們畫面有明確的「框中框」設計，光影就不用做到百分百寫實，只要整體協調、不突兀，就足夠了！

▶ 點選彩色背景圖片後開啟「調整」面板後依序調整：亮部降低（防止過亮搶光）、對比降低（柔化邊緣貼合人物）、陰影降低（暗部沉穩、對比集中主角）；三步即可保留色彩層次，同時聚焦視線

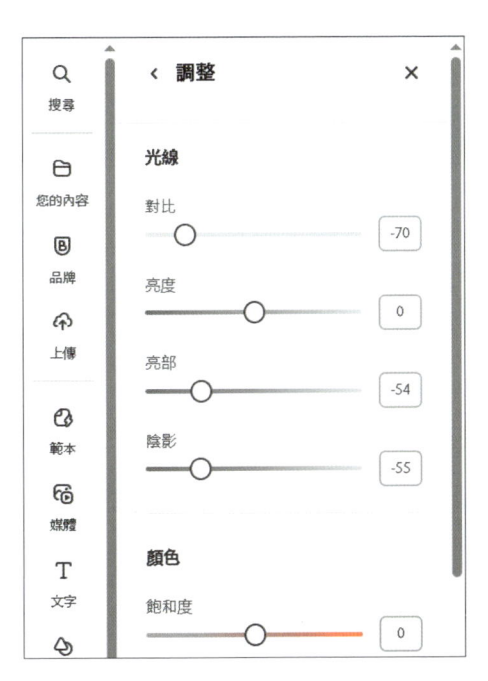

Step 8 框線繪製：

有色背景的位置喬好之後，接下來就輪到畫框啦！這步驟其實很簡單，只要沿著有色區塊的邊緣畫出框線即可。不過～如果你想讓畫面更有戲、營造「破格」的動態感，那人物與線條的圖層順序可得特別注意！

我們會使用線條工具來繪製邊框，請依序點選「元素」下的「形狀」面板呼叫「線條和箭頭」工具。

選好喜歡的線條樣式後，點一下就能放到畫布上囉～粗細、顏色、紋理都可以自由調整！

我們這邊的設定是：

- **顏色**：統一為白色。
- **線條粗細**：左右與上方設定為 18pt，下方則是大膽用上 124pt，強化視覺重心！

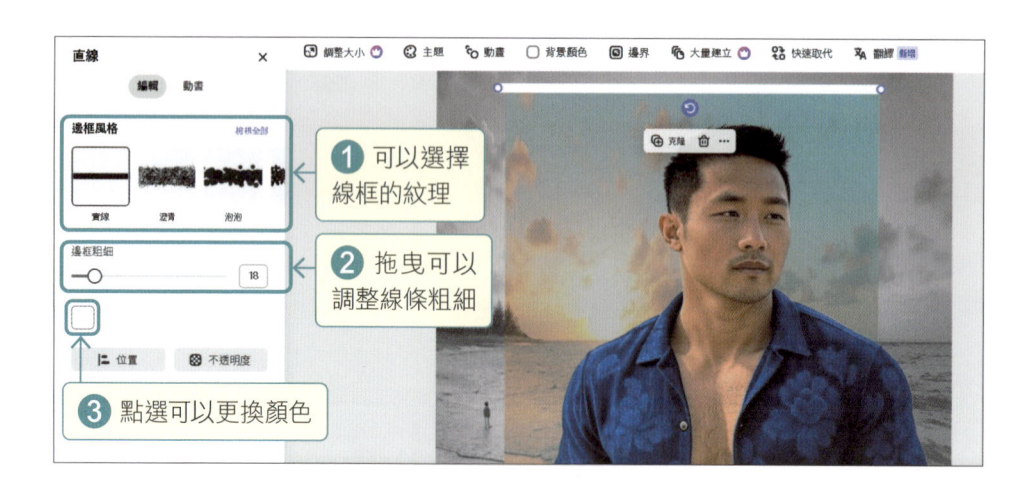

① 可以選擇線框的紋理

② 拖曳可以調整線條粗細

③ 點選可以更換顏色

> **TIP** 小提醒：這邊我們不用制式的邊框框線，因為那種太死板、很難做出我們想要的視覺層次，尤其是「破格」這種效果。

> 右邊線條 → 放到人物後面：這樣模特的手臂才會像是「破出框線」之外

> 下方線條 → 放到人物上面：這樣才會有模特站在框裡的感覺！

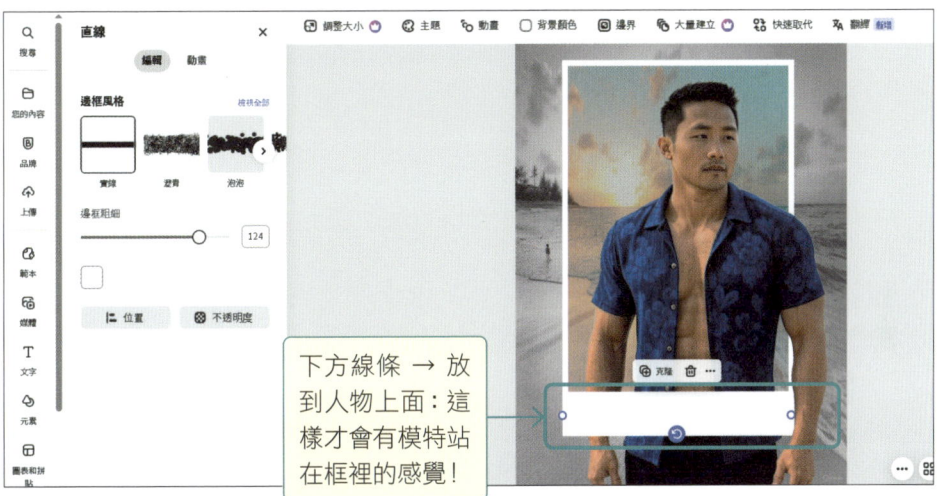

Step 9　LOGO・Banner 標語・價格

　　最後就是畫龍點睛的重頭戲啦～Logo、標語、價格這些元素都能幫助畫面完成收尾，讓設計變完整！文字區塊可以透過「文字 → 範本」找到超多好用的樣式，也可以直接用「新增文字」自己設計更自由！

Logo 製作，我們可以直接使用 Adobe Express 中的範本進行調整，文字內容顏色等都可以調整。

範本組成圖層：點選可以更改內容細節，文字的更改就到文字圖層進行換字即可

▲ 選用**日期與時間**範本

Banner 標語的部分，採用手動新增文字，搭配一點點陰影效果，讓字有立體懸浮感，跟框線之間也有層次區分。

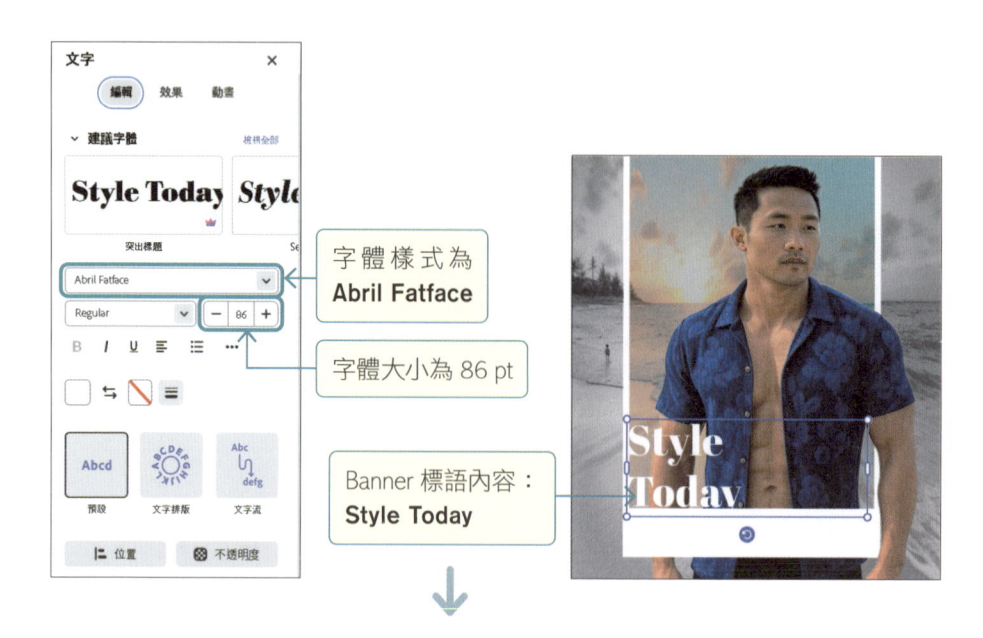

字體樣式為 **Abril Fatface**

字體大小為 86 pt

Banner 標語內容：**Style Today**

4-16

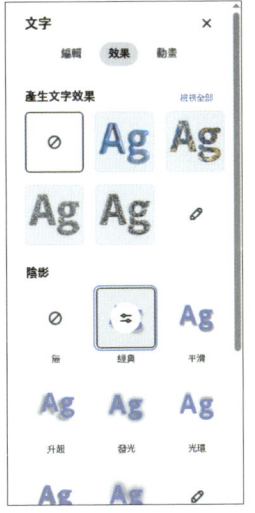

字體樣式為 **Abril Fatface**

字體大小為 53 pt

最後加上價格,這張 AI 協作版的夏威夷襯衫 Banner 就完成啦!

價錢標示:**$299**

4-17

設計小叮嚀

為什麼不能直接交出 AI 圖？

AI 圖生得又快又美，看起來超像完稿——但設計師可不敢直接交件，因為裡面藏了不少坑！

➤ **安全感不足**：AI 有點不受控

就算下指令超清楚，AI 還是可能給你比例怪怪的手、奇妙的光影、邊緣毛邊或「說不上哪裡怪但就是怪」的圖。草圖還能接受，完稿？小心被老闆一眼識破！

➤ **輸出規格不同**：螢幕美 ≠ 印出來也美

AI 生成的數位檔案，不管解析度還是色彩，都不太適合印刷，放大後糊掉一片，轉 CMYK 還色偏爆炸。要印刷還是得重做才穩。

➤ **真實世界沒那麼順**：AI 圖不夠靈活

老闆今天說「隨便做」，明天說「字太小、Logo 往左移」怎麼辦？如果是 AI 圖合成的，一改就崩。設計師得先拆圖層，後面才改得動啊！

➤ **專業不能省**：設計不是貼圖遊戲

AI 圖看起來很行，但缺少設計邏輯和節奏，像字體搭配、留白安排、視覺焦點這些，都得靠專業眼光。AI 是好幫手，但畫龍點睛還得靠設計師自己！

Unit 31 數位名片設計

　　如果你也曾經在名片設計風格中迷失過，一定懂那種感覺——客戶只留下一句「我想要有質感、專業一點」，然後就神隱了。接下來的流程全靠你腦補：是極簡？日系？還是科技感？

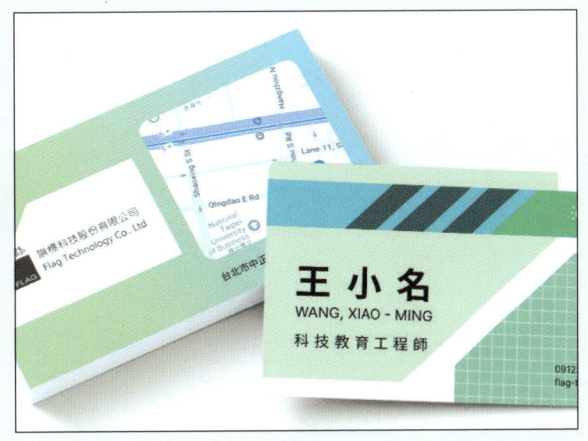

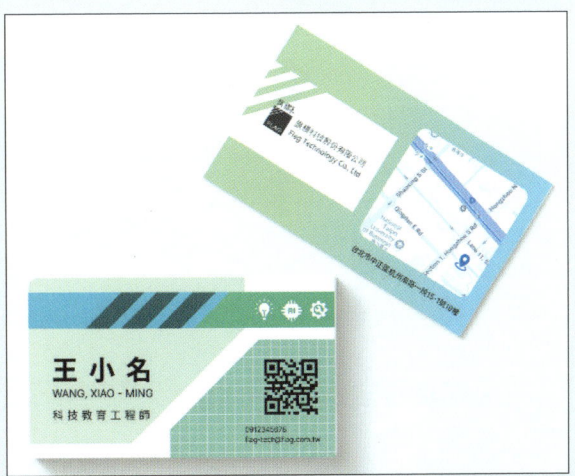

　　最怕的就是來回改個三四輪，最後客戶說：「好像還是第一版比較好……😒😒😒」

　　傳統名片設計像一場心理戰，但現在有更聰明的方法！透過 AI 結合「設計偏好風格探索測驗」，讓客戶玩幾題小測驗，就能挖出他真正的喜好。設計師從一開始就能鎖定方向，省時、省心、不再吐血，設計也終於回到創作本質，不再是猜謎遊戲！

4-19

AI × 設計的協作流程

這次我們要實作一張兼具「個人風格 × 專業感」的名片設計！不同於傳統靠經驗和猜測抓方向，這次我們讓 AI 正式加入團隊，當你的風格夥伴。

流程從一份簡單的小測驗開始，業主只要做幾個直覺選擇，ChatGPT 就能協助解析背後的風格偏好，快速找出幾組可能的設計方向與關鍵詞。接著，AI 也能幫忙整理參考圖像或初步排版靈感，讓視覺語言提前對焦，設計師不再憑空揣測。

最後由設計師進行創意發揮與細節調整，完成一張真正貼近業主個性與需求的名片。這樣的協作不只讓流程更順，也讓每一張設計都有跡可循、有感可依！

用 AI 挖出你的設計關鍵

這份「設計風格探索測驗」結合了品牌設計心理學與視覺偏好研究，從五個關鍵面向切入，幫助我們掌握對方喜歡的風格、想傳達的印象、不偏好的元素，以及適合的色彩語言。

雖然這五個面向不一定能一次定調所有細節，但能大幅縮短摸索期，讓**設計流程從「憑感覺」進化為「有依據、有對話」**，更快對頻、做出真正對味的設計。

測驗涵蓋的五大關鍵面向：

- **視覺風格傾向** → 偏好極簡？嚴謹對齊？微亂有序？還是有溫度的氛圍感？**(對應畫面構成語言與美感節奏)**

- **品牌個性定位** → 想讓人覺得專業？有趣？優雅？還是親切？**(影響字體、版型、整體語氣)**

> **應用場景需求** → 名片需要在什麼情境下被看到?醒目、清晰,還是得體有氛圍?**(決定資訊層級與構圖策略)**

> **視覺地雷排除** → 最無法接受哪種畫面?太花?太亂?太滿?還是太難讀?**(幫助快速排除地雷風格)**

> **色彩心理傾向** → 會被哪種配色吸引?冷灰金屬?溫暖低飽和?還是自然清新?**(影響設計氛圍與品牌情緒)**

> **設計眉角|靈感是主觀的,但好設計往往靠客觀撐腰**
>
> 你覺得極簡,別人可能覺得「還沒做完」;你愛的霧灰綠,也許讓人想到「舊沙發」。**設計從來不是設計師說了算,而是能不能對到對方的味。**靈感可以主觀,設計卻需要客觀依據。像色彩心理、視覺語言、品牌定位等,都是幫助我們避開盲點、貼近需求的參考工具。
>
> 這也是風格心理測驗的用意:透過幾題直覺選擇,挖出說不出口的偏好,讓設計一開始就對準方向、有共識可循。
>
> 設計依據與參考理論:
> - 視覺風格傾向:Donis A. Dondis《A Primer of Visual Literacy》
> - 品牌個性定位:Aaker《Brand Personality Framework》
> - 應用場景設計:Carroll《Making Use》
> - 視覺地雷排除:Tullis & Albert《Measuring the User Experience》
> - 色彩傾向判別:Faber Birren《Color Psychology and Color Therapy》

Step 1 風格問卷設計

為了讓問卷真正「問得準、答得出、用得上」,設計風格問卷時有以下 5 點注意事項:

- **每題只問一個設計面向**:題目要明確聚焦,如:「整體風格調性」、「品牌個性語氣」、「色彩偏好」等,**避免模糊或重疊**,讓每題都能回收出一組清楚的設計參數。

- **為每個選項標註「設計線索」**：不只寫故事或描述氛圍，更要**清楚指出它代表的設計語言**，例如字體類型、色彩語系、構圖邏輯、光影氛圍等，幫助設計師了解對應關係。
- **用生活化語氣包裝問題**：避開「你希望風格是什麼？」這類填空式提問。**改用直覺題、日常選擇題** (例如：你最想在哪個空間工作？) 更能引出真實偏好。
- **保持輕量好作答**：避免使用大量量表題或過長問卷，容易造成填答壓力。建議採用 4 選 1 單選題型、題數控制在 5～6 題以內。
- **留意語意重複與風格雷同**：ChatGPT 有時會過度重複某些風格描述，導致不同題目選項看起來差不多。生成後**務必檢查選項差異是否明確、語彙是否多元**。

> 提示
>
> 請做一份「設計偏好風格探索測驗」的問卷設計共 5 題，每題都是 4 選 1 單選題型。
>
> **內容設計**：視覺風格傾向 (對應畫面構成語言與美感節奏)...前面提及的**五大關鍵面向**進型題目內容設計。
>
> **注意事項**：1.每一題只問一個設計面向，要明確聚焦。2...放入提及的 **5 點注意事項**進行生成的題目限制。

① 走進「理想書桌」——你最想坐在哪個位置？		
側重：版面留白與視線導引		
選項	書桌畫面	隱含設計線索
A	一張幾乎空白的原木桌，只放一台輕薄筆電與一支原子筆，周圍留大片空間。	極簡留白、細線條、元素稀疏
B	桌面鋪著方格切板，筆電、記事本、筆筒都按格線對齊，整齊卻不呆板。	格線對齊、模組化排列、均衡留白
C	書桌斜放，一疊雜誌半覆在鍵盤上，耳機線自然垂落，視線被引向左上角的咖啡杯。	非對稱、斜線切割、視覺動勢
D	透明玻璃桌面下墊著 LED 燈，光影從邊緣柔和漫出，桌上擺著霧面白鍵盤。	玻璃擬真、半透明層次、光暈效果

▲ ChatGPT 生成的「視覺風格傾向」的題目展示

完整的提示詞及 ChatGPT 生成題目請參考附檔「單元 31_提示詞」。

Step 2 職業專屬提示詞

接下來,我們會根據風格測驗的選項結果:B,B,A,B,D,加入使用者的職業資訊,生成一組更具「**行業特色**」的視覺提示詞。這一步非常關鍵,因為不同產業與工作性質,所需要傳達的質感與氛圍也會截然不同。

五題的選擇:[B,B,A,B,D],請幫我生成個人的名片風格對照表,包含風格偏好、字體偏好、構圖樣式、絕對地雷和顏色色號或區間偏好。

職業專屬:雙面名片,大小 90*54mm。職稱為科技教育工程師,服務單位為旗標科技股份有限公司。請幫我將職業及公司特色融入後生成生圖用的中文提示詞。

名片風格對照表

項目	偏好 / 規格	設計指引
風格偏好	理性格線 × 活潑點綴 3 mm 模組化格線、留白 > 40 %	正面資訊區塊沿格線對齊;可在角落加入小圖標或圓點打破嚴肅感
字體偏好	標題:粗圓角無襯線(例:Poppins Rounded Bold) 正文:幾何無襯線(例:Noto Sans TC Regular)	中英文混排時字重保持 1 級差異;行距 ≥ 140 %
構圖樣式	左 LOGO / 右資訊 雙欄,或上下 2/5–3/5 分割 背面以 QR + 標語為主視覺	主標題(姓名/職稱)字高 ≥ 9 pt;資訊區 6.5–7 pt
絕對地雷	❶ 滿版小字段落 ❷ 花體字或難讀字形 ❸ 高彩雜色拼貼 ❹ 暖橘系(#FF8C42–#FFA500)	任何碰觸以上元素直接淘汰

→ 加上職業專屬後的提示詞

生圖(AI 生成)中文提示詞

旗標科技股份有限公司　科技教育工程師　名片設計,
90×54 mm 雙面,模組化格線構圖,左側 Logo 右側資訊,圓角無襯線字體(Poppins Rounded Bold、Noto Sans TC),天空藍 #4FA8F9 與草綠 #6BCF9A 配色,加入簡約手繪教育 / 程式圖標作點綴,留白充足、資訊層級分明,背面大尺寸 QR code 與品牌標語,質感霧白紙張,300 dpi 向量風格,現代專業又友善;**避免暖橘與密集小字**,遠бора高可讀性,扁平清新、柔和光線

將以上提示貼入 Stable Diffusion / Midjourney / DALL·E 等生成器,即可快速得到符合偏好的名片草圖,再進一步微調細節即可。祝設計順利!

如果要使用其他平台生圖,請複製名片風格內容

▲ 加入職業條件後,才能讓 AI 產出真正貼合角色定位的視覺語言,讓名片更具個人化辨識度!

Step 3 名片草稿生成與元素分析

有了前一步生成的職業專屬提示詞，我們就能開始進行名片草圖的初步視覺探索！

> **提示**
>
> (附上公司 Logo)
>
> 前面獲得的職業專屬提示詞＋文字內容包含：姓名、服務單位、聯絡方式。地址：台北市中正區杭州南路一段 15-1 號 19 樓。地圖依照地址生成並標註附近大型地標。公司 logo 如附圖。未附上的文字部分以 lorem 替代。

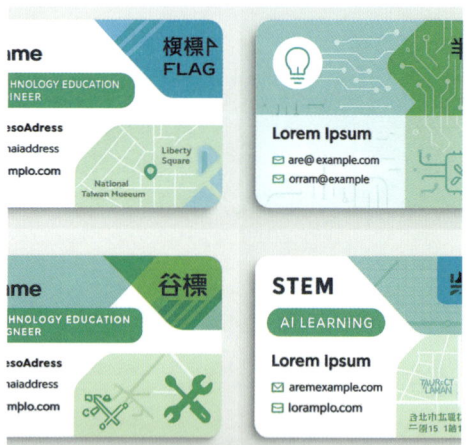

▲ ChatGPT 的名片草圖生成結果

ChatGPT 草稿檢討：

- **文字內容**：公司名稱、地址及地標名稱有誤植，需逐一修正。
- **地圖定位**：目前小地圖位置不精準，辨識度低。
- **視覺比例**：主視覺色塊與 Logo 摺頁圖形的比例不一致，需統一視覺節奏。
- **Icon 風格**：引入多款 Maker 風格小 icon，可再精簡篩選以聚焦重點。
- **科技元素**：版面引入格線與科技線元素營造科技感，要確保整體協調。

開工啦！設計師請就位！

從草圖來看，整體構圖與視覺基調已相當到位。但光靠 AI，並不代表設計就能一步到位，視覺判斷與細節調整，仍仰賴設計師的專業眼光。這次的做法，是將 AI 作為靈感的加速器，生成初步畫面後，構圖優化與元素補強則回到人工調整，才能讓作品真正落地、貼合需求。最終的排版與細節調整，則交由具高度彈性與編輯自由的 Figma 完成。使用連結：https://www.figma.com/ (支援 Google 帳號一鍵登入)

在 Figma 實作時需特別留意：Figma 的單位為像素，因此在設定名片大小時，如果依照 300 dpi 的換算標準進行：

➢ 寬：90mm × 11.81px ≈ 1063px

➢ 高：54mm × 11.81px ≈ 638px

名片大小應設定為 1063 × 638 px。那我們就來開始進行 Figma 的名片專案設計啦~

設計眉角｜搞懂單位換算，設計才不會出包！

在設計輸出時，單位沒搞清楚，尺寸就可能大走鐘。右表是常用單位與解析度的基本換算公式，幫你避開出包地雷：

▼ 常見單位換算

單位換算	結果
1 英吋	= 25.4 mm
1 mm	≈ 0.03937 英吋
300 DPI	每英吋 300 像素

設計用換算公式 (300 DPI 情況下)：1 mm ≈ 11.81 px

網頁用圖：解析度用 72 DPI 就夠

印刷設計：請使用至少 300 DPI，才不會模糊失真

設計輸出：記得確認你使用的單位是 px 還是 mm

Step 1　專案開始

首先是來建立一個畫布框，為什麼要建立這個畫布框呢？因為之後進行輸出的時候，可以直接選擇這個框的範圍內的內容輸出，而且如果沒有這個框，也就無法指定內容輸出了。我們的名片製作之後就會在畫布框裡面進行喔～

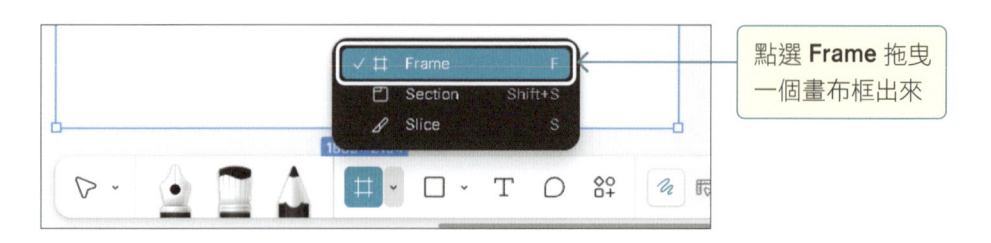

點選 **Frame** 拖曳一個畫布框出來

想調整畫布框大小可以用 W(寬度)、H(高度) 進行調整

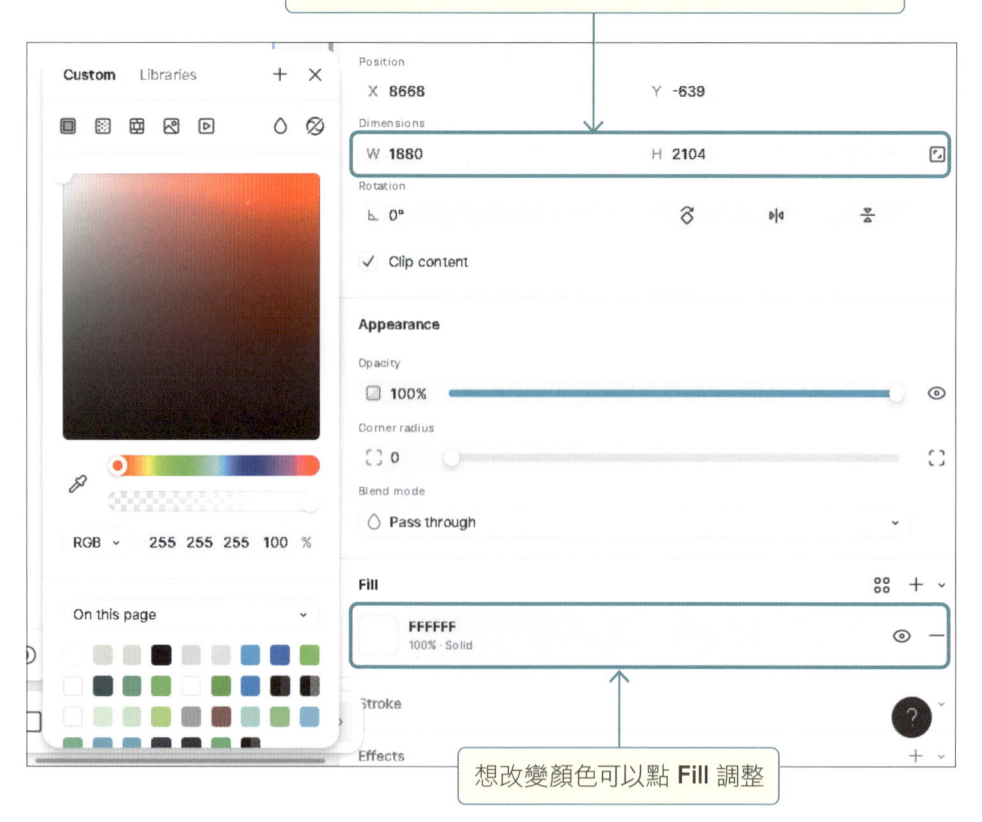

想改變顏色可以點 **Fill** 調整

4-26

Step 2 名片範圍建立

接下來我們就來畫出名片的實際範圍囉～

正面：顏色可以直接使用 Fill 面板中的吸管工具，從草稿圖中吸附名片的背景色 (草稿圖片可從單元 31 素材資料夾中下載後直接拖曳進 Figma 畫布區)

❷ 調整尺寸：寬度 (W) 設為 1063px，高度 (H) 設為 638px，並將 Corner radius (圓角) 設為 30px

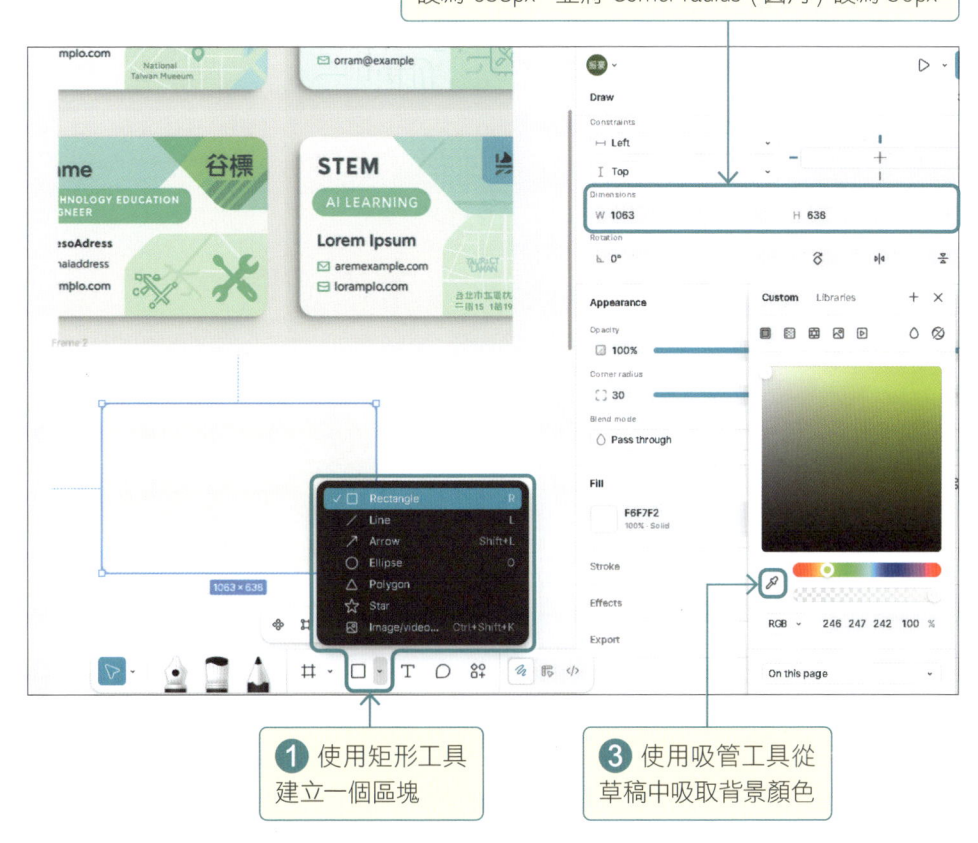

❶ 使用矩形工具建立一個區塊

❸ 使用吸管工具從草稿中吸取背景顏色

背面：我們會使用另一張草稿中的漸層色作為填色。進入 Fill 面板後可將填色類型改為「漸層」，並進一步微調漸層的方向、顏色位置等細節。

PART 04 刊物設計與社群廣宣

4-27

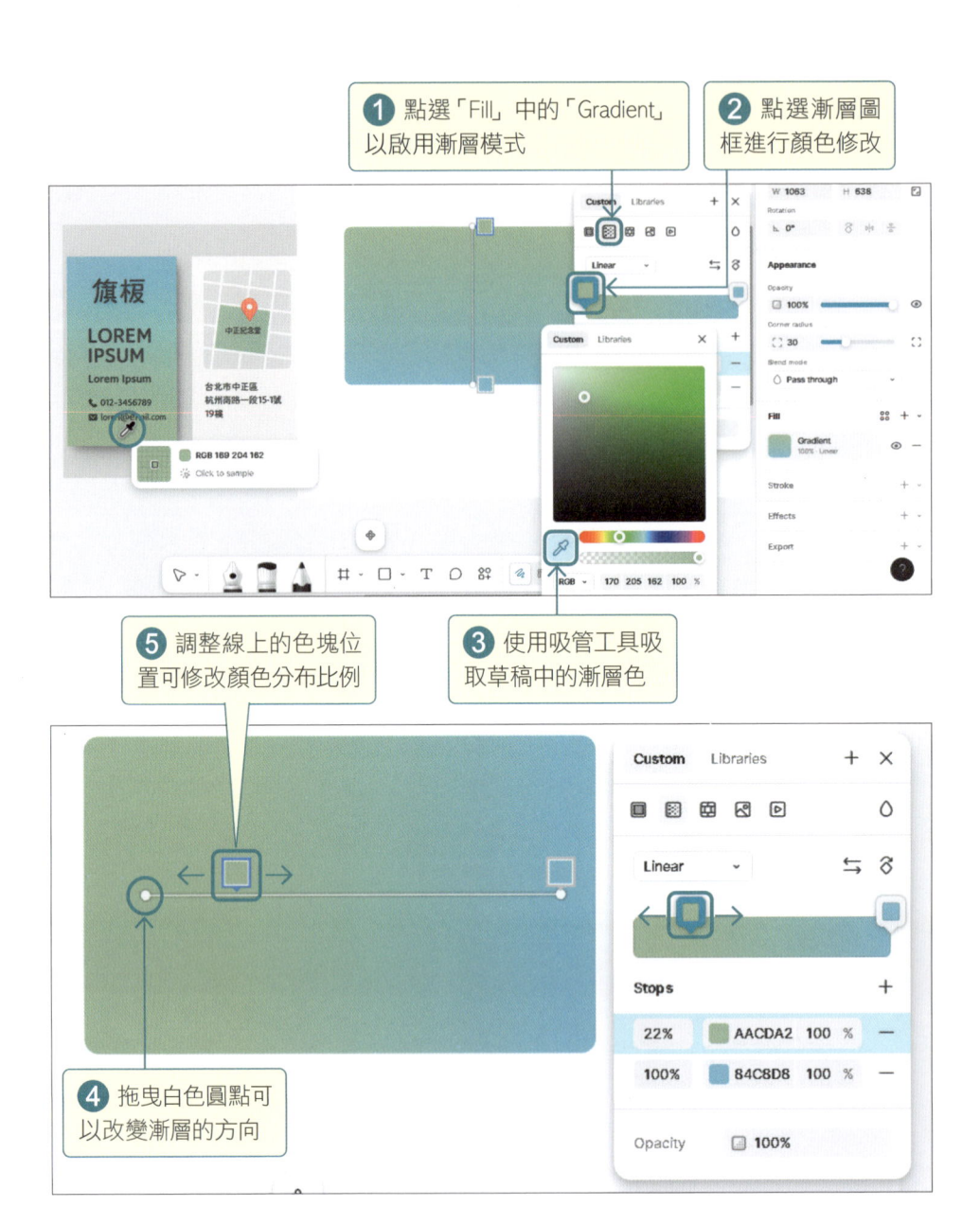

❶ 點選「Fill」中的「Gradient」以啟用漸層模式

❷ 點選漸層圖框進行顏色修改

❺ 調整線上的色塊位置可修改顏色分布比例

❸ 使用吸管工具吸取草稿中的漸層色

❹ 拖曳白色圓點可以改變漸層的方向

Step 3　主視覺色塊製作

主視覺色塊都是旗標科技公司的 Logo 進行延伸的，但現在圖上出現的切角其實都和 Logo 上的有落差，因此我們直接匯入 Logo 圖片用正確比例進行製作。

① 鋼筆工具進行臨摹，在繪製的過程中加按 shift 可以使錨點維持在同一垂直或水平線上

② 在 **Fill** 下點選「+」可以增加填色，再進行改色

③ 點 **Stroke** 下的黑色右邊的「—」，可以取消邊框

另一個主視覺色塊可以靠點選鏡像去進行垂直和水平翻轉，再進行縮放和改色。

Step 4　其他視覺元素製作

主視覺色塊完成後，要加入其他的元素，可以使用布林運算和遮罩功能去製作我們需要的素材，讓畫面更加充實，而這些元素的參考都來自 ChatGPT 原圖設計或是公司 Logo 中。

4-29

總共使用 4 個技巧進行其他素材的製作：

➢ 技巧 (一)：**Substract：取叉集**

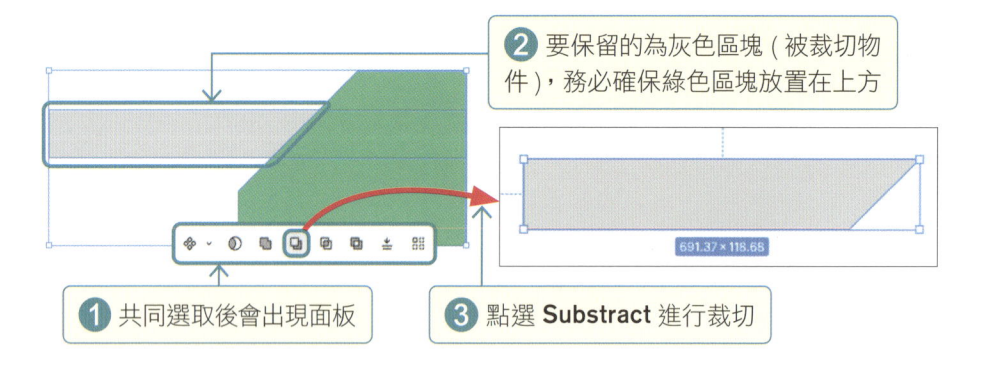

① 共同選取後會出現面板
② 要保留的為灰色區塊 (被裁切物件)，務必確保綠色區塊放置在上方
③ 點選 Substract 進行裁切

➢ 技巧 (二)：**Intersect：取交集**

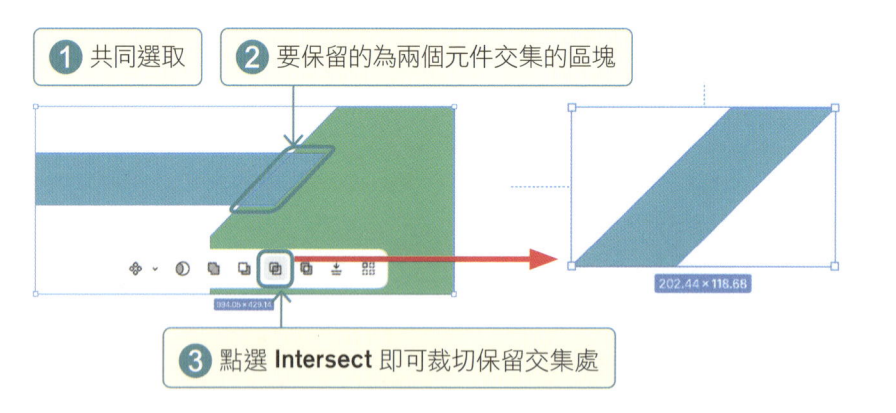

① 共同選取
② 要保留的為兩個元件交集的區塊
③ 點選 Intersect 即可裁切保留交集處

➢ 技巧 (三)：**Exclude：取排除**

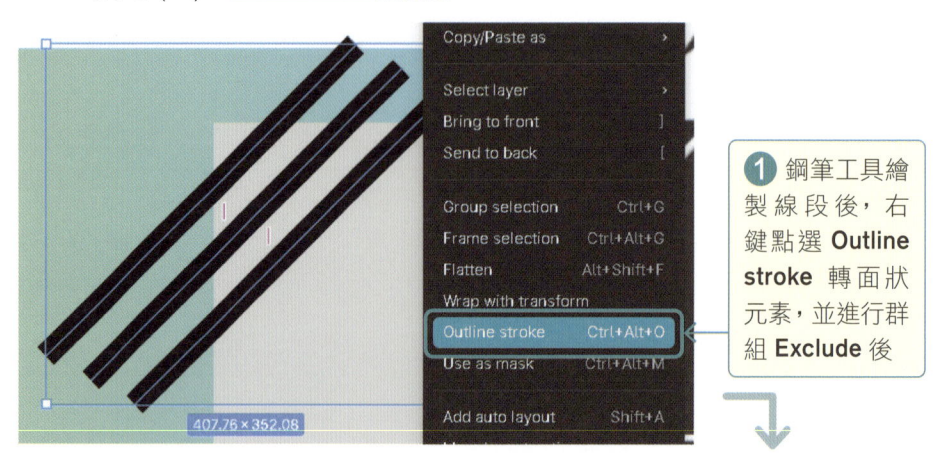

① 鋼筆工具繪製線段後，右鍵點選 **Outline stroke** 轉面狀元素，並進行群組 Exclude 後

4-30

❷ 點 Flatten 進行展平

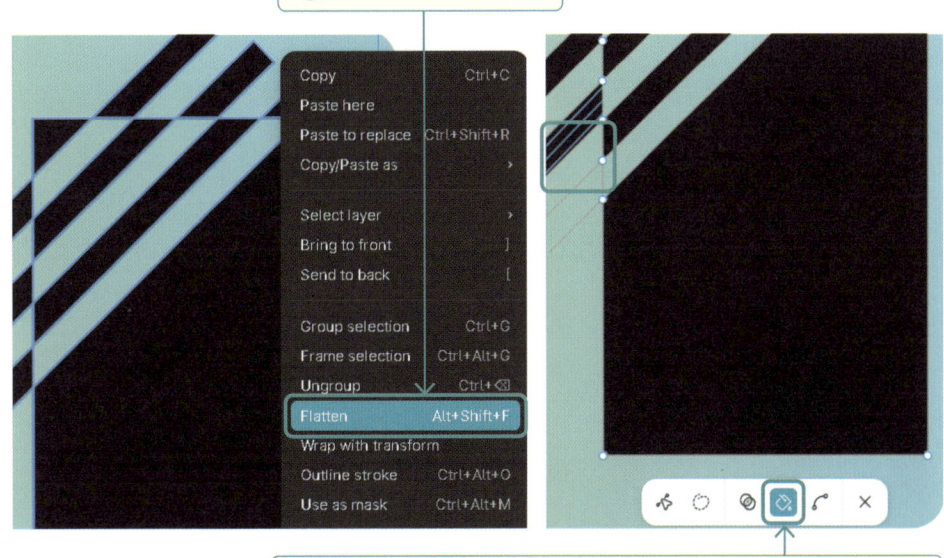

❸ 雙擊進入調整面板後，用 Paint 刪除不需要的區塊的顏色

▲ 當刪除完不要的區塊，跳出調整面板，可以點選 Fill 進行整體顏色的改變

> 技巧 (四)：**Mask：遮罩處理**

❶ 鋼筆工具繪製格線後，複製綠色區塊 (作為格線的邊界範圍)，移至最前方，並共同選取

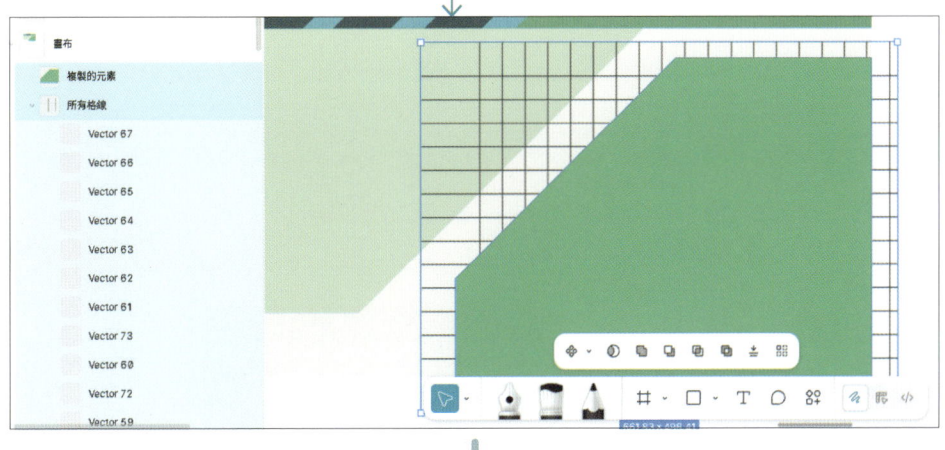

4-31

❷ 使用 Use as mask，會再 Layer 形成 Mask Group

❸ 調整 Mask 群組中遮色片的顏色（原綠色區塊）可以改變格線顏色

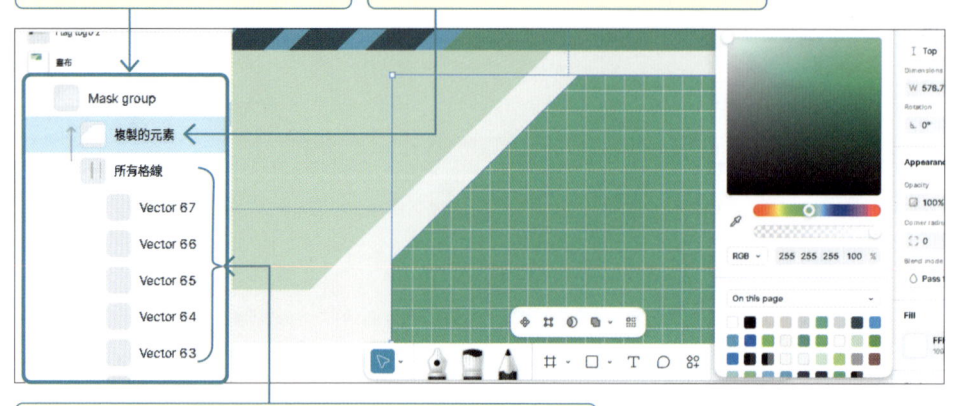

❹ 格線圖層可以針對所有格線一併進行粗度的修改

TIP 經過布林運算以及遮罩後，都會先在 Layer 形成一個群組，要進行範圍、顏色等的調整都可以透過群組裡面的元素，去更改元件的呈現。

Step 5 地圖元素

在 ChatGPT 產出的名片草圖裡，地圖位置與實際地址有所偏差。為了確保正確性，我們改以 Google Maps 搜尋準確座標，並截取包含具代表性地標的畫面，作為名片上的小地圖。

❶ 使用矩形工具畫出地圖要放置的區塊

❷ 將矩形的 Fill 改為插入圖片

❸ 使用 **Crop** 功能調整圖片顯示的大小與位置

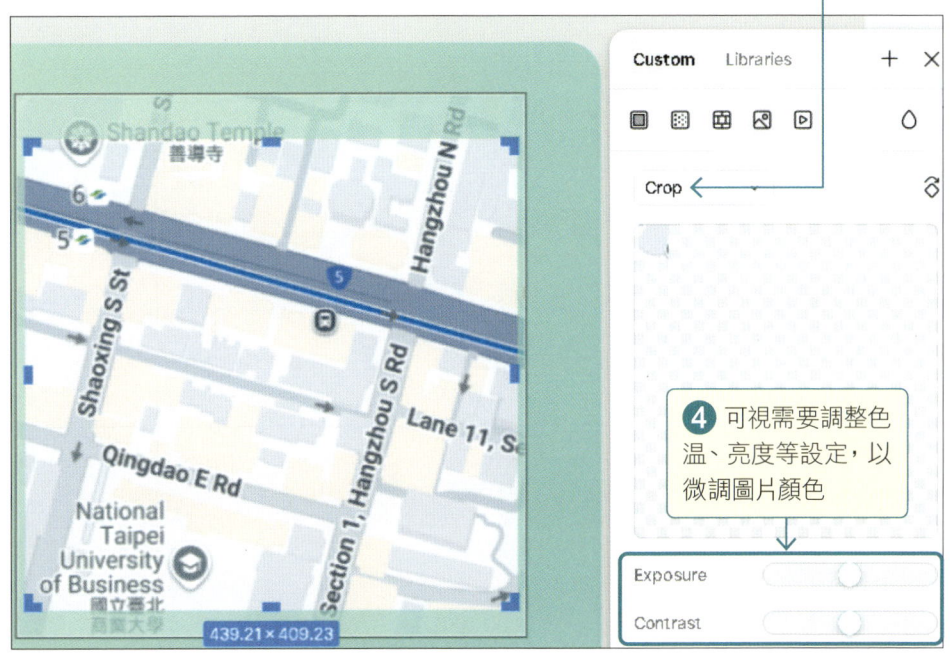

❹ 可視需要調整色溫、亮度等設定，以微調圖片顏色

Step 6　加上Icon、文字與陰影

接下來我們來處理 icon 與文字的部分。特別是 icon 的顏色調整上，雖然可以透過調整色溫、曝光等方式修改，但往往難以精準地調整成我們想要的顏色。因此，我們這邊建議使用前面提過的「遮罩處理」方式，來直接變更遮色片的顏色，進而達到修改 icon 顏色的效果。

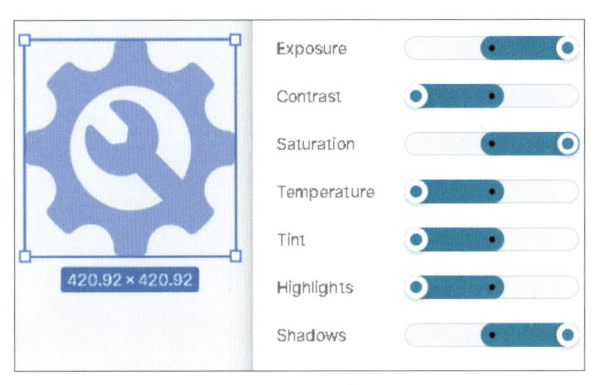

◀ 直接調整 **Fill** 中的色溫、曝光等，難以將 icon 改成純白色

4-33

① 將 icon 群組後，使用矩形工具建立一個遮色片範圍，並疊在 icon 上方

② 全選後，右鍵點選 **Use as mask**，形成 **Mask group**

③ 接著只要調整遮色片的顏色，就能同步變更整組 icon 的顏色

TIP 這種遮罩處理換色的方式僅適用於「單色」的元件。如果是包含多種顏色的元素，或希望保留多色細節的話，建議還是使用色溫、曝光等方式來進行色彩調整會比較適當喔！

接著加入文字資訊，包含：姓名、職稱、聯絡資訊等（記得姓名呈現要最為明顯喔！），這樣就完成我們的名片設計了！如果要直接使用 Figma 進行展示可以再加點陰影特效凸顯名片！

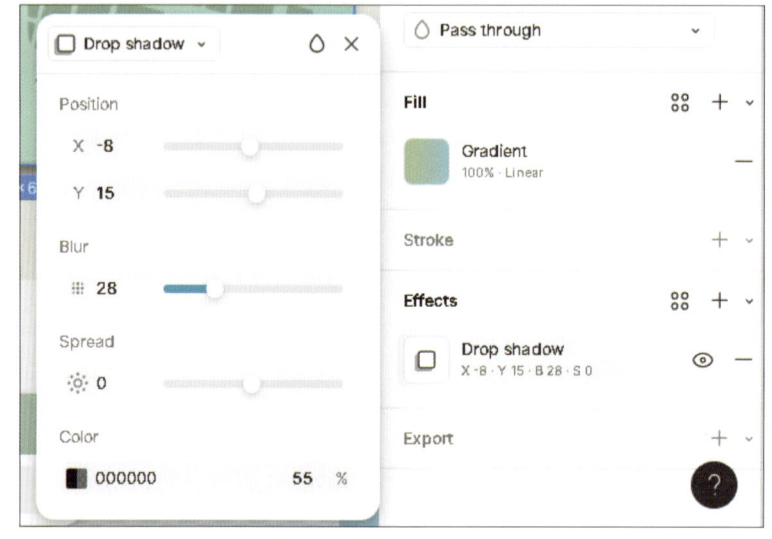

▲ 選擇名片背景後，點選 **Effect** 欄位的「**+**」選擇 **Drop shadow** 就可以添加陰影

4-34

這樣我們就完成名片設計囉！

設計小叮嚀

使用相同的心理測驗結果重跑一次流程，雖然生成的關鍵詞略有差異，但最後 AI 產出的圖幾乎一模一樣，差異極小。

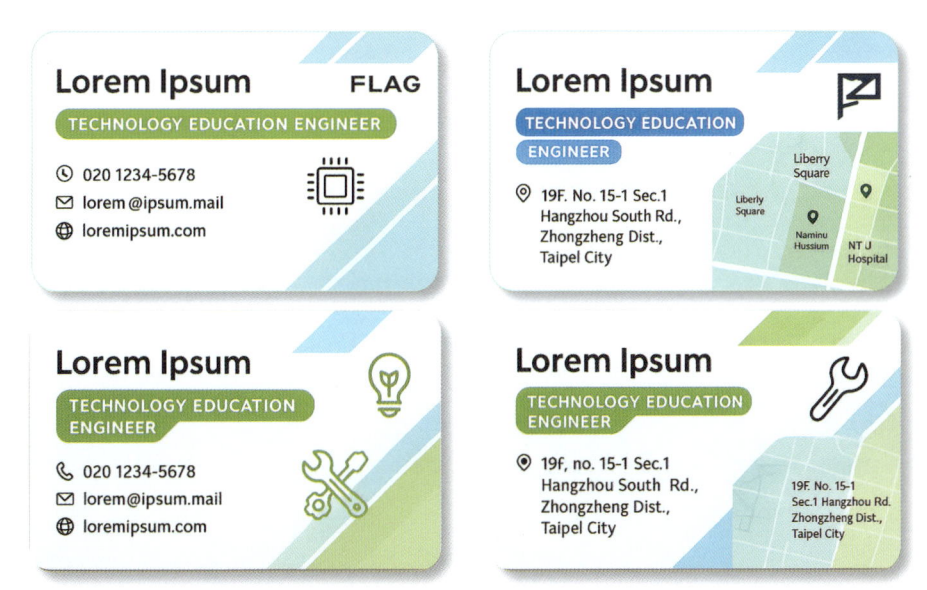

▲ 當大家都用同樣的測驗、模板與工具，所謂「客製化」的設計，最後看起來卻像複製貼上。這就是問題所在：視覺上的「平均值」，正悄悄壓縮設計師詮釋品牌的空間。格式沒錯、排版沒問題、顏色也穩，但卻沒有靈魂——就像通用包裝，乾淨卻缺乏記憶點

4-35

那設計師還有什麼價值？
「AI 可以做 80%，但真正關鍵的 20%，需要你來決定」

　　AI 擅長處理機械性任務：排版、配色、套模板、風格建議……這些它做得又快又穩。但也正因如此，真正的差異，來自那「不能自動化」的 20%：決策力與詮釋力。

> **你聽得懂客戶的潛台詞**：「穩重」可能不是沉悶，而是想脫離老派；「活潑」也不等於花俏，而是希望年輕中保有質感。這些背後的動機，只有設計師能辨識、轉譯成對味的視覺語言。

> **你為記憶點埋下伏筆**：AI 可以排得整齊，但你知道哪裡該留白、哪裡需要停頓；你做的不只是讓畫面好看，而是替品牌找到剛剛好的節奏。

Unit 32　保健品廣告設計

　　應該看過這種案子吧！客戶一開口就說：「這是給熟齡族群看的，幫我做一個有感的視覺。」聽起來不難，實際做才發現：你根本不是這個年齡層，喜歡的風格、用的語言都不一樣。然後呢？問同事、翻參考、滑 IG？還是靠經驗猜一個「大概可以吧」的方向？這就是設計裡最難解的盲點之一：**資訊落差**。

　　這次，我們讓 AI 來補上這段落差，成為模擬受眾視角的橋樑。

AI ✕ 設計的協作流程

這次實作的目標，是設計一張**針對特定族群精準溝通**的保健品廣告。我們不只是套模版、貼文案，而是引入 AI 當「觀眾模擬器」，從一開始就把受眾的反應納入設計思維。

當被指派設計一張「熟齡女性鈣質補充品」廣告，最難的通常不是排版或配色，而是──**我們根本不是她們！**

AI 可以協助我們模擬特定族群的語氣、視覺偏好、情緒關鍵字，讓過去靠直覺猜測的階段，有了更具依據的「預演回饋」！

用 AI 挖出你的設計關鍵

我們會請 ChatGPT 模擬這類觀眾看到廣告後可能的反應與回饋，抓出她們習慣的語言、敏感的用詞與情緒線索，幫助設計師從「觀眾的反應」出發反推創意。再搭配 ChatGPT 和 Grok 生成初步風格草圖，讓你能快速視覺化方向、掌握情緒氛圍。最後由設計師調整收尾，做出真正能打動指定族群的廣告圖像。

這套方法讓你不再苦思從哪下筆，而是直接站在受眾的角度，把設計做得有感、有溫度、也更有效！

Step 1　開啟對話！讓 AI 帶你代入觀眾視角

像演員揣摩角色一樣，AI 也需要一點提示，才能進入「角色狀態」。我們可以用一段簡單的開場白，讓他知道自己現在的身分是誰，這邊提供一個簡單建立虛擬角色的提示詞：

> 請模擬一位 55 歲的台灣女性。她平常有在吃保健品，特別在意骨質流失的問題，主要從藥局宣傳和熟人分享中獲得保健資訊。請你用她的角度，來回答我接下來的問題。

4-38

> 請你模擬一位 55 歲的台灣女性。她平常有在吃保健品,特別在意骨質流失的問題,主要從藥局宣傳和熟人分享中獲得保健資訊。請你用她的角度,來回答我接下來的問題。

好的,我會以一位 55 歲、平常有在吃保健品、特別在意骨質流失,並且主要透過藥局宣傳和熟人分享獲得資訊的台灣女性來回答你的問題。妳請問吧~

這裡你最重要的是給 AI 三個關鍵元素:
- 年齡與身分輪廓(例如 55 歲台灣女性)
- 生活關注焦點(例如健康、骨質)
- 資訊接收來源(例如藥局、熟人)

Step 2 找出觀眾關注的核心問題

當 AI 角色準備好了之後,我們的第一個提問,也不是關於設計,而是**這個角色,平常最常擔心的事情是什麼?**

這個問題很關鍵,因為**設計不是從「我要做什麼」開始,而是從「對方在乎什麼」出發**。你得先知道她在煩惱什麼,才有機會做出她覺得有用、有感的視覺訊息。

> **提示:** 如果你今天在藥局看到一張保健品廣告,你會被什麼內容吸引?會想停下來看,是因為什麼樣的資訊?

> 如果你今天在藥局看到一張保健品廣告,你會被什麼內容吸引?會想停下來看,是因為什麼樣的資訊?

嗯,如果是我啊,在藥局看到保健品廣告,我會被幾個關鍵的內容吸引,尤其是跟「骨質健康」有關的。

首先,我會注意 **有沒有提到鈣、維生素D、或是膠原蛋白**這些字眼,因為這些對骨頭很好嘛。我現在年紀比較大,骨質會流失比較快,平常站久一點、走遠一點就會覺得骨頭有點酸,所以看到有「強化骨骼」、「預防骨質疏鬆」這類字眼,我就會多看兩眼。

↓

4-39

再來，如果廣告上有寫：

- 臨床實證有效
- 幾歲以上女性推薦
- 醫師或藥師推薦

這些我會比較放心，也比較相信，因為感覺是「有根據的」，不像網路上的亂寫。藥局的東西至少比較正派一點。

另外，如果上面有圖示，例如說：

- 有骨頭的示意圖變得比較「緊密」或「白一點」的那種比對圖
- 一位跟我年紀差不多的阿姨笑得很開心、在運動、在生活的照片

我就會想：「欸，這好像是為我這個年齡設計的耶！」

最後一個我一定會看的就是**「有沒有在做特價或試吃包」**啦！如果寫「限時優惠」或「買一送一」，我會更願意停下來問問藥師。

▲ 透過這樣的問法，可以讓 AI 主動講出觀眾的「**焦慮詞彙**」、「**常見痛點**」。這些答案不只是做廣告時的素材，更是文案、圖片、關鍵字都能呼應的「心理關鍵」

Step 3　看到什麼圖像會覺得親切？打造熟悉的視覺入口

當我們已經知道這位「觀眾」最常關心什麼問題，下一步就是思考：她會被什麼樣的畫面吸引住？好的廣告畫面，不只是美，而是要讓人「有感」。這個「有感」，往往來自一種「熟悉感」或「被理解」的感受。

> 提示
>
> 廣告上，什麼樣的圖像風格會讓你覺得這是你會想看的東西？你會比較喜歡圖上出現什麼人物？風格是可愛、簡潔還是溫馨寫實？你希望畫面傳達哪種情緒呢？

廣告上，什麼樣的圖像風格會讓你覺得這是你會想看的東西？你會比較喜歡圖上出現什麼人物？風格是可愛、簡潔還是溫馨寫實？你希望畫面傳達哪種情緒呢？

如果是我啊，在藥局看到保健品的廣告，會吸引我多看幾秒的圖像風格，應該是那種**溫馨寫實**，比較不會是可愛卡通那種。年輕人可能會喜歡可愛的風格，可是我們這個年紀，看太卡通的東西會覺得「這不是給我看的吧？」會跳過。

我會比較喜歡圖上出現：

- **看起來像五十幾歲、氣色好的女性**，就像我這個年紀的，穿得簡單乾淨，有笑容、看起來健康有精神，可能正在散步、做瑜珈、牽孫子，這樣我比較有共鳴。
- 如果有一家人在一起，比方說媽媽、女兒或孫子一起，也會覺得「這是照顧全家健康」的感覺，會讓我心裡暖暖的。

風格方面，我會喜歡：

- **畫面乾淨一點、不要太花，顏色自然柔和**，像是米色、淺綠、天藍這種比較舒服的顏色，感覺就比較安心、值得信賴。
- 有些廣告會太複雜、塞滿一堆字，我反而不會仔細看，會覺得「這好像在推銷什麼我看不懂的東西」，我會比較喜歡那種一看就知道重點是什麼的。

情緒的話，我希望畫面傳達的是一種**「我吃這個，讓自己過得更安心、更有活力」**的感覺，不一定要多厲害或多青春，但要讓我覺得：

- 「這個年紀還是可以好好生活」
- 「吃對東西，身體就不會拖累自己」
這樣我才會覺得這是為我設計的產品。

總結一下就是：**人物自然真實、畫面溫馨簡潔、情緒讓人覺得安心健康**，這樣的廣告我才會覺得「欸，這可能對我有幫助喔」。

Step 4　AI 輔助草圖的構想以及廣告的語彙

經過前面三步的 AI 對話模擬，我們已經慢慢勾勒出這個族群的溝通輪廓。現在，我們要把這些資訊「翻譯成視覺」與「轉譯成文字」，讓 AI 幫產出初步的草圖構想與文案語彙，成為設計師創作的起點。

> 提示：請幫我根據上述的設計偏好輪廓圖，幫我生成對應主視覺構圖草圖(包含人物、情境、配色內容)

4-41

🎨【主視覺構圖草圖建議】

一、📍 主題定位

概念主題：「穩穩的走、自在的活」

傳達補鈣不只是為了預防疾病，而是讓日常生活更輕鬆、自在、穩健。

重點是積極、生活化、有陪伴感。

二、👩 人物設定

元素	建議描述
主角人物	一位 55–60 歲左右女性，穿著自然（淺色襯衫＋長褲or長裙），微笑、自信、膚色自然、有些細紋但氣色好，看起來「真實」而健康
表情動作	正在散步、提菜籃去市場、與朋友健走、或在客廳做輕運動，臉上帶笑、身體有動感但不誇張
輔助人物（選配）	可加入一位小孫子、或一位與她年紀相仿的朋友，呈現陪伴感與共享健康的畫面
視線方向	看向畫面外／往前走，暗示「有未來、有行動力」的感覺

> 將以上資訊整理為後續輸入，並交由 ChatGPT 產出 AI 生圖的提示詞

三、🏠 情境構圖

類型	建議描述
居家型	自家客廳或陽台，有植物、光線充足，主角坐在沙發上微笑，旁邊放著保健品瓶
戶外型	公園步道、市場街景，早晨或黃昏光線柔和，主角輕鬆走路，背景模糊化處理聚焦在人物
對比型（進階）	畫面左半是「骨骼鬆動、蹲不下來」的陰影剪影，右半是「笑著站起來」的主角照片，做明顯前後對比（請用寫實風格避免誇張）

四、🎨 配色建議

顏色區塊	建議配色	備註
背景色	淺米白、柔光淺黃、淡天藍	營造溫暖、乾淨感
強調色	鈣相關可用淺藍／醫療藍、信任感可用深藍或藏青作為點綴字體	和保健主題一致、具專業感
人物膚色	保持自然台灣膚色，略帶紅潤氣色	增加親切度與真實感
搭配色	淡綠（象徵自然保健）、粉膚（熟齡柔和）、金色點綴（安心與信賴）	避免過於商業化的紅或黑

五、📌 排版重點

- 人物佔畫面中心偏右，左側或下方留白寫主標語與產品亮點
- 產品實體圖（瓶裝、錠劑）可放在角落，但不要喧賓奪主
- 加入一小區塊「藥師推薦」、「限時體驗價」字眼，可用圓形貼紙感呈現
- 文字量控制：主標語＋一句副標語＋產品簡介即可，避免過長

ChatGPT 會清楚列出構圖重點，包含人物特徵、日常情境、情緒語感與配色建議，幫助設計師在創作前快速理清方向。

Step 5　AI 根據構圖想法生成廣告視覺

主視覺構圖草圖完成後，下一步是將其中的元素重新拼接。筆者挑選了先前標註的幾個重點：

- 一位 55–60 歲左右的台灣女性，穿著淺色襯衫與長褲，微笑自信，膚色自然、有細紋但氣色佳

- 和一位與她年紀相仿的朋友在公園步道健走

- 視線方向看向畫面外 / 往前走，暗示「有未來、有行動力」的感覺

並加入 A3 尺寸的規格限制與價格內容，請 ChatGPT 生成 AI 生圖提示詞 (完整的生圖提示詞請參見書附檔案「Unit32_提示詞」)。接著，使用這組提示詞，請 ChatGPT 或 Grok 直接產出廣告視覺稿。

4-43

AI 草稿檢討：

- **文案錯字**：標題、內文與標籤皆有誤植，需進行校正。
- **信任背書不足**：缺少「醫師／藥師推薦」等權威標示，需補上相關標語或肖像。
- **促購張力弱**：目標族群對價格敏感，折扣標籤不夠醒目，優惠訊息需更凸顯。
- **品牌一致性低**：品牌識別度不足，需強化一致感。
- **配色單調**：單色色塊面積過大，畫面顯得呆板，可縮減色塊並增加層次與對比。

下一步，我們會先依據 AI 草稿的既有元素與缺漏，逐一製作所需素材，之後再匯入 Canva 完成版面整合與設計。

開工啦！設計師請就位！

在開始製作前，我們會先處理由 AI 生成的人物圖片素材。人物素材圖中後方的背景範圍偏小，會限制後續排版的空間感，因此可以採用「墊圖」的方式手動擴增背景。雖然現在市面上已有不少 AI 工具支援一鍵擴圖，但為了讓背景更具彈性、可以自由調整構圖，透過手動墊圖，可以更精準地控制整體畫面氛圍與延伸方向～

Step 1 背景素材處理！

針對人物圖片的背景處理，我們這次會搭配使用 remove.bg 這個免費又好用的去背工具！

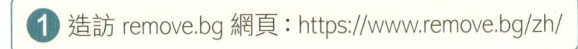

❶ 造訪 remove.bg 網頁：https://www.remove.bg/zh/

❷ 點選圖片上傳後會自動去背

❸ 去背後直接下載圖片，會看到兩種畫質，免費版只能選低畫質版本喔～

Step 2　排出主畫面！用背景與人物建立視覺層次！

現在來到設計的起點！直接登入 Canva 自訂 A3 大小的畫布就可以開始設計囉～把剛剛整理好的素材丟進來，就可以開始排版啦！

這次的版面混合了 ChatGPT 和 Grok 設計風格，畫面切成上下兩個區塊：上面放主視覺大圖，下面放資訊補充，還加入了一些圓形裝飾，讓畫面更有趣～

PART 04　刊物設計與社群廣宣

4-45

❷ **擺放主背景與人物主體**：將主要背景圖裁切後置入畫面，再加入去背後的人物主體，建立場景感

❶ **鋪底背景強化畫面感**：在純白底上加一張圖，設定透明度為 26%，放大至鋪滿整個畫面，即使沒有主圖也不會顯得太空

❸ **用破格構圖增加視覺張力**：刻意讓人物超出背景邊界，營造「破格」效果，讓畫面更有衝擊力與層次感

Step 3　模糊特效登場！銳角邊界不見啦～

你會發現，背景圖的下緣看起來有點太俐落了！這時候就需要幫它柔化一下，讓整體畫面看起來更舒服。

由於 Canva 不能直接製作遮色片，我們改採「相近色模糊素材」的方式來手動做出漸消效果。可以先從「元素」中搜尋關鍵字 blur，找免費的模糊素材使用，再接著製作效果！

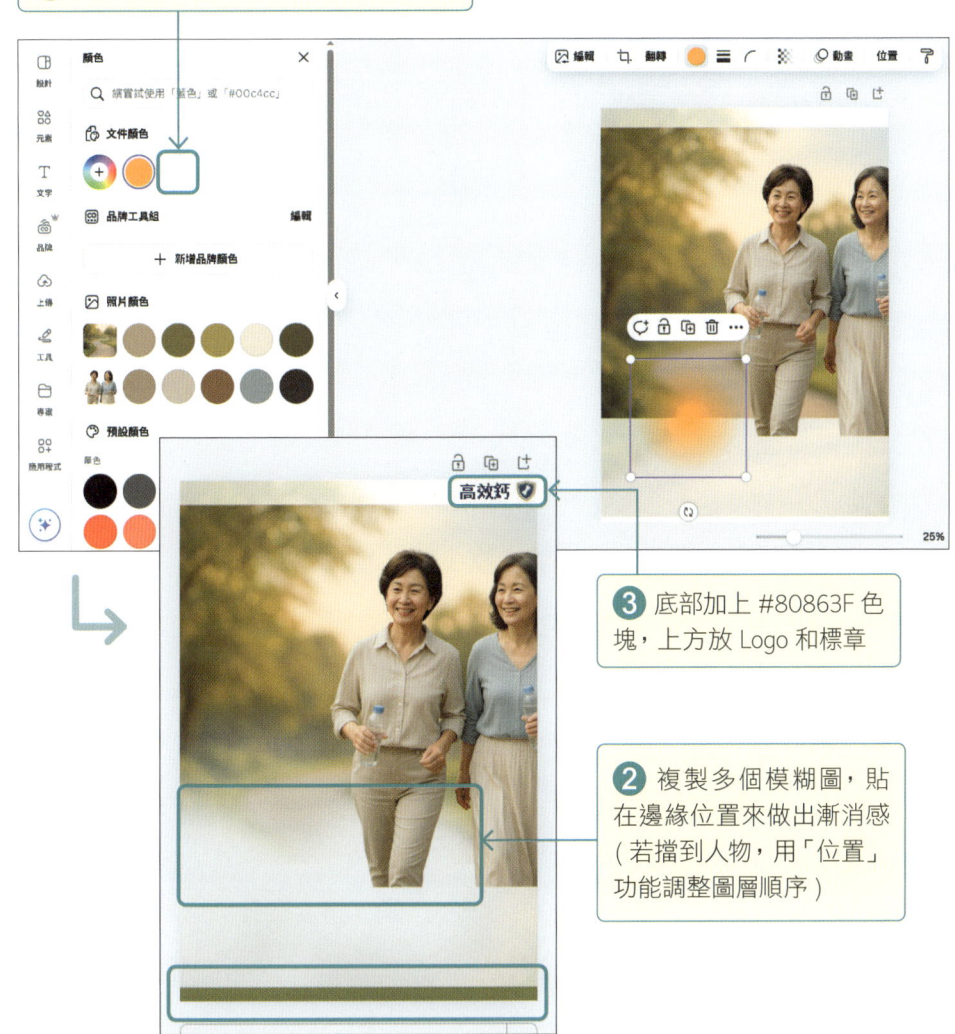

❶ 將模糊素材改為白色，更好融入背景

❸ 底部加上 #80863F 色塊，上方放 Logo 和標章

❷ 複製多個模糊圖，貼在邊緣位置來做出漸消感（若擋到人物，用「位置」功能調整圖層順序）

Step 4　聚焦主角！遮色片框框加上去～

輪到主打產品登場囉！為了讓產品在畫面中更搶眼，決定搭配「圓形邊框」來做視覺引導，畫龍點睛！

PART 04　刊物設計與社群廣宣

4-47

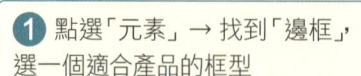

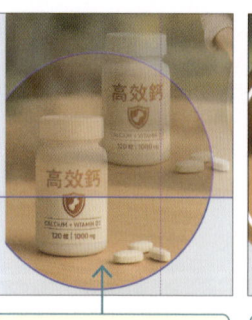

① 點選「元素」→ 找到「邊框」，選一個適合產品的框型

② 把產品圖片拖曳進邊框，Canva 會自動裁切，點兩下還能調整位置喔！

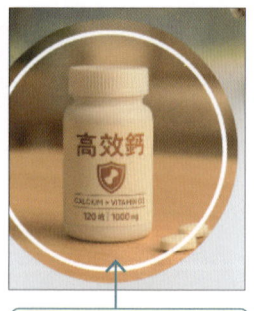

③ 外框再加上白色圓形框，筆觸設為 14，讓產品更跳出來～

Step 5　好感度 UP！推薦元素通通上線！

根據 ChatGPT 的建議，加入熟齡族群喜歡的元素，包括醫師推薦圖和試用包！

醫師和試用包圖片之前已經去背處理好，這邊直接放上去即可。

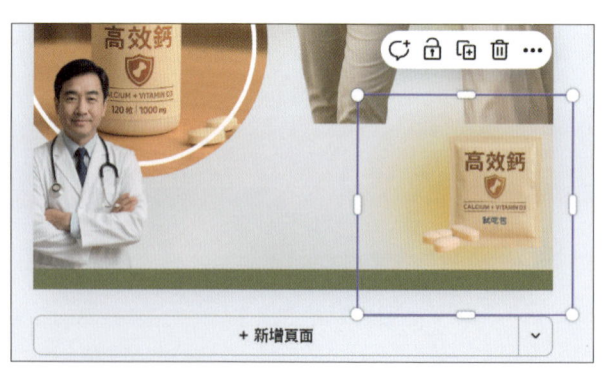

▲ 如果覺得試用包顏色太淡，可以在背後加上模糊素材來提升對比度，更為顯眼！

Step 6　打造文字焦點！標題、副標與內文設計～

設計快進入尾聲了！接下來要處理重點文案區～

主標部分：為文字加上陰影，打造前後景深，讓標題更為突出。

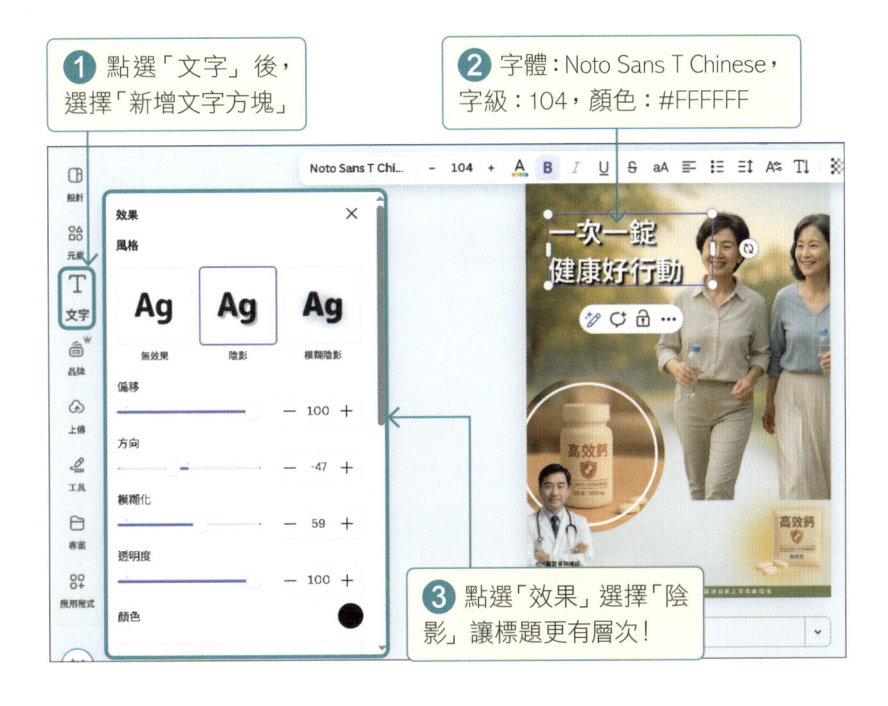

① 點選「文字」後，選擇「新增文字方塊」

② 字體：Noto Sans T Chinese，字級：104，顏色：#FFFFFF

③ 點選「效果」選擇「陰影」，讓標題更有層次！

副標與內容：將「↑8％」成效改以圖像化方式顯示；使用向上的箭頭搭配數字8％，一眼傳達成長概念。

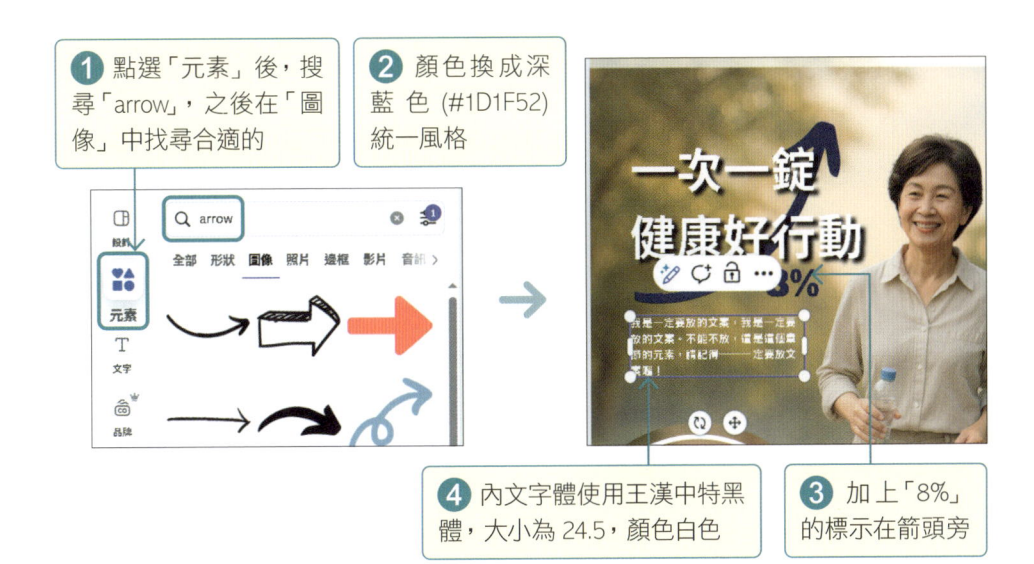

① 點選「元素」後，搜尋「arrow」，之後在「圖像」中找尋合適的

② 顏色換成深藍色 (#1D1F52) 統一風格

③ 加上「8%」的標示在箭頭旁

④ 內文字體使用王漢中特黑體，大小為 24.5，顏色白色

PART 04 刊物設計與社群廣宣

4-49

專家保證：置入醒目的「打勾」icon，與醫師推薦文字並列，強化可信度。

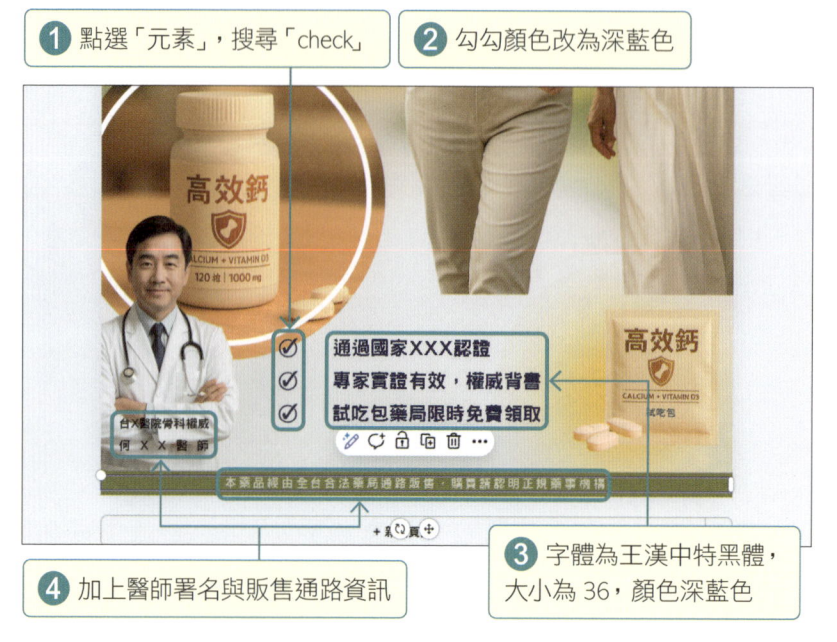

① 點選「元素」，搜尋「check」
② 勾勾顏色改為深藍色
③ 字體為王漢中特黑體，大小為 36，顏色深藍色
④ 加上醫師署名與販售通路資訊

Step 7 重點來了！限時特價標章強勢吸睛！

最後重頭戲登場！畫面中央的「限時特價」標章，就是要讓人一眼看到價格優惠！

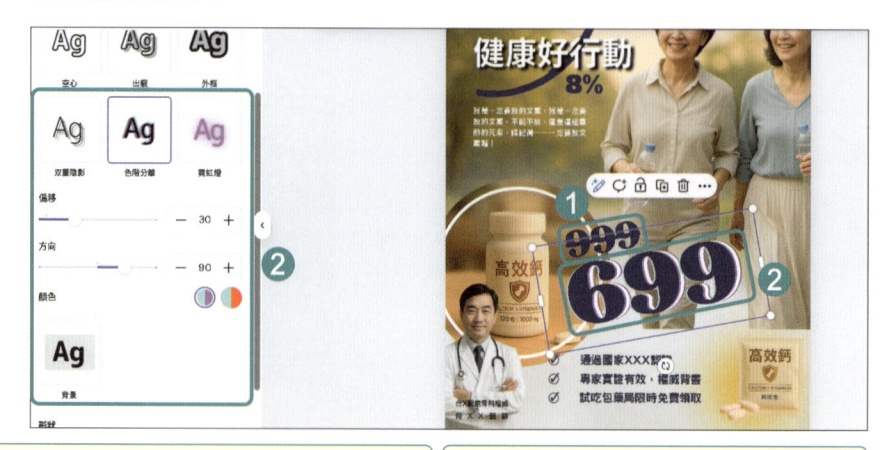

① 「999」價格標籤，字體：Serigo Trendy，大小：127，顏色：深藍色，加上刪除線

② 「699」價格標籤，大小：288，加上「色階分離」特效，增加重影感！

4-50

最後進行標章的製作，Canva 的範本沒有適合的，因此決定自己製作並且在標章上明確放上打 7 折的內容，讓受眾對於價格變化有實質的感受。

① 搜尋「badge」找免費圖像

② 基底使用深藍色

③ 複製一層改為淡橘黃色（#F9DD3A），疊出細節感

④ 「限時 30% OFF」內容：
「限時」字體：思源黑體 - 超粗體，大小：37.4
「30%」字體：Serigo Trendy，大小：86.5
「OFF」字體：Serigo Trendy，大小：40.8

這樣就完成這張「熟齡女性鈣質補充品廣告」的設計啦！

設計小叮嚀

角色模擬的盲點：為何 55 歲男女的 AI 模擬回應差異不大？

在這次針對鈣質補充品的廣告設計實作中，額外模擬了「55 歲男性」角色。然而，AI 所產生的廣告建議與語言風格幾乎一模一樣──無論性別，回應中都充滿制式關鍵字如「熟齡專用」「補鈣強化」「有無特價」等，讓人難以區分角色個性與動機。

觀察重點：當我們只給 AI「年齡、性別、健康關注」這類資訊時，**角色僅是標籤更換，缺乏深度設定，導致模擬結果流於模板化。**

4-51

讓 AI 演得像，3 個提問技巧要掌握：

提問類型	操作範例	效果
角色深度設定	角色描述不能只有「是誰」，還要加上「經歷過什麼」、「在意什麼」	增強個人化與共鳴
	☑「55 歲女性，剛退休，長期照顧家人，媽媽曾因骨鬆跌倒，所以她特別關注骨質保養」	→ 角色更立體、有情緒與動機
情境式問法	提問時加入具體情境與心理感受，讓 AI 不只回答事實，而是「演出當下想法」	引導 AI 生成真實思維與小劇場
	☑「你在藥局等朋友時，無意看到一張女性補鈣廣告，這廣告會吸引你嗎？你腦中會怎麼想？」	→ 回答中出現更多內在反應與細節
差異化測試	同一問題，讓不同角色 (如男性／女性) 回答，觀察差異在哪，才能挖出設計訴求的關鍵	提煉具區辨度的廣告訴求語彙
	☑「男性角色 vs 女性角色：當看到強調『補鈣』的保健品廣告，各自會被哪些元素吸引？為什麼？」	→ 比對出語氣、用詞、動機的細微差異

所以，讓 AI 演出「真的某個人」，不是靠給一個標籤，而是靠「**劇本細節**」、「**問題場景**」、「**對比反應**」這三大關鍵。這樣才能讓廣告設計更有感、有辨識度。

Unit 33　三折式小冊子刊物設計

設計時總要一再確認品牌規範，配色、字型、圖像風格是否合格，常讓人翻著手冊、邊做邊猜。

現在，我們可以把這些瑣碎又容易出錯的工作交給 AI。它能快速解析 CIS 文件，在製作過程中提醒模板是否合用、字型是否一致，甚至建議可用的視覺元素。

不用再反覆查表，也不用憑經驗猜測──AI 給設計師的是一套即時、準確的規範守門機制，讓我們能更專心在創作本身。

小冊子實作開始！

這次我們要實作的是一份針對 COMFORT FURNISHINGS 打造的三折式小冊子刊物設計，目標是在「品牌個性 × 專業一致性」之間取得完美平衡！

在實作中，AI 可以協助解析整份 CIS 文件，並告訴我們：

- 配色、字型是否正確？
- 模板是否符合規範？
- 哪些視覺要素可以補上？
- 哪些內容違規或偏離品牌精神？

就像一位即時與你對話的品牌守門人，不只是幫你「整理規則」，還能即時「幫你檢查」，減少猜測與來回確認的時間，讓你把專注力放在節奏、美感，與風格表現上。

我們也能將這些規則進一步整理為 Canva 的 Brand Kit，作為輔助工具，幫助快速套用並延續整體品牌調性。

接下來的幾個小節，我們會拆解 CIS 規範，建立對應的品牌工具包，再接著接著完成整個刊物的設計。

實作一：CIS 拆解！AI 協助抓出關鍵規範並建立工具包

這次的實作中，CIS 只是模擬用途，所以裡面的規範不會像真正企業一樣完整明確，主要在操作運用 AI 工具加速刊物排版的過程喔！接下來我們就開始囉~

Step 1　AI 幫你拆！快速解析 CIS、標記重點規範

當拿到一份冗長的 CIS 文件時，裡面往往包含許多與設計無關的內容，像是企業內部報告格式、簡報字數限制、簽名檔規範等。這時可以請 AI 工具協助解析與過濾，快速抓出設計需關注的重點：如配色規範、LOGO 使用、字型搭配與圖像限制等，大幅節省閱讀時間！

> **提示**
> (附上 CIS 文件)
> 這是一份 CIS 規範，要製作對應品牌的三式是小冊子，需要注意哪些內容，請過濾後再使用表格呈現。

📘 **三式小冊子製作重點整理表**

類別	重點項目	說明與注意事項
設計與排版	標誌應用	不可旋轉、拉伸變形；保留空白區需為字高 1.5 倍。
	圓角元素	建議使用柔和圓角（數位用途：8–16px；印刷：2–3mm）；提升溫潤親和感。
	版面節奏	留白多、圖片主導、導引視線流動；避免板塊堆疊過多。
	版型建議	圖片為主，文字簡潔，搭配自然導引視覺的排版結構。
色彩與字體	主色	柔和綠 #B7C9A3（自然象徵）。
	輔色	木質棕 #A1866F、溫白 #F8F6F2、灰石色 #D9D9D9。
	禁忌配色	避免鮮豔對比色（如紅藍黃）、高飽和度設計。

▲ AI 幫我們把一些不需要的資訊過濾掉，只留下我們進行設計時真正會用到的重點規範，這樣就能大幅減少翻查與誤判的時間，建立起一份針對設計任務量身打造的規範清單

Step 2　建成工具包！將規範套進 Canva Brand Kit 提升效率

接著，我們可以把 AI 萃取出的品牌資訊整理進 Canva 的 Brand Kit，讓後續製作更好套用。雖然 Brand Kit 不會自動幫你判斷是否符合 CIS，但只要事先用 AI 抓出正確規則再進行設定，就能大幅提升設計效率！

① 進入首頁，點選「品牌」

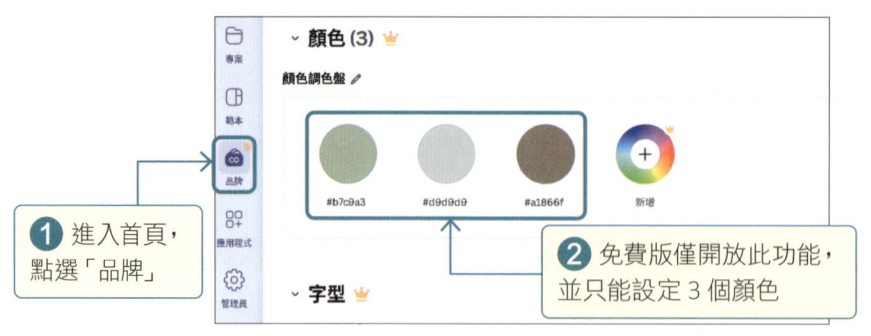

② 免費版僅開放此功能，並只能設定 3 個顏色

▲ 在 Canva 首頁選擇「品牌」，就可以進入 Brand Kit 編輯頁面

即使功能有限，也能有效提升效率：進入畫布後，只要一鍵即可套用品牌色，並快速瀏覽系統提供的多組配色建議。

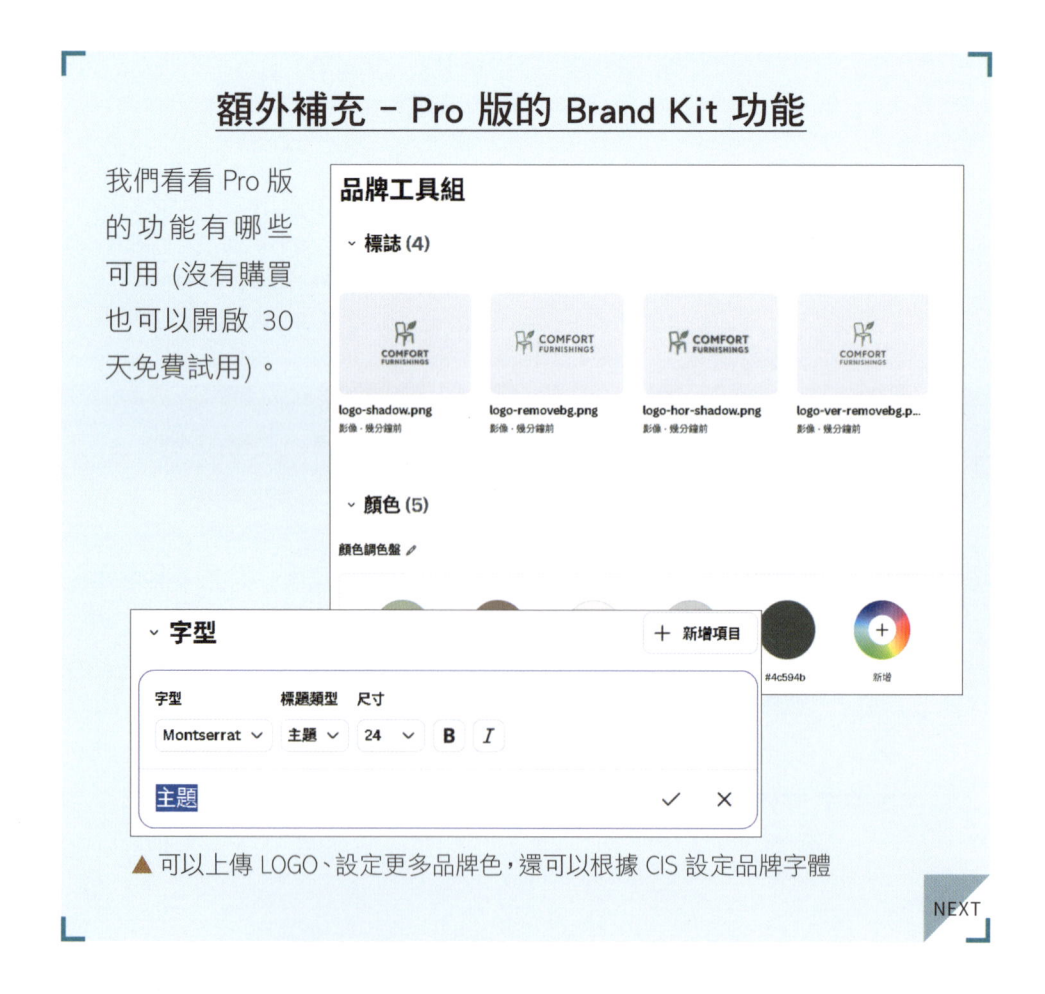

額外補充 – Pro 版的 Brand Kit 功能

我們看看 Pro 版的功能有哪些可用 (沒有購買也可以開啟 30 天免費試用)。

▲ 可以上傳 LOGO、設定更多品牌色，還可以根據 CIS 設定品牌字體

NEXT

4-56

比較特別的是「品牌口吻」功能，可以讓 Canva 的 AI 文案工具根據設定的語氣產生內容。

▲ 實際使用下來，如果沒有設定詳細口吻，生成結果會
比較偏離品牌調性，使用時仍應搭配人工判斷

Pro 版可預先批次上傳照片和圖示，建立個人素材庫；免費版雖無此功能，但仍能在設計時逐一上傳，只是稍費時間。

實作二：刊物設計實作 × 範本規範評估

接下來我們就要正式開工，使用 Canva 來完成這次的三折頁小冊子設計！

這次的設計會搭配剛剛整理好的 CIS 品牌資訊，並結合 AI 的協作建議，讓整體作品在品牌一致性、設計效率與視覺完整度上都能更加到位。

整體流程大致會分成兩個階段：一開始會專注在初稿排版的調整與版型評估，接著再進一步導入品牌視覺語言，讓作品從「好看」邁向「對品牌有感」。現在，就讓我們一起來看看 Canva 怎麼搭配 AI，成為你的設計神隊友吧！

第一階段：初稿排版

我們會先進入 Canva，挑選一個合適的三折頁模板。挑選時不只是看好不好看，還要評估版型結構是否符合我們的需求，再決定是否使用該模板！

Step 1　挑對範本先！AI 協助評估排版是否符合品牌規範！

Canva 提供許多免費的精美範本，我們可以根據設計需求來選擇適合的樣式。

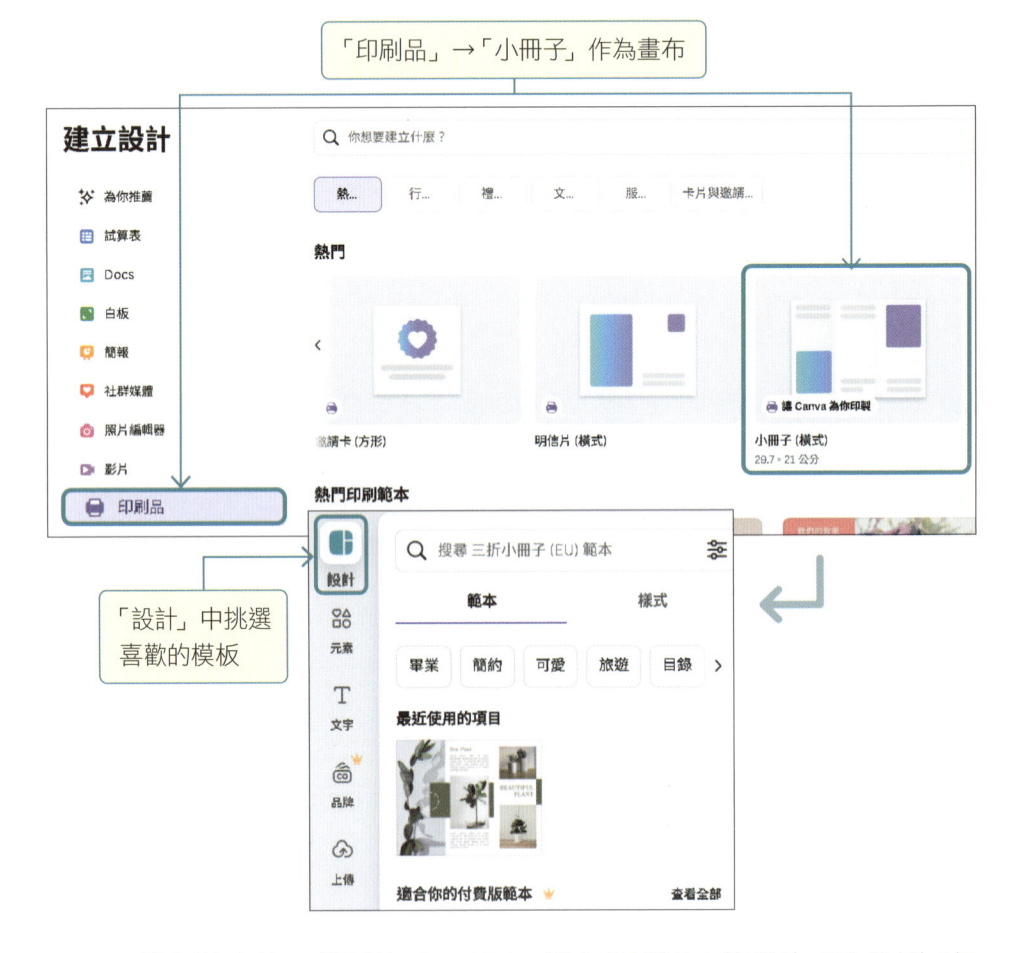

「印刷品」→「小冊子」作為畫布

「設計」中挑選喜歡的模板

選好範本後，截圖給 ChatGPT，請它根據剛才整理的 CIS 準則 (如 LOGO 位置、排版對齊原則、色塊比例) 評估範本結構是否合格。

> **提示**
> (附上範本截圖)
> 請幫我分析範本排版架構與 CIS 的匹配度,只看排版架構不看圖文內容。

項目	評估	說明與建議
導引視線節奏	✔	三折各面之間視線動線流暢,由左至右或右至左閱讀皆可,視覺焦點清楚,有分段感,符合「導引順暢」原則。
圖片與文字比例	✔	以圖片為主、文字輔助,符合「圖片為主、文字簡潔」規定;圖片排版位置與留白也恰當。
留白與喘息空間	✔	每面版面留白適中,未堆疊過多內容,符合「Less Pressure」品牌理念與 CIS 建議的「留白適度」原則。
資訊層級清晰	✔	各段標題、副標、段落文字層級明確,排版有節奏感,符合 CIS 的「有節奏感」與字級層

◀ 使用 AI 來進行結構評估 (只看架構,不看圖文)

Step 2 更改顏色、套上內容!AI 提供風格調整建議

前面在 Brand Kit 裡設定的內容 (像是顏色、LOGO、字型),這時候就派上用場。這不是重點功能的主角,但卻是整合 AI 與設計的一個小巧助力工具。

▲ 免費版僅限顏色設定,但也可點選進行整個範本的套色

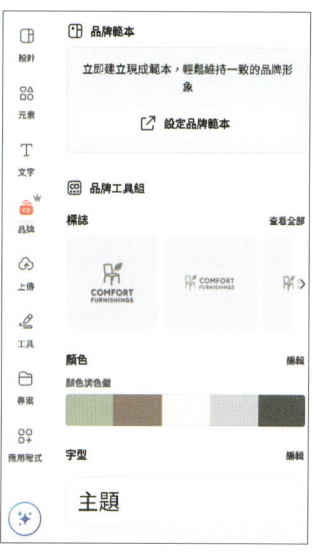

▲ Pro 版則能一次叫出完整品牌包

4-59

接著，就可以將圖片插入後直接使用品牌中的顏色進行套色嘗試了，點選「隨機配色」看看不同的套色下展現的效果 (由於免費版最多只能設三種顏色，建議事先挑好三個主色，才能有效控制風格、快速定調)

▲ 點選「隨機配色」後，可直接套用於模板

TIP 小提醒：排版時圖片插入後請記得先鎖定，避免後續素材誤取代排好位置的內容。

Step 3 字體調整

字體部分，若使用 Pro 版，可以從 Brand Kit 中套用事前設定好的標題/內文字型，節省反覆調整時間。但 Brand Kit 中**無法設定行距，要進行手動調整。**

按照 CIS 規範調整行距為 1.5

我們的整體初稿就排版完成了！

第二階段：品牌視覺語言的加入

這階段是讓作品真正有「品牌設計感」的關鍵，我們要根據品牌視覺語言的特徵，添加輔助元素來增強整體感受，例如圖形層次、陰影感、引導線、空間比例等。

如果一時拿不定主意要放哪些元素、如何擺放，也不用擔心！我們可以切換到 ChatGPT 進行諮詢，請它推薦能強化品牌設計感的素材就行了！

> **提示**
> 要讓整個排版更有層次，可以再加些什麼？
> 有哪些是符合 CIS 的元素可以進行添加？

✅ 可增加的「視覺層次元素」（符合 CIS）

元素類型	建議內容	用法說明與建議區塊	為什麼符合品牌 CIS？
✅ 留白圓角邊框	為圖片或模組外框加上圓角留白邊框 + 微陰影	可用於產品圖片模組、品牌介紹模組	呼應「柔和圓角 Soft Rounded Corners」的溫潤感，避免銳利感
✅ 柔光投影（Soft Shadow）	在文字區塊或圖片後方添加低透明度柔光陰影	建議用於白底圖框，或對比色底色模組	與自然光影感相符，增添立體感又不浮躁
✅ 水平分隔線（細線/虛線）	用於分段標題與內文之間，或段落模組之間劃分	寬度不要超過模組，顏色可選 #D9D9D9、#4C594B 淺色透明度版	幫助節奏控制，符合靜謐、有節奏感的版型建議
✅ 圓點數字 / 小標記	用來標記章節、小物件（像你第二頁左邊的 01/02），可配搭品牌字型	加在產品分類模組、品牌三大主張等可分段呈現的模組中	簡潔而有邏輯的導引，符合自然有層次的設計原則
✅ 背景紋理塊（低透明木紋 / 麻織布）	添加微透明的材質感背景，如木紋、亞麻布肌理，建議做在整面背景或	背景圖層透明度控制在 ↓ -15%，搭配主色區塊或溫白色底	呼應品牌「自然材質」、「溫潤空間」，是內斂的層次增加技巧

▲ ChatGPT 建議的可添加元素與用法

我們可以加一些圓角和陰影來讓設計更有層次感。不過在 Canva 裡，像矩形、圓形、三角形這些內建向量素材，是不能直接加陰影的。

增加陰影方法有兩種：

4-61

1. 直接到「元素」搜尋陰影素材，搭配使用。
2. 如果想讓陰影和原本圖形完全一致，可以先把圖形下載成圖片，再對圖片加陰影。

Step 1 準備元素

免費版的處理會稍嫌麻煩一些，下面我們會一步步拆解怎麼操作！

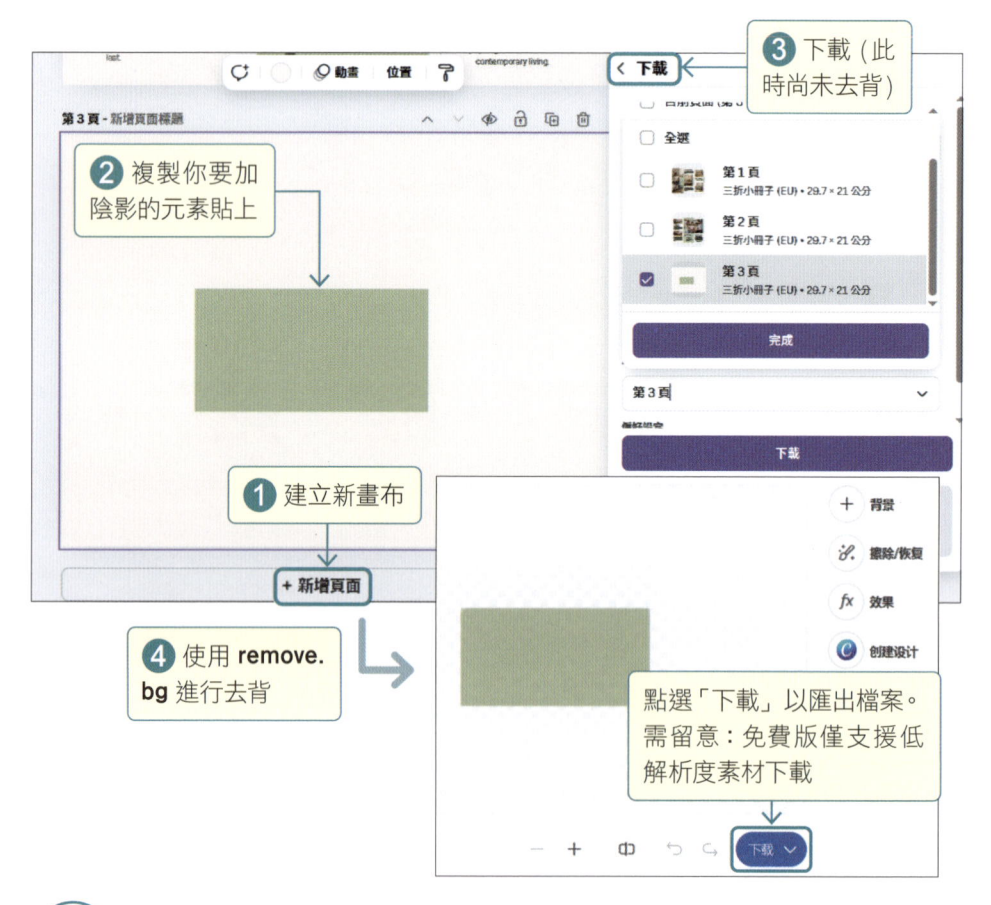

❷ 複製你要加陰影的元素貼上

❸ 下載 (此時尚未去背)

❶ 建立新畫布

❹ 使用 remove.bg 進行去背

點選「下載」以匯出檔案。
需留意：免費版僅支援低解析度素材下載

Step 2 轉化為陰影

因為素材解析度較低，無法直接替換原本的圖形，所以採用**疊圖**的方式。要讓陰影呈現黑灰色調，若直接換色只像是加了層濾鏡，效果不夠理想。因此我們使用「雙色調」功能自訂顏色，打造出深邃

的陰影感,再用「模糊化」柔化邊緣,最後把陰影圖層放到素材後面,就完成陰影效果了!

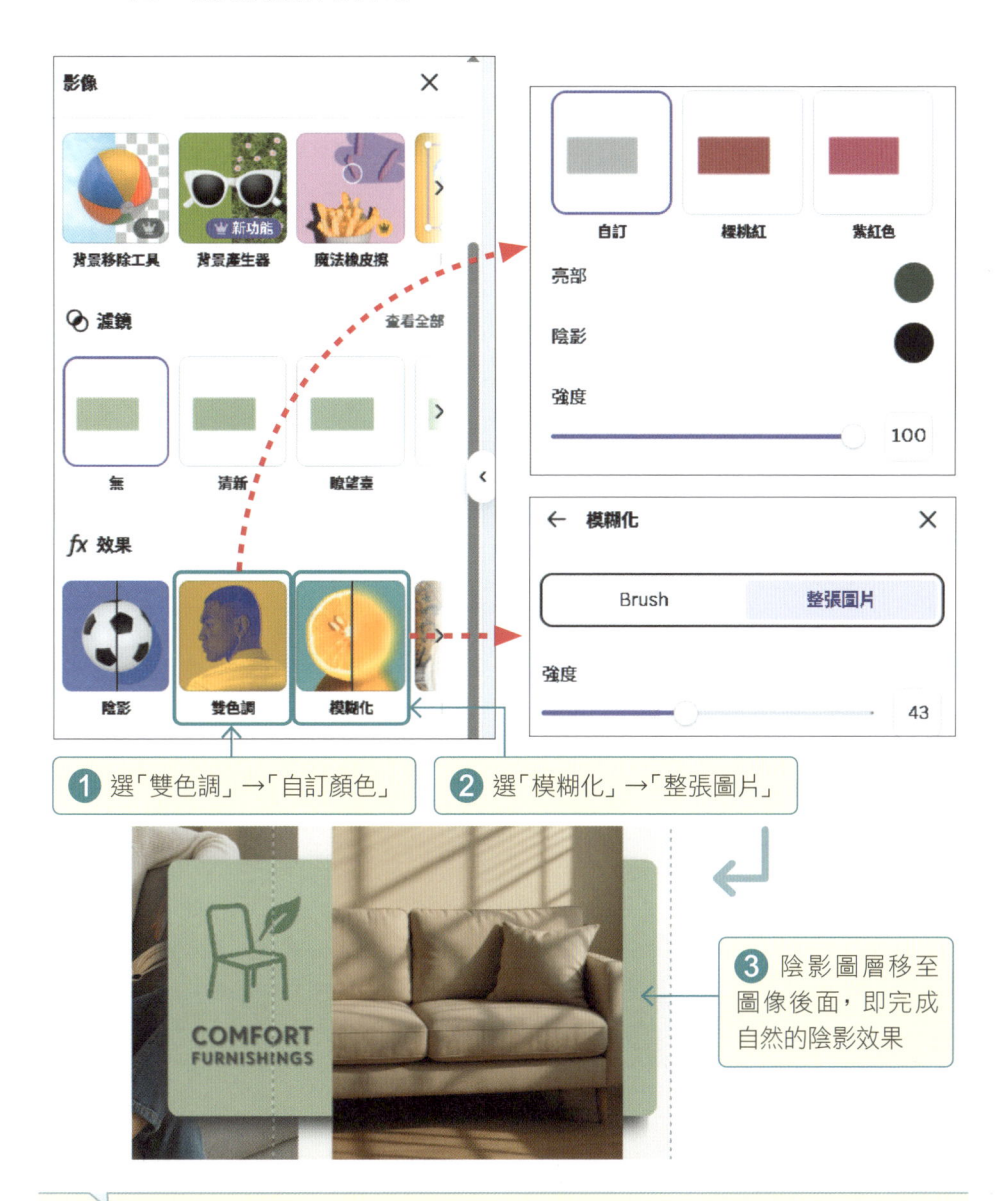

❶ 選「雙色調」→「自訂顏色」

❷ 選「模糊化」→「整張圖片」

❸ 陰影圖層移至圖像後面,即完成自然的陰影效果

TIP **Pro 版用戶小技巧**:將素材貼到新畫布後,下載時選擇「背景透明」與調整解析度,即可製作出乾淨的去背素材。這樣的素材能直接替換原圖,並額外加上陰影等視覺效果。

PART 04 刊物設計與社群廣宣

4-63

Step 3 層次加強與細節調整

我們可以加入水平分隔線來加強資訊層級，尤其是在條列資訊較多的版型中效果特別好。調整分隔線時要特別注意間距一致，保持整體畫面的統一與和諧感！

使用「線」素材，再加上一個圓型製作

最後修改 CONTACT US 頁面，放入指定的 QR code。但排版空間有限，所以將 CONTACT US 文字移除，改放 QR code。

▲ QR code是黑色，與整體風格不搭，用「雙色調」功能來調整顏色，使其更協調一致

我們就完成了我們的三折頁小冊子刊物設計啦~

4-64

設計一致性：誰來負責語言風格？

AI × Brand Kit 協作：視覺一致，語言還需要人來把關

AI × Brand Kit 可以幫助我們統一 Logo、主色調與字體，讓視覺設計保持一致。但你知道嗎？語言風格不一致，也會讓整體看起來亂掉。常見的狀況像是：

- 有些段落用的語氣親切溫暖，有些卻偏正式官方。
- 標題風格前後不搭，有的感性、有的乾巴巴。
- 內容來自不同人、不同部門，甚至外包或 AI 生成，導致語言風格四分五裂。

雖然本單元方法能統一視覺，但語氣、句型、資訊層次如果沒有規範，刊物還是容易失焦。

因此，除了視覺 Brand Kit，設計師也應該建立一份**「語言風格指南」**，包含：

- 內容語氣 (例如正式、親切、溫暖)
- 標題格式與風格
- 句型規範 (例如避免被動語態、重視主題句)
- 固定用語和產品描述

這聽起來像是編輯的工作，但其實也是設計師的價值所在。因為只有設計師最了解排版節奏，知道怎樣的語言呈現，才能讓版面讀起來自然、流暢又有感。

設計不只是溝通視覺，更要整合語言。讓 AI 和 Brand Kit 處理視覺一致性，再透過語言風格指南，讓整本刊物真正做到**「有聲有色、內外一致」**。

Unit 34 香水產品展示照

　　商品拍好了，棚燈打得美美的，角度、構圖通通到位，你超有成就感地打開電腦，準備進入後製——結果，第一步就卡住：「背景到底要放什麼？」圖庫翻了三百張，不是光線不對、就是整體風格和商品完全不搭。硬著頭皮修圖、加濾鏡、湊合場景，結果越修越怪，商品像漂浮在另一個宇宙。

　　但有了 AI 工具的幫忙，終於可以跳脫「圖庫湊合」的窘境，反過來**用產品來決定背景**，真正讓商品擁有自己的專屬舞台！

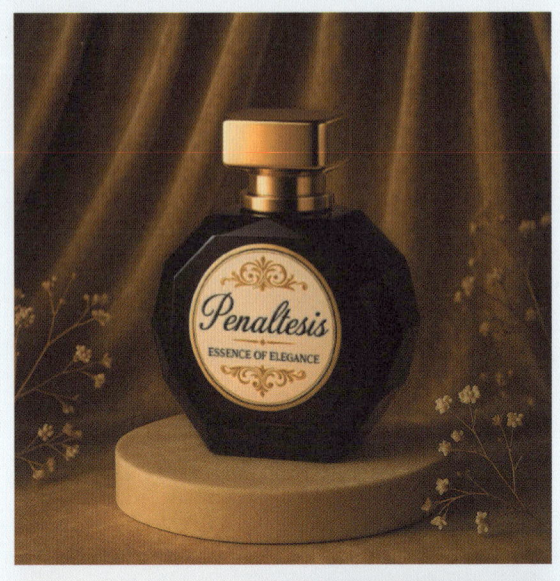

AI ✕ 設計的協作流程

這次我們要來實作一張「**讓商品站上專屬舞台**」的情境展示圖！

現在，有了 AI 影像生成工具，我們可以重新定義設計流程：你可以根據商品的光影與質感，反向推敲出「它應該出現在哪種世界裡」，再用 AI 生出光線、氛圍都對味的背景，整體感提升！完全不像以前那種「硬貼上去」的感覺！

我們會使用 ChatGPT 拆解場景需求，在生成風格一致、光影對得上的背景，然後再透過 Photoroom 把商品完美合上去。

用 AI 挖出你的設計關鍵

在開始生圖前，我們得先搞懂商品「應該長在哪裡、被什麼光打到、說出什麼故事」。這一單元，我們會從觀察商品光影開始，搭配 ChatGPT 幫忙釐清提示詞，一步步把商品放進「對的世界」，做出不只好看，還能說話的畫面！

Step 1 看光影，抓感覺！

拿到產品照後，第一步我們要搞懂它的光線是怎麼來的！

這時可以把照片交給 ChatGPT 幫你分析產品的光源狀態，然後產出一組「光影提示詞」，方便接下來背景生成時用這組提示詞來設定畫面方向～

> 提示：附圖為產品照片，請幫我分析出它的整體光源，並且產出這組光源的提示詞。之後進行背景生成時，會使用這組光源提示詞搭配生成。

4-67

一、整體光源分析

1. 主光（Key Light）
   - 類型：柔和大面積擴散燈（Softbox）
   - 方向：從左上方約 45° 斜下方投射
   - 強度：中等偏強，提供整體亮度與主要高光
   - 色溫：約 3000–3200K 暖白

2. 輔助光（Fill Light）
   - 類型：弱化反光板或小型柔光燈
   - 方向：正前偏右方，填補主光背面的陰影
   - 強度：主光的 30% 以下，陰影邊緣柔和不至於全黑

3. 邊緣／背光（Rim/Back Light）
   - 類型：小型聚光燈或 LED 柔光燈
   - 方向：瓶身右後方低角度，輕微勾勒瓶緣輪廓
   - 強度：很弱，只留一圈微亮光邊

4. 背景光（Background Light）
   - 類型：暖調柔光點光源
   - 方向：從鏡頭正後方打向背景牆心，造成淡淡的暈光漸層
   - 效果：背景由中心向四周呈放射狀漸層，由亮至暗過渡

5. 陰影（Shadow）
   - 主要陰影投射方向：向右下方
   - 邊緣：非常柔和，陰影內部還帶有微弱反射光
   - 顏色：帶點背景暖色反射，不是純黑

6. 高光（Specular Highlight）
   - 金屬蓋頂部：明顯小面積高光，形狀略呈矩形
   - 瓶身切面邊緣：多處細碎高光，強調切面棱角

二、中文光源提示詞

以下是一組可直接用於 AI 背景生成（如 Midjourney、Stable Diffusion 等）的光源提示詞，建議與你的背景場景提示詞一同使用，確保成品光影一致：

> 產品光線提示詞

```mathematica
暖色調柔光主光，45度左上方大面積擴散，色溫約3200K；
正前偏右弱補光，柔化陰影填充，陰影邊緣模糊留反射光；
右後方微弱背光，勾勒瓶身輪廓，不搶主光；
背景中心暖調柔點光，產生放射狀暈光漸層；
陰影向右下方柔和投射，帶背景色反射；
局部金屬高光，矩形小面積明亮反光；
```

你可以把這段提示詞附加到背景生成的主要提示（prompt）後面，讓 AI 同步重現這張商品照片的光影效果。完成背景生成後，我們再進行 Photoyroom 合成與細部視覺微調。

4-68

Step 2　背景怎麼搭？讓產品說！

如果對背景風格還沒什麼想法，那就交給 ChatGPT 來幫你出點子吧！

只要附上產品照片，就能請它幫忙定調幾種風格方向，還會告訴我們每種風格裡面可以放什麼背景物件，靈感馬上來！

> 提示
> （附上產品照片）
> 請幫我定調幾種產品合適的背景風格，並詳細描述，以及分別列出內部可以放入什麼背景物件？

風格 5：淡紫花園浪漫（Lilac Bloom）

🎯 訴求：浪漫、夢幻、甜美＋高級調和

元素	描述
主背景	柔焦淡紫玫瑰、薰衣草或牡丹花牆
地面	玫瑰金或反光淺金屬桌面，有珍珠、反射倒影
光線	奶橘色柔焦自然光，從左上方斜斜照入，帶玫瑰色調
背景物件建議	淡紫玫瑰、珍珠串、小香氛蠟燭、緞帶、金色字卡、糖霜甜點裝飾物件

🔵 適合用於：女性主題香水、母親節／情人節促銷主圖、甜美精品風

這次我們就選擇 ChatGPT 提供的第五種風格：「淡紫花園浪漫」來實作！

Step 3　背景上場！用 AI 生圖去～

重頭戲登場啦～接下來要請 ChatGPT 幫我們「生背景圖」囉！這次所使用的提示詞，是選自前一個步驟獲得的細節描述，再搭配我們原本準備好的產品光影提示詞，一起組合進畫面中。當然，我們的產品一定要妥妥地擺放在 C 位，成為整張圖的視覺核心！

(如果有參考圖，也可以一起附上，請它模仿著生成喔！)

提示

附圖為產品圖，請放在 c 位
風格訴求：浪漫、夢幻＋高級調和
主背景：柔焦淡紫玫瑰
地面：反光玫瑰金色金屬桌面，有珍珠、反射倒影
光線：使用之前獲得的產品光線提示詞
背景物件：淡紫玫瑰、珍珠
規範限制：在生圖時請確保產品外觀輪廓和光影與附上的產品圖是一致的

這張圖雖然看起來不錯，但其實產品細節跟產品原圖有些不同～所以等等會用「**疊圖**」的方式，把真實產品放回畫面中！

開工啦！設計師請就位！

這次我們要來用 Photoroom 打造產品合成舞台啦！雖然 Canva 也能疊圖，但若你對光影有更高要求，Photoroom 的自由度會讓你更有發揮空間！

我們這次選擇「**疊圖**」而不是直接套內建的 AI 生成背景工具，是因為大部分工具不但要付費，還常常會讓產品走樣、光影不合，結果畫面超級不協調！所以這次我們選擇一條又快又能自己掌控細節的路：**手動疊圖＋光影微調**！

Step 1　登入 Photoroom，開啟專案！

是時候正式進入 Photoroom 世界啦！可以直接用 Gmail 進行註冊！註冊時會問一些基本問題，還會跳出「開通 7 日免費」的訊息，記得直接打叉略過就好。

Photoroom 網址：https://www.photoroom.com/zh

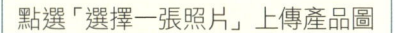

點選「選擇一張照片」上傳產品圖

圖片進到專案，背景會自動被清掉，只留產品圖

Step 2　放上背景，開始合成！

讓我們把 ChatGPT 生出來的美美背景加入專案中！

1 點「背景」　AI 背景需要付費才能使用

- AI 背景　產生與主題契合的絕佳場景
- 純色
- 圖片
- 移除背景

2「圖片」→ 上傳我們之前生成的背景圖

3 會自動把背景圖片放在最底的圖層，把原本產品照疊在背景中的產品位置，會發現產品大小和形狀不太一樣

嘗試用「輪廓」、「變形」功能調整，但可能會注意到底部接地處有點奇怪（光暈＋遮擋不夠自然）

別擔心！這時候我們就來使用更進階的做法——做一層遮罩！

4-72

Step 3 製作遮罩層！讓背景產品乖乖「隱形」

這步驟的重點是「遮住背景中 AI 生成的那瓶產品」，避免它干擾我們的真實產品圖。

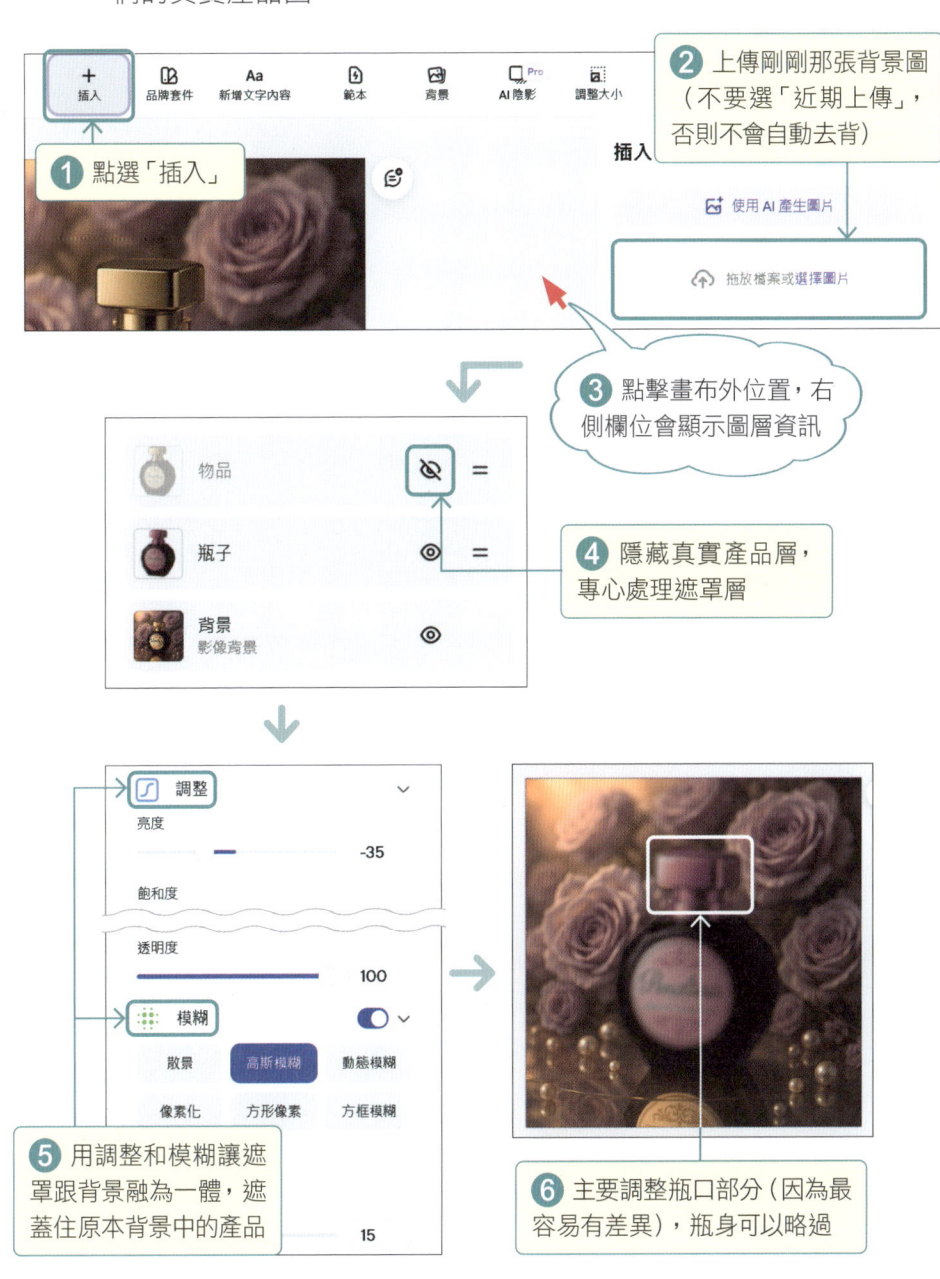

❶ 點選「插入」

❷ 上傳剛剛那張背景圖（不要選「近期上傳」，否則不會自動去背）

❸ 點擊畫布外位置，右側欄位會顯示圖層資訊

❹ 隱藏真實產品層，專心處理遮罩層

❺ 用調整和模糊讓遮罩跟背景融為一體，遮蓋住原本背景中的產品

❻ 主要調整瓶口部分（因為最容易有差異），瓶身可以略過

4-73

Step 4 光影調一致！讓合成更自然～

有了遮罩後，就該回頭修修真實產品的光影啦～

根據 ChatGPT 給的光影建議，微調亮度、對比、色溫與飽和度，讓整體融合得更自然。

> 提示：請以原圖為基準，對比分析原圖與合成圖之間的光影差異，並針對以下面向給出具體的調整數值建議：如色溫、對比、陰影等，協助優化合成圖的整體光影一致性

調整項目	建議值
色溫	+10 ~ +15%（偏暖）
對比	-10%
色調/色相	-5%（偏黃）
高光	+10%
陰影	-5%
飽和度	-5% ~ -8%（略降）

亮度	10
對比	-10
飽和度	-5
明亮部分	52
陰影	-5
銳利化	0
色調	-5
色溫	15

▲「亮度」和「明亮部分」沒有出現在 ChatGPT 給的調整項目中，因此筆者依視覺感官上進行調整

4-74

Step 5 準備出圖囉！

大功告成之前，別忘了調整畫布大小，做出符合需求的尺寸！

❶ 點選「調整大小」→ 可以選 IG、FB 貼文等常見尺寸

❷ Photoroom 有些尺寸功能要 Pro 版，但基本輸出沒問題

❸「下載」→ 選「預覽」即可（沒有浮水印，只是解析度稍低）

TIP 小提醒：如果想印刷或做輸出，記得用別的工具再提升解析度喔！(例如：iLoveIMG)

4-75

這樣我們這個單元的實作就完成啦～是不是比你想像得簡單？

掌握這招，以後不管是做產品圖、宣傳照還是品牌形象圖，通通難不倒你！

設計小叮嚀

不是每種產品都適合這招喔！

這種「背景 AI 生成＋產品疊圖」的方式，真的超方便，但也不是萬能。有些產品類型就不太適合這套方法，就算硬合成也會看起來怪怪的～

像是這幾種情況，建議直接放棄這種做法，改走實拍或 3D 建模會更加自然：

- **高反光產品** (例：金屬瓶身、鍍鉻材質)：這類產品會反射周遭環境的顏色和光線，一旦背景變了，反光內容也要跟著改，但 AI 不會幫你自動修這些細節，結果就會出現「產品反射的是不存在的東西」的窘境！

- **透明或半透明材質** (例：玻璃瓶、透明包裝)：透明物體背後會透出背景顏色、光源和陰影變化。如果只是簡單疊圖，很容易出現背景穿透邏輯錯亂，像是玻璃瓶後面怎麼有花但瓶裡看不到……

- **高鏡面表面或反射液體** (例：香水瓶、油光材質)：這類產品反射的細節非常細膩，一旦錯配就會讓產品看起來像被「P 上去」而不是真實存在。(本單元雖以香水瓶為主題進行實作，但筆者在圖像生成時刻意不加入反射細節，確保留後續可透過疊圖方式進行合成)

所以如果你的產品屬於以上這些類型，別說 AI 了，連專業修圖師都要多花時間處理材質反射問題。這時不如考慮：找專業攝影棚拍實景圖或使用 3D 模擬搭配虛擬場景！

記得～**工具要選對地方用，才能讓設計加分不扣分喔！**

Unit 35　設計稿套用到商品上進行模擬

　　還記得我們之前聊過「先用 AI 生成場景，再把產品放進去」的做法嗎？那如果今天是圖案要放到產品上，以前可是件超麻煩的事——不是等實體 Mockup，就是得花很多時間用 Photoshop 手動套圖，結果最後才發現根本不適合，白忙一場。

　　現在有了 AI 工具，這些麻煩都能快速解決！不只能幫你把圖案自動套到產品上，還會同步模擬紋理與光影，讓你在數位階段就能看出實際印上去的效果，真的省超多時間！

▲ Canva 模擬出的產品圖

▲ Printful 模擬出的產品圖

圖案上身實作開始！

在這個單元，我們要來介紹 2 款超實用的圖案落地模擬工具，不用等打樣、不用開 Photoshop，也能輕鬆看到「圖案印上商品」的真實效果！

我們會選用同一張設計圖，分別套用到不同的產品上，例如 T-shirt、馬克杯、帆布袋等等。過程中也會幫你整理出兩種工具的優缺點：Canva 模擬和 Printful 模擬，讓你知道什麼時候該用哪一套，事半功倍沒問題！

那就讓我們從實作開始，一起用 AI 幫產品穿上衣服，看看在真實世界會長什麼樣子吧！

實作一：Canva 模擬

Canva 是大家熟悉的排版好幫手，但你知道嗎？它其實也藏著一個超方便的功能：製作產品效果模擬圖！它內建了各式各樣的 Mockup，像是 T-shirt、馬克杯、手機殼等，只要把你的設計圖套上去，就能立刻看到設計稿進行實體展示後的效果！

在 Canva 套用 Mockup 呢，其實有兩種超簡單的做法：一種是先開畫布再套「樣張」，另一種是直接點「Mockups」入口快速套用！這兩種方式各有各的優點，接下來就讓我們一起來看看，到底哪一種比較適合你吧！

方法一：先選畫布、再挑樣張

這個方式超適合想要先調整圖案、再來套 Mockup 的朋友，彈性大、編輯自由度高，我們一步步來：

WAY2：點選「元素」直接搜尋，輸入要搜尋的產品樣張

WAY1：點選「樣張」，找尋範本

❷ 使用「編輯」來調整素材的飽和度、顏色、亮度等細節

❶ 上傳自己的素材，放到畫布中（先不拖曳進 Mockup 中）

▲ 匯入素材

PART 04 刊物設計與社群廣宣

4-79

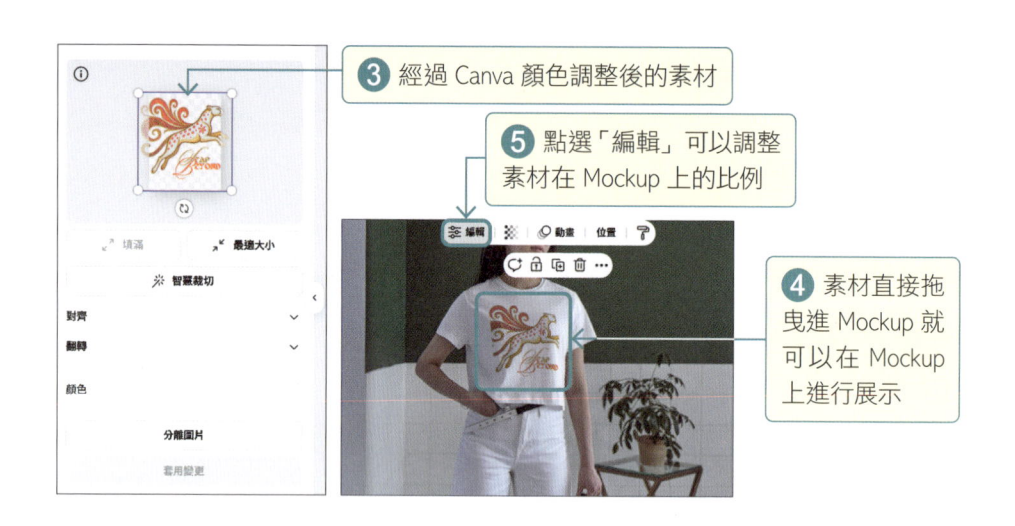

❸ 經過 Canva 顏色調整後的素材

❺ 點選「編輯」可以調整素材在 Mockup 上的比例

❹ 素材直接拖曳進 Mockup 就可以在 Mockup 上進行展示

TIP 小提醒：如果你想調整整張 Mockup 的色調（像是整體亮度、對比、加濾鏡），那就需要「先匯出再匯入」一次，也就是先下載整張圖片，再重新上傳到 Canva，就可以當作圖片來進行細部編輯囉～

這種方式的好處是能讓你在 Mockup 套用之前，先對素材做細節上的處理 (像是局部變色、亮暗調整)，彈性超高！

方法二：直接點「Mockups」入口

這招超適合想要快速預覽落地效果、懶得一頁頁找樣張的你！幾個步驟就能完成超專業的展示圖，我們馬上開始：

❸ 點選喜歡的樣張

4-80

讓我們開始吧

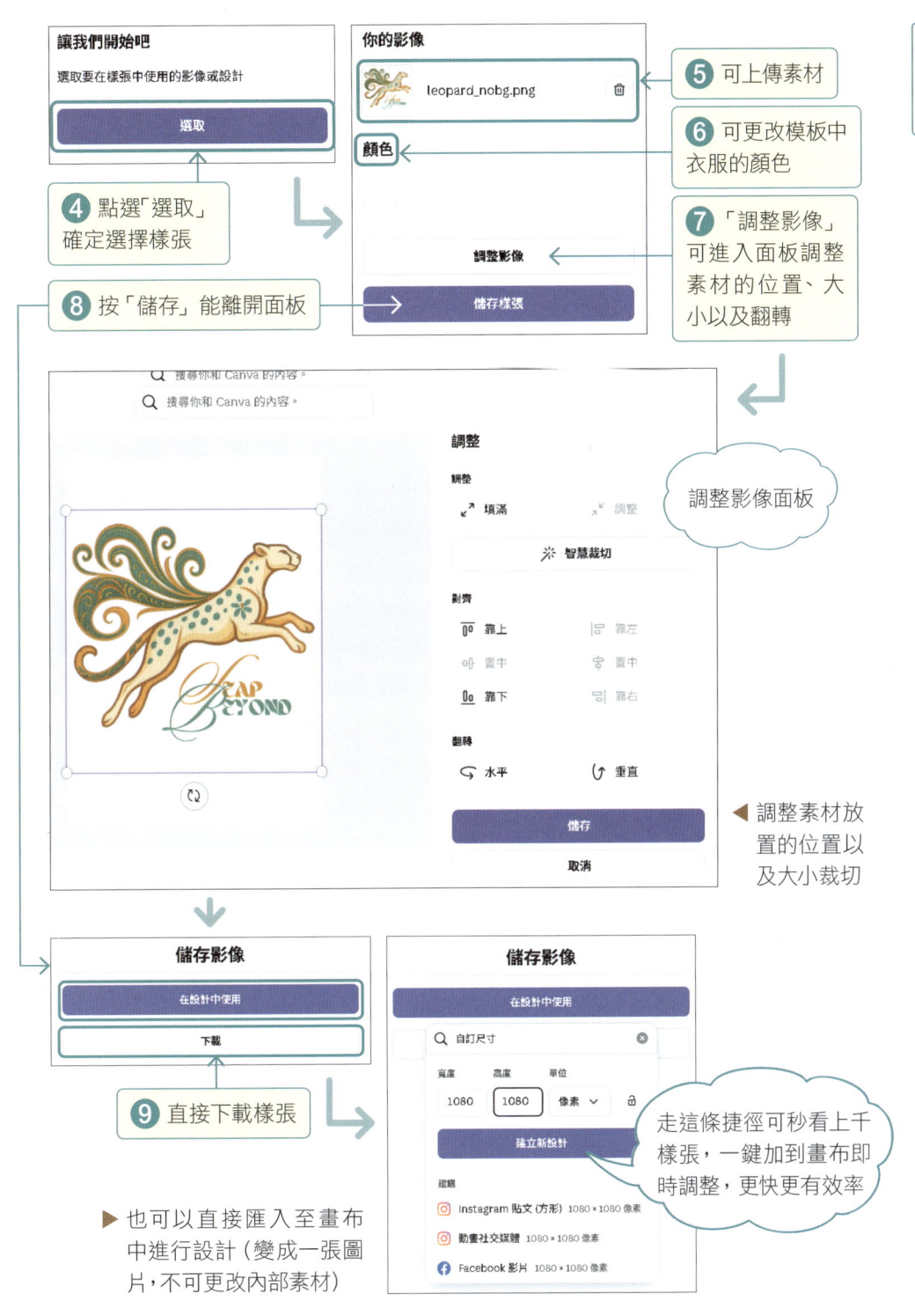

選取要在樣張中使用的影像或設計

選取

❹ 點選「選取」確定選擇樣張

❽ 按「儲存」能離開面板

你的影像

leopard_nobg.png

顏色

調整影像

儲存樣張

❺ 可上傳素材

❻ 可更改模板中衣服的顏色

❼「調整影像」可進入面板調整素材的位置、大小以及翻轉

調整

調整
- 填滿
- 調整
- 智慧裁切

對齊
- 靠上 / 靠左
- 置中 / 置中
- 靠下 / 靠右

翻轉
- 水平
- 垂直

儲存 / 取消

調整影像面板

◀ 調整素材放置的位置以及大小裁切

儲存影像

- 在設計中使用
- 下載

❾ 直接下載樣張

儲存影像

在設計中使用

自訂尺寸
寬度 1080　高度 1080　單位 像素

建立新設計

建議
- Instagram 貼文（方形）1080 × 1080 像素
- 動畫社交媒體 1080 × 1080 像素
- Facebook 影片 1080 × 1080 像素

走這條捷徑可秒看上千樣張，一鍵加到畫布即時調整，更快更有效率

▶ 也可以直接匯入至畫布中進行設計（變成一張圖片，不可更改內部素材）

PART 04　刊物設計與社群廣宣

4-81

注意事項

將 Mockup 套好設計後，如果你把樣張輸出成一張圖片，重新放入 Canva 的畫布中，就可以使用 Canva 強大的編輯功能來調整細節，像是亮度、對比、模糊度…當然也包含我們最愛的換色功能！

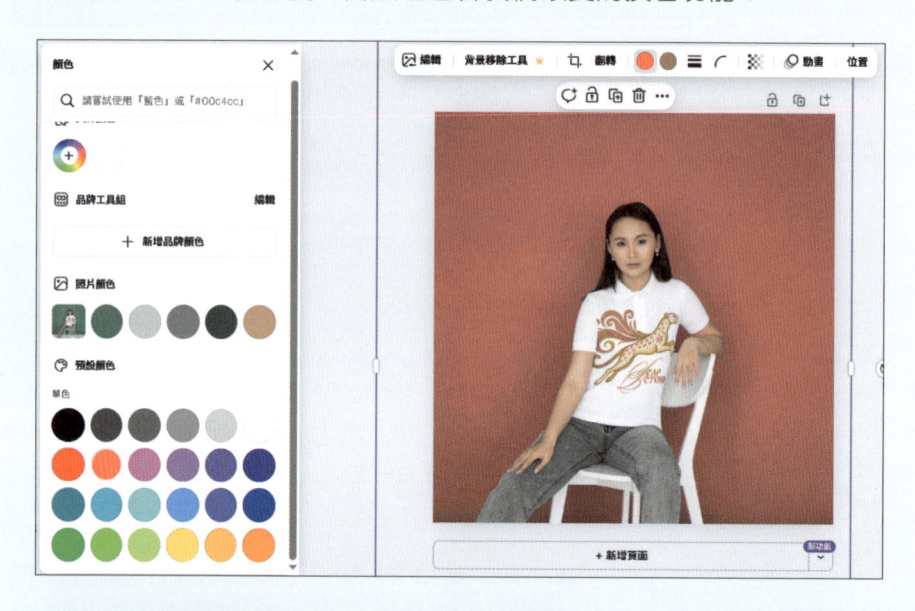

換色功能雖然超方便，但有小陷阱要注意喔！

Canva 的「自動抓色」是根據圖片中出現比例最多的幾個顏色來分類。

這就會出現一個小風險：像圖中，**原本只是想換掉素材的顏色，結果連模特兒的膚色一起被改了**！因此如果希望針對素材進行顏色的調整時，推薦使用第一種方法先對素材進行細微調整再拖曳至 Mockup 之中！

如果是 Pro 版 Canva 用戶，應該有注意到它的超炫功能：建立樣張範本！號稱只要上傳照片，AI 就能判斷「最適合擺放設計的位置」，幫你設定成可套入的樣張格式，實際上呢...

偵測常常失準：幾張照片測下來，AI 全部都放錯位置，不是歪掉、就是貼在奇怪的角落

可調參數有限：只能更動放入的素材裁切範圍和位置，而材質光澤、背景質感都無法深入調整

呈現沒有立體感：生成的 Mockup 幾乎都是「平面示意圖」，缺少那種立體感和真實世界的質感氛圍

實作二：Printful 模擬

除了 Canva，再推薦一個超好用的 Mockup 工具：**Printful**！

這是主打電商與印花商品的線上平台，雖然提供付費印製服務，但它內建的「Mockup 模擬器」完全免費、超好用！

Printful 的三大特色：

➢ **自動貼合布料皺摺與弧度**

設計圖會自動順著衣服的皺摺與曲線調整，看起來就像真的印在衣服上，不會像貼紙一樣突兀

➢ **質感處理更真實**

無論是棉質 T 恤還是厚布料，都能透出布料紋理與立體感，就算沒加光影，也有不錯的材質效果

> **背景簡單，方便裁切與二次加工**

大多是單色背景，適合後製去背、裁切，或放入自製情境圖中，省下不少處理時間

Printful 網址：https://www.printful.com/

Step 1　開啟 Printful 專案！

可以直接透過 Google 帳號進行註冊，初次註冊系統會問一些問題 (填完就好，不影響後續操作)

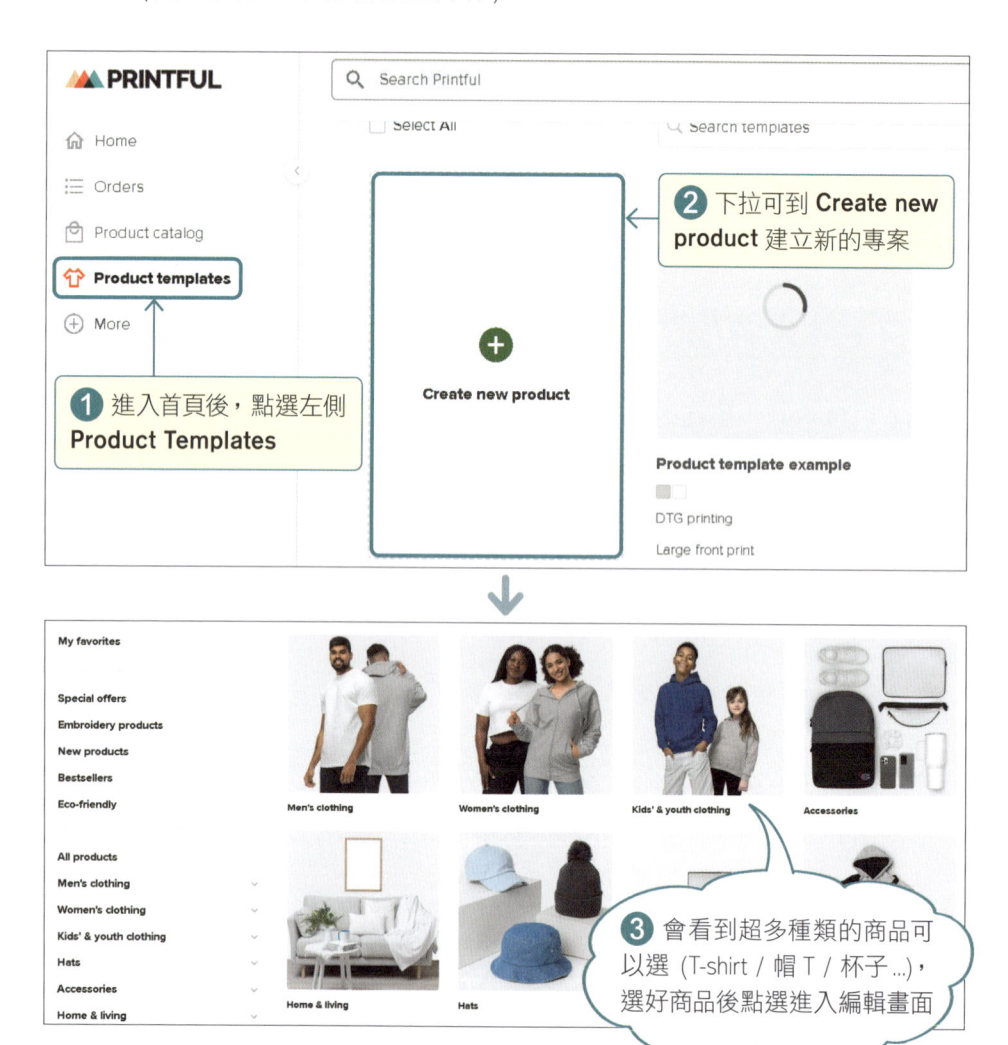

❶ 進入首頁後，點選左側 **Product Templates**

❷ 下拉可到 **Create new product** 建立新的專案

❸ 會看到超多種類的商品可以選 (T-shirt / 帽T / 杯子...)，選好商品後點選進入編輯畫面

4-84

Step 2 上傳設計圖案並套用衣物範本

將你要放在衣服上的設計圖上傳，選好後就能立刻看到它套用在衣服上的樣子囉！

可上傳素材

上傳後，我們可以在編輯面板中進一步調整：

a Technique（印刷方式）：選擇適合的印刷技術

b 顏色：只要勾選顏色，之後匯出的 Mockup 就會包含這些顏色版本

c 尺寸：是針對要開設 Printful 商店所販售的尺寸而設計

Step 3 自訂不同部位的圖案配置

這裡就是 Printful 和 Canva 最大的不同點之一！Canva 的樣張模擬一次只能用一個圖，而 Printful 卻支援多區塊、多素材客製化！

PART 04 刊物設計與社群廣宣

4-85

有「正面、背面、左右袖口、內外標籤」共六個部位可以設計

ⓐ Transform：可以放大縮小、旋轉
ⓑ Position：圖片位置調整
ⓒ Crop：進行素材裁切
ⓓ Pattern：將素材製作成花紋排列
ⓔ Remove background；去背

甚至還能直接在範本上加文字和圖樣！

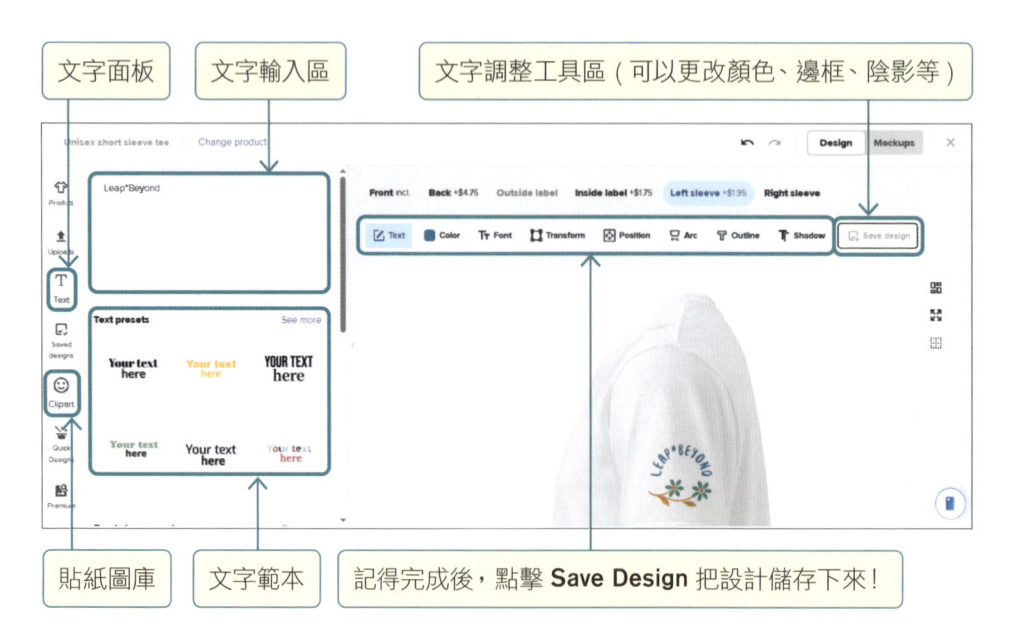

文字面板　文字輸入區　文字調整工具區（可以更改顏色、邊框、陰影等）

貼紙圖庫　文字範本　記得完成後，點擊 **Save Design** 把設計儲存下來！

4-86

Step 4　完成設計並儲存專案範本

當你完成設計後，點選上方的 **Mockups** 就能總覽整體設計樣貌。想要修改，也可以切換回 **Design** 繼續編輯。

沒問題的話，就可以點選紅色按鈕 **Save to templates** 儲存設計！

Step 5　下載專案圖片

接著，我們要來下載 Mockup 圖片。

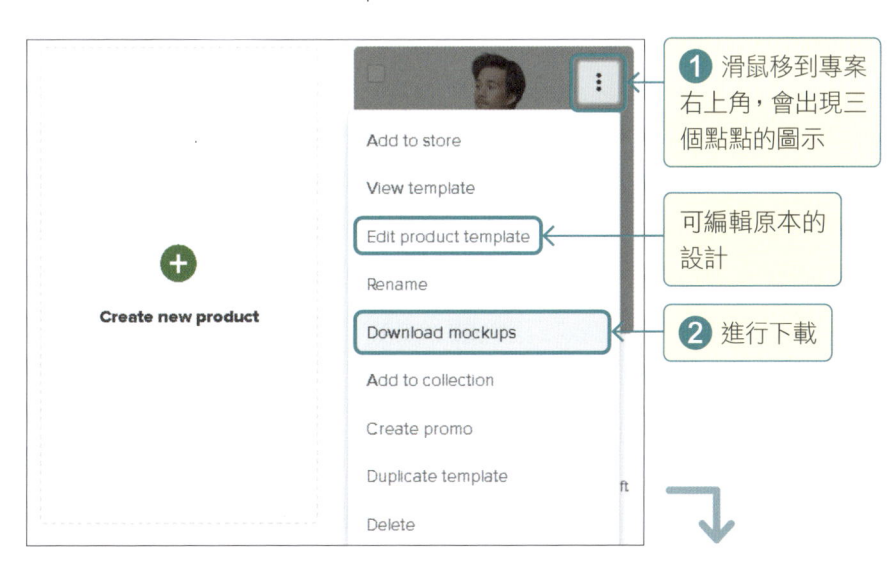

① 滑鼠移到專案右上角，會出現三個點點的圖示

可編輯原本的設計

② 進行下載

4-87

會出現兩種下載模式可以選

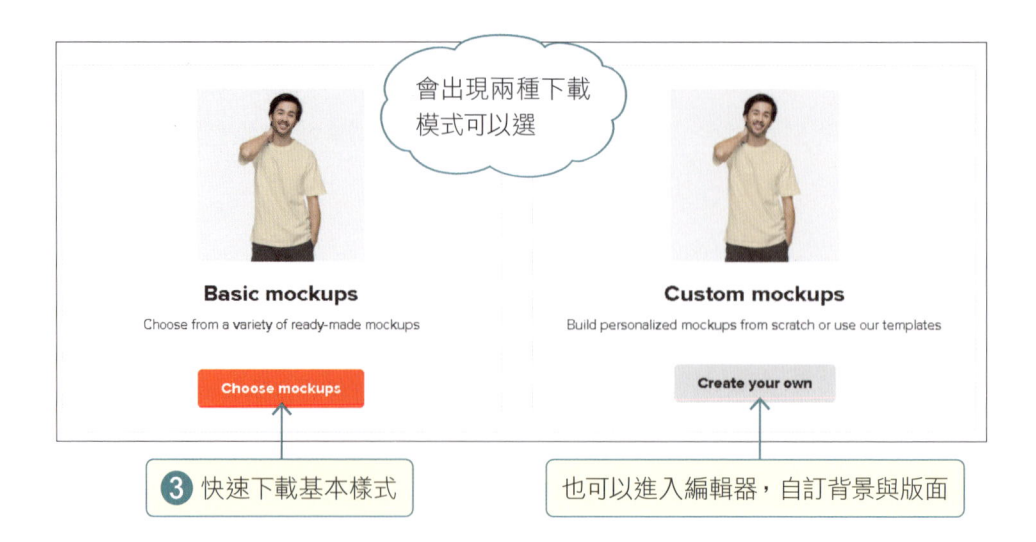

❸ 快速下載基本樣式

也可以進入編輯器，自訂背景與版面

Step 6 下載預設款 Mockup 展示圖

選擇 Basic mockups 後，系統會提供一系列預設好的樣式供你選擇：

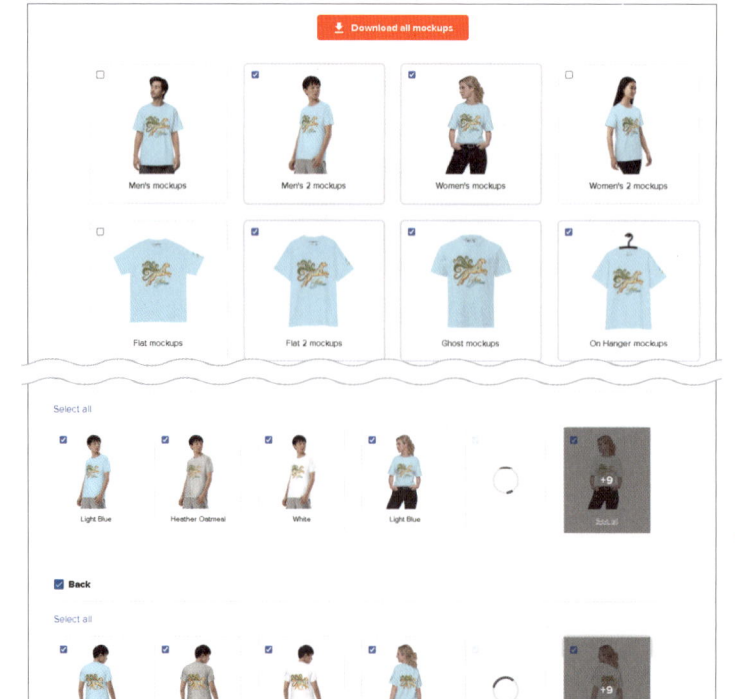

◀ 專案中勾選過的衣服顏色都會顯示，可以依照需要勾選要下載的樣式與角度

4-88

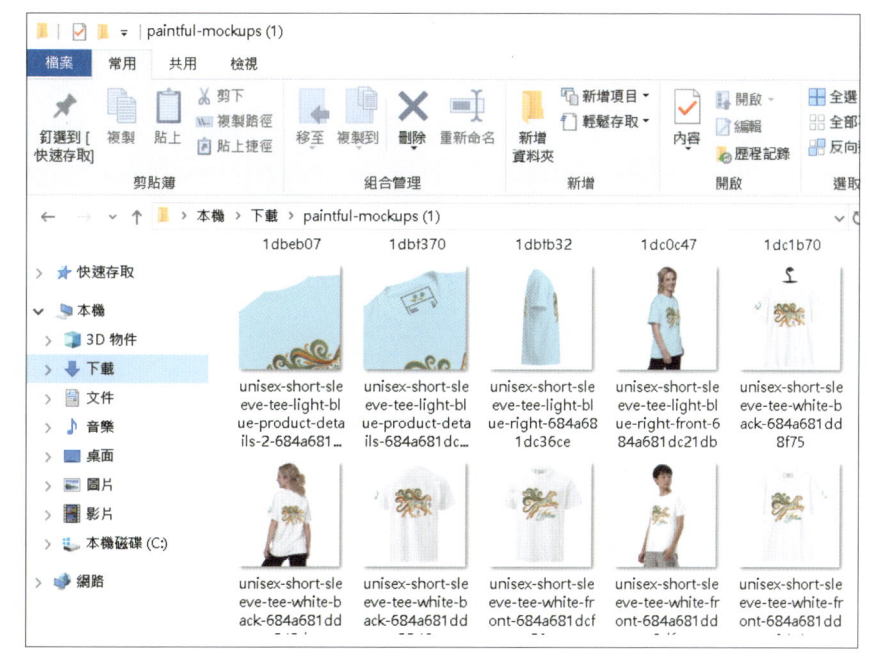

> **TIP** 基礎 Mockup 的背景都蠻簡單，適合後續進行去背排版加工！

Step 7　打造個人風格的自訂 Mockup 圖片

如果你選擇的是 **Custom mockups**，系統會先帶你到一個「背景選擇頁面」。

4-89

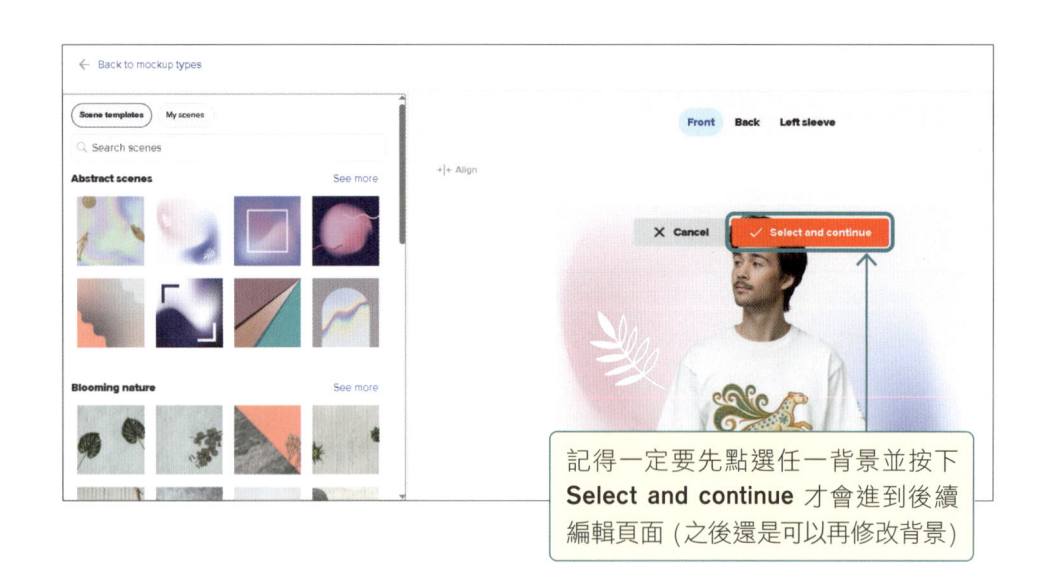

記得一定要先點選任一背景並按下 **Select and continue** 才會進到後續編輯頁面 (之後還是可以再修改背景)

進入編輯畫面後，整個畫面就像是在操作圖層一樣：

更換模特兒

移動圖層更改前後順序排列

點選可更換背景甚至消除背景 (更換背景更加靈活)

TIP 背景和模特兒不能直接透過圖層刪除和縮放，但其他圖層都能自由移動、放大、縮小。

提供三個視角：Front、Back、Left sleeve，不過這三個視角是共用的，不能各自調整素材內容。

4-90

接下來我們要來認識一下面板工具,熟悉這些功能可以讓你在客製化 Mockup 時更加得心應手喔!

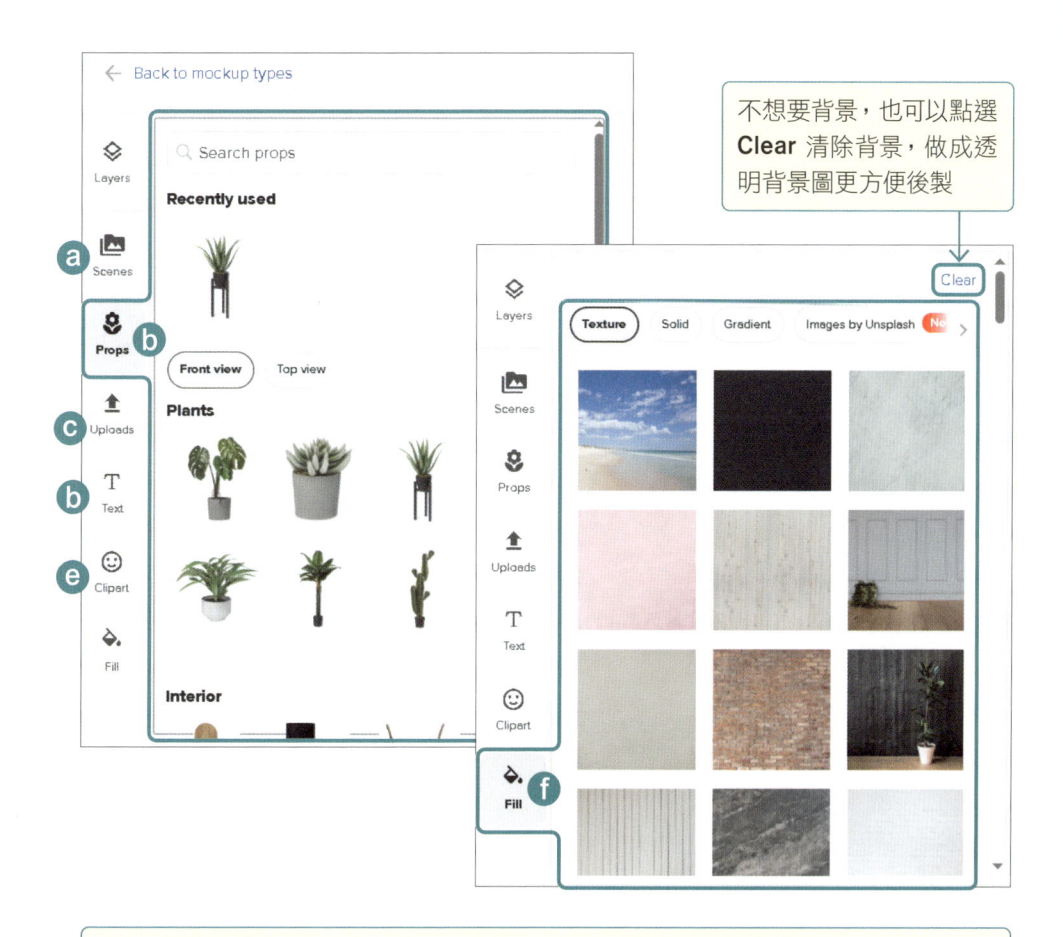

不想要背景,也可以點選 **Clear** 清除背景,做成透明背景圖更方便後製

- **a 主題** (Scenes):這個功能是用來選擇背景的樣式。系統內建的範本比較有限
- **b 道具** (Props):提供現成的小道具讓我們加入畫面,比如植栽、家具、小擺件等
- **c 上傳素材** (Uploads):素材上傳區,可放入畫面中調整
- **d 文字** (Text):插入文字功能
- **e 貼紙圖庫** (Clipart):這裡面有許多內建的圖案可用,像是建築物、動物、向量插畫等
- **f 背景填滿** (Fill):提供各種圖樣和實景照片背景,選擇後可以直接覆蓋原本的主題,和點選 **Change background fill** 是同一個功能

4-91

當完成整體設計後，就可以準備進行輸出了！

1 點擊紅色按鍵 **Continue** 進到下一步

2 接著點選 **Generate mockups** 進行 Mockup 圖片樣式的挑選

3 可自行勾選要匯出的 Mockups

4 選好圖片樣式後，點擊紅色 **Download mockups** 按鈕下載圖片

▲ 下載後的 Mockups 成果圖

4-92

兩種工具的比較

- Printful 適合「**要看細節、重視擬真感**」的服裝或產品設計展示，支援多部位客製與立體模擬
- Canva 則主打「**速度與簡易上手**」，適合做初步提案、視覺草稿

▼ Printful vs. Canva Mockup 工具比較

比較面向	Printful	Canva
模擬圖片		
擬真度	具備布料貼合演算法，皺摺與弧度擬真度高	多為平面疊加，較缺少材質變形與立體效果
自訂功能	能自訂化空間大	裁切框為主，可套用樣張但調整有限
輸出格式與背景	提供高解析 PNG、背景單色，方便後製	有生活化背景圖選擇，但不一定方便裁切，輸出解析度要高需使用 Pro 版
模擬範本種類	衣物、帽子、袋子等實體商品為主，選擇多樣	電子產品、社群框架與基本展示圖為主
適合	需要精細展示的樣品製作	快速 Mockup 示意用

4-93

Unit 36 手機殼設計

　　還記得我們在上一個單元做過的設計模擬練習嗎？把設計圖套進 Mockup 裡，立刻就能看出成果，超方便！這回，我們換個場景，主角改成手機殼，但要做的事其實大同小異──不只是「把圖放上去」，而是進一步讓 AI 幫我們快速做出完成品的模擬圖，一次搞定圖像＋模型，甚至幫你一次產出多個設計版本，比你自己慢慢調快上好幾倍！

手機殼模擬實作：構圖、挖孔、選材質

這個單元，我們要以「一張角色圖片」作為基礎素材，從角色出發，一步步探索如何用 AI 延伸出 不同場景、不同版本、不同風格的圖像應用。

你會看到 AI 不只幫你「畫圖」，更能成為一個優秀的設計助手，幫你思考主角動作位置、構圖避開手機鏡頭、甚至模擬在皮殼、金屬殼等不同材質上的效果。

> **提示**
> 使用附圖作為唯一參考，臉部細節必須與附圖完全一致，不可做任何修改，保留原始 3D Pixar 風格。將黑色背景去除並改為透明背景。角色從頭到腳完整呈現：腿部必須延伸至圖像下緣，不可突然斷掉；角色底部添加柔和投影以增強立體感。角色稍微置於畫面下方中央，左上角留白以避免 iPhone 15 鏡頭遮擋。進行全幅渲染，適用於 iPhone 15 手機殼。生成一張適合展示的手機殼預覽圖

▲ 附圖

在這邊，我們不需要重新描述角色長相，也不需要拼命補角色細節，因為圖片已經足夠清楚！我們只需要明確告訴 AI：

> 該留下什麼？(臉部細節要完整)

> 該改變什麼？(去背／腿補齊／位置調整)

> 該生成什麼樣的展示效果？(透明背景＋柔和投影＋手機殼角落避鏡頭)

> **TIP** 即使強調「臉部細節必須與附圖一致」，AI 還是會畫出不一樣的臉……為什麼？
>
> 這是因為目前 ChatGPT 的圖像生成技術**尚無法做到 pixel-level 的精準匹配**。這句話雖然不能保證完全還原，但在提示語中扮演的是一種「語意矯正」——會告訴模型：「請盡量貼近原圖，不要隨意改變髮型或服裝造型」，也就是**要求 AI 保持角色整體外觀的一致性，而非自行發揮創意**。
>
> 簡單來說，這不是硬性規則，**而是一種引導語，用來讓 AI 理解你的設計意圖，並減少它的自由發揮。**

實作一：主角不變，動作百變

我們可以讓角色「動」起來！只要替他換個姿勢、加入新場景，就能創造出風格一致但內容豐富的手機殼設計。這一小節，我們就來看看怎麼運用 AI 來幫助角色「保持一致，卻動作百變」。

筆者的手法是：先用原圖變換角色姿勢並生成新圖，確認細節後再讓 ChatGPT 製作手機殼預覽圖。不一次完成是因為當一口氣塞太多要求時，AI 有可能沒辦法每項都做到位，反而效果打折。「**分開處理**」才是個更穩定的策略！

Step 1 讓角色動起來！— 姿勢變換這樣做

提示詞撰寫方面，會將內容拆成三個區塊來描述，分別是：**參考圖像**、**姿勢與場景調整**、**光影與氛圍**：

> 提示
>
> **參考圖像**：(即 P4-95 頁附圖)
> 請以提供的參考圖為唯一依據，維持角色臉部比例、髮型、服裝配色，以及藍色精裝書，風格統一為 3D Pixar。
>
> **姿勢與場景調整**：
> 將角色改為「坐在粗壯老樹下、靠著樹幹、低頭閱讀」，整體動作自然、放鬆。
>
> **光影與氛圍**：
> 光線從左上方穿透樹葉灑落，營造柔和暖黃的斑駁光影效果。角色與草地之間需有自然陰影，強化接地感與立體感。

▲ 生成圖

TIP 為什麼需要這麼多細節？

因為 AI 會根據這些線索來「推敲」你想要的畫面。如果你沒有說清楚，它就會自由發揮，結果可能就不如預期。所以多花點心思寫提示詞，其實能幫你少走不少冤枉路。

Step 2 套上手機殼！一秒變周邊

在撰寫提示詞時，有幾個實用的小祕訣幫助更精準控制畫面效果：

> 提示
>
> **指定參考來源**：附圖為唯一參考，保留 3D Pixar 風格和森林場景。
> **描述構圖細節**：角色保持腳部接地，地面添加陰影增強立體感並與草地融合。
> **補充氛圍語氣**：維持原圖中的光影氛圍與色調。
> **標明製作限制**：置於 iPhone 15 手機殼版型上，進行全幅渲染，左上角留白以避免 iPhone 15 鏡頭遮擋，確保角色臉部完全位於鏡頭切割區之外。

▲ 附圖

▲ 生成結果

實作二：同角色，不同風格

還記得我們的主角角色嗎？除了讓他動起來、換個造型，還可以讓他換個「畫風」登場！不同畫風能讓角色展現出完全不同的氣質，也能滿足多樣市場需求。現在就來看看有哪些畫風，適合用來延伸手機殼設計吧！

風格名稱	英文關鍵字	說明
像素風	pixel art	復古又可愛，特別適合遊戲主題手機殼
油畫風	oil painting	適合文藝或懷舊主題
黏土動畫風	claymation style	擬真立體感強，呈現出角色的童趣與親切感，特別抓眼球
水彩風	watercolor painting	清新柔和，適合生活雜貨風格的手機殼
日式/美式漫畫風	Japanese/American manga style	適合做角色拓展與年輕市場應用
紙雕風	paper cut illustration	有手作感，適合節慶或禮物感的手機殼設計

這就是在 pixel art 風格下的呈現,接下來一針對圖片進行描述後加上**製作限制**就可以貼到手機上呈現了!

提示:附圖 A + 想要改變的風格 (pixel art)

改變成 pixel art 風格

▲圖 A　　▲圖 B　　▲AI 生成的「城市閱讀」圖

我們也可以先用現成的風景照,把角色放進去做融合,再來指定整體風格,讓角色自然地融入場景中!

提示:

指定參考來源:附圖 (A 為角色參考圖,B 為替換背景圖) 為唯一參考,並應處描述要保留的要素。

風格:Japanese manga style

補充氛圍語氣:左後方斜射入的暖黃光在建築與欄杆間投下斑駁光影,遠方高樓映出夕陽餘暉。角色腳下與欄杆周圍應有自然陰影,增添通透與立體感。

實作三:不同手機型號生圖時應該注意什麼?

圖畫得美就能直接印上手機殼?別天真了!不同手機型號的鏡頭模組大小、位置、閃光燈設計都不同,若角色的臉剛好被鏡頭挖掉一塊,那可真是美感大扣分。這邊提供 3 項提示詞撰寫的小祕訣:

4-99

1. **明確指定手機型號**

   - ✗ 不佳範例：「iPhone 手機殼插畫」
   - ✓ 佳範例：「iPhone 15 Pro Max 手機殼插畫設計」
   - 不同型號的鏡頭組合差異極大。AI 必須知道具體型號，才能合理避開鏡頭位置。

2. **標出鏡頭避讓區的具體位置與比例**

   - 即使 AI 具備構圖理解能力，它仍不清楚你手機殼實際開孔的位置與大小。
   - 建議用「**相對位置 + 占比**」方式描述，舉例：
   - 「左上角留白，約佔整體畫面寬度 1/3、從頂端向下約 1/8 高度，用以避開鏡頭區域」
   - 這種描述能幫助 AI 精準判斷不能放置主體的區域，大幅減少角色被挖掉的風險。

3. **索取廠商提供的「鏡頭區 / 安全印刷區」資訊**

   - 許多手機殼製作廠會提供裁切線圖或「安全印刷區」圖檔，是編寫提示詞的重要依據。
   - 建議轉換為明確的「比例描述留白區說明」

提示

(附上城市閱讀圖) ＋ 角色描述 (保留要素/更改要素) ＋ 手機描述與留白注意事項：

置於 Samsung Galaxy S23 手機殼版型上，請將角色臉部完全落在鏡頭切割區之下。在背面頂部中央略偏左的長方形區域 (佔寬度約 1/3，從頂端向下約 1/8 高度) 不得出現任何元素，該區域必須留白。

4-100

實作四：不同材質，模擬不同殼面效果

你有沒有發現實際上霧面磨砂跟亮面玻璃完全是兩種感覺啊！如果我們沒有著墨在這個細節上，是不是少了一點真實感？這一小節就來加上材質表現，讓手機殼預覽圖更真、更吸睛，給客戶一眼就愛上！

常見手機殼表面材質＆模擬方式：

- **亮面玻璃 (Glossy Glass) 材質模擬**：質感光滑、強烈反光，有鏡面感。加入邊緣高光與角色倒影，呈現玻璃背板的銳利反射效果。

- **霧面磨砂 (Matte / Frosted) 材質模擬**：表面無明顯反光、顏色偏暗，紋理柔和。去除高光，改為柔和的漫射光影，呈現防指紋質感

- **TPU 軟殼 (Soft TPU) 材質模擬**：微透明、柔軟彈性。加入淡淡塑膠光澤與透光感，讓背景略透，展現輕柔橡膠質地

- **皮革壓紋 (Leather Texture) 材質模擬**：表面具凹凸紋理與縫線，顏色偏深。添加淺陰影與壓紋細節，呈現低光澤、高質感的皮革效果

> **提示**
>
> (附上城市閱讀圖) ＋ 角色描述 (保留要素/更改要素) ＋ 手機描述與留白注意事項＋材質模擬：
>
> 亮面玻璃質感，手機殼具有強烈反光與鏡面效果，請在殼面邊緣和角色的投影上添加高光與倒影感，使手機殼看起來像玻璃背板，邊緣銳利有反射

材質影響的不只是外觀，更是整個設計氛圍的靈魂關鍵。我們可以根據風格選擇對應材質：要可愛一點？用 TPU；想高級一點？來點皮革；要現代感？玻璃上陣！

只要選對提示詞，讓 AI 幫你做出有手感的視覺效果，一點都不難！

Unit 37 角色壓克力牌

　　記得我們之前才剛體驗過設計圖的快速預覽，是不是還意猶未盡？這次，我們要把焦點轉向另一個超人氣實體週邊：壓克力製品，像是立牌、鑰匙圈、吊飾等，都是近年最受歡迎的收藏類型。不過你可能也發現了：市面上幾乎找不到好用、免費、又支援壓克力質感的 Mockup 工具。想要做出擬真的展示圖，過去只能靠手動合成或實體打樣，費時又繁瑣。

　　這一節，我們靠 AI 出手：不用印出來，也能直接生成具壓克力質感的立體展示圖，從角色圖、透明邊緣、光影反射到底座模擬，一次到位！

壓克力產品模擬實作開始！

這次，我們會以同一個角色 IP 為主角，來試試看怎麼用 AI 製作出一系列風格多變的壓克力週邊——像是壓克力立牌、吊飾，甚至是雙面印刷的進階版本，讓角色從一張平面圖，變成超有存在感的實體設計！

我們會用 ChatGPT 來協助 Mockup 製作。不管你想要霧面底座、透明邊框，還是帶點日系柔光、商品級陰影的風格，只要搭配合適的提示詞，通通都能幫你實現～

這幾個是針對壓克力提示詞重要描述：

- **透明或半透明邊緣**：角色輪廓要有壓克力切割後自然的透明邊框。
- **半霧化亞光底座**：提示底座要像真正的磨砂壓克力。
- **底部投射淡淡陰影**：讓角色和底座看起來有擺在檯面上的立體感。
- **壓克力表面柔和反光**：模擬實體壓克力受光時微弱的高光折射。
- **純色或淺色漸層背景**：避免複雜場景分散注意力，直接凸顯主體。

> 提示
>
> (附上原圖)
>
> **以壓克力立牌風格呈現**：透明邊緣、半霧化亞光底座、底部投射淡淡陰影、壓克力表面帶有柔和反光、背景為淺色漸層

▲ 原圖 　　　　　　▲ AI 生成圖

這樣分項提示的目的，是為了讓 AI 圖像模型能夠「一層層」模擬出壓克力立牌的真實質感。透過明確描述材質、光影效果與簡潔背景等關鍵視覺要素，模型才能精準還原出「像真實擺在桌上的壓克力公仔」的效果，而不僅僅是一張普通插畫。這種作法能有效提升成品的真實感與展示力。接下來我們就來繼續操作更多的壓克力產品吧！

實作一：固定角色 × 姿勢多樣化應用！

讓我們從最基礎但最有趣的變化開始吧！

這個單元要透過簡單的提示詞組合，調整角色的姿勢與細節動作。我們會用一組涵蓋三大面向的提示詞模板，再加上固定的壓克力生成設定，快速上手 Mockup 製作！

請記得依照自己的角色 IP 設定進行細節調整，才能讓生成結果貼近原創角色風格喔！

> **提示**
>
> (附上原圖)
> 以壓克力立牌 (acrylic standee) 風格呈現。
>
> **其他限制：**
> 依角色生成上的限制進行改寫＋保持與原圖相同的五官與身材比例，不作變形。
>
> **角色描述：**
> 針對想改變的動作進行描述，可將部位拆解詳細描寫，例如：上半身與雙手動作、下半身與腿部、地面互動與附屬特效等＋保持角色原圖的配色方案，不添加與原始主色調衝突的額外顏色。
>
> **固定壓克力生成提示詞：**
> 透明邊緣、半霧化亞光底座、底部投射淡淡陰影、壓克力表面帶有柔和反光、背景為淺色漸層。

提示詞加粗部份記得依大家自行的設計進行設定調整喔！

實作二：雙面印刷模擬大挑戰！

接下來，我們要挑戰壓克力週邊中更高階的設計：雙面印刷效果。這種設計可以讓角色主體更清晰地浮現在背景上，甚至還能看到正面陰影自然投射到背景中的視覺效果，營造出豐富的層次感與立體感。參考底下的提示詞模板，我們可以快速掌握正反面分層設計、透明邊緣細節與霧面底座等 Mockup 要點，還有燈光與陰影的氛圍處理技巧。記得針對不同角色素材進行適當的調整，這樣才能完整展現角色的神韻！

提示

(附上原圖)

請將上傳的角色圖作為壓克力板正面主體,生成 **5mm** 單片壓克力板雙面印刷 (single-sheet acrylic, double-sided print)」的立架預覽圖,並依以下重點進行設定:

1. **壓克力板輪廓與邊緣處理:**

依整張圖滿版裁切 (非僅角色外輪廓),邊緣保持完全透明。側光照射下,邊緣呈現微弱折射高光,展現壓克力的厚度與切割質感。請避免於角色頭部與臉部邊緣出現多餘反光或光圈,僅保留最外輪廓高光,避免干擾面部線條。

2. **正面:**

臉部與五官還原原圖細節或**加入更多要修改的描述**。角色輪廓下方加入「強化版半透明柔焦陰影」,投影於背面層,使角色在視覺上懸浮於背景前,強化主體對比。

3. **背面:**

依角色調性**設定合適的漸層或透明背景或是針對背景影像的詳細的描述**,以提升層次與透光效果。

4. **底座:**

使用**半霧化亞光壓克力**底座,並於中央設計與板厚 5mm 相符的凹槽,讓主體插入。底座呈均勻**霧面質感**,插入後可於桌面投下柔和底部陰影。

5. **燈光與氛圍:**

使用柔和間接光或低角度側光,凸顯壓克力邊緣高光,並細緻照亮**角色臉部與服飾紋理**。避免角色臉部邊緣出現不自然的反光或光暈,保留原圖神韻與真實質感。

提示詞加粗部份記得依大家自行的設計進行設定調整喔!

實作三:延伸成週邊小物大變身!

說到壓克力產品,絕對不能錯過的就是鑰匙圈、吊飾這類超可愛的小週邊啦!不過要是上網找對應的 Mockup 範本,免費的幾乎找不到,而且大多還有煩人的浮水印,搞得展示圖不夠美觀。

這時候，ChatGPT 就能派上用場，幫我們生成漂亮的吊飾預覽圖，雖然偶爾角色細節會有小不同，但用來做展示已經超級給力了！

這裡分享一套超實用的「透明壓克力吊飾」模板，快來看看怎麼做：

(附上原圖)

請將上傳的角色圖作為壓克力吊飾正面主體，生成一張模擬「透明壓克力吊飾鑰匙圈」(single-sheet acrylic charm) 預覽圖。依以下重點進行設定：

1. **吊飾外型與裁切**：設定吊飾厚度外觀、角色範圍。
2. **鑰匙圈與鍊子長度**：設定孔位、材質、掛鍊等配飾設計。
3. **投影與透明效果 (底下為示範描述)**：
- 在角色底部加一層薄型陰影到壓克力背面，營造角色稍微懸浮於透明壓克力上，增加立體感。
- 吊飾整體置於**淺色桌面上**，讓透明效果更明顯，並在下方投射柔和的底部陰影，增強質感。
4. **燈光與擺放 (底下為示範描述)**：
- 使用柔和自然光或柔和側光，讓透明邊緣高光自然顯現，並突顯角色色彩與細節。
- 燈光角度應避免在角色臉部邊緣產生不自然的反光，以完整還原角色五官與神韻。
- 吊飾置於桌面上方略微傾斜，呈現自然掛起的狀態。

提示詞加粗部份記得依大家自行的設計進行設定調整喔！

用 ChatGPT 來模擬透明壓克力吊飾展示圖，最大的優點就是自由度超高，能隨心所欲調整 Mockup 樣式，讓週邊商品更具個人風格跟豐富變化。細節不失真，透明邊緣有高光折射，還有真實感十足的鍊條和吊環，整體看起來更為專業！

進階實作：人物 × 壓克力立牌互動技巧

當我們已經能穩定生成靜態的壓克力立牌圖像時，下一步就是思考：「如果這個立牌出現在人物場景中，要怎麼搭配才自然？」關鍵就在於**人與壓克力之間的互動描寫，尤其是手部的動作設計**。

手部不僅決定了壓克力與人物的互動感，還會影響畫面的視覺重心、真實感與敘事性。一個自然的手勢，能讓壓克力製品更像是一個角色的一部分，而非單純的物件。

針對這些互動方式，提示詞編寫時應明確描述動作、握持方式與視線方向，並結合表情、背景光影等要素，共同構築一個角色與壓克力立牌之間有故事感的畫面。

針對人物描寫：

一位**年齡／風格**的年輕女性，站在**場景／地點**，描寫**手部與壓克力之間的關係**，表情情緒，視線朝向**鏡頭／方向**。

針對壓克力的描寫：

壓克力製品為透明材質，尺寸約為 **5cm × 8cm**，厚度 **3mm**，圖像內容是**一位角色設定的半身日系插畫風少女**，色彩鮮明、背景完全透明，邊緣呈現自然的光暈折射效果。**手部下方與壓克力製品投下柔和陰影**，營造出真實立體感。

背景光源描寫：

整體場景光線為柔和自然光，**背景描述**，模糊處理，營造**乾淨簡約**的空間感。

4-108

以下提供 3 種互動方式參考：

▲ 20 歲女性，右手握住帶握柄的壓克力立牌，舉在胸前對鏡頭展示

▲ 一群高中男生，將吊飾型壓克力懸在食指上展示，姿勢輕鬆俐落

◀ 20 歲女子居家場景，手指輕點桌上圓底座壓克力，另一手撐臉微笑注視，表情滿足

PART 04 刊物設計與社群廣宣

4-109

Unit 38　製作資訊圖卡

　　一份塞滿數字的 Excel，客戶只說：「幫我做張簡單的資訊圖卡。」但重點是這些資料到底想說什麼？

　　資訊圖卡的關鍵從來不是圖表樣式，而是先搞懂目的與邏輯：是要說明、比較，還是說服？方向不同，整體架構就會跟著變。

　　這時候，AI 是你最快的助手。把資料交給它，就能快速提煉重點、建議圖表形式，甚至幫你搭好草圖框架。你只要專注一件事：**把話說清楚，不只是把圖做出來。**

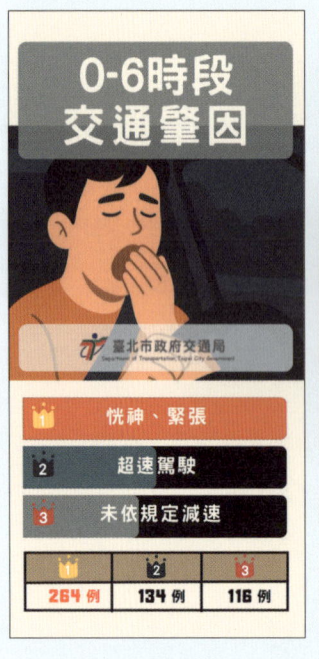

0-6時段交通肇因	7-16時段交通肇因	17-23時段交通肇因
恍神、緊張	恍神、緊張	恍神、緊張
2 超速駕駛	2 未保持安全距離	2 未保持安全距離
3 未依規定減速	3 變換車道不當	3 變換車道不當
264 例／134 例／116 例	2098 例／1500 例／1408 例	1185 例／820 例／743 例

AI ✕ 設計的協作流程

我們要來實作一張「113 年車禍主因拆解包｜三大時段圖解」的政府宣導圖卡！

資料來源是 113 年臺北市 A1 和 A2 類交通事故明細的 Excel 報表，我們會從這份滿滿滿的數據中，挖出重點資訊，轉換成結構清晰又具說服力的圖卡設計。

別忘了，我們的目標不是「畫一張表」，而是讓民眾一看就懂的資訊圖卡！

這次會用到的 AI 協作工具有：

> **ChatGPT (文字理解)**：幫我們讀懂複雜 Excel、提煉重點數據，還會給出圖卡結構建議唷～不過提醒一下，如果資料比較敏感，記得謹慎使用 AI 工具喔～

> **Canva (視覺排版)**：用來把資料變成吸睛的視覺圖卡，加上文字區塊和圖表元素，設計超方便！

用 AI 挖出你的設計關鍵

這次我們用 GPT 幫忙分析資料表製作圖卡，要特別介紹一款超實用的 GPT 免費套件：Infographic Genius Pro！

① 點選「探索 GPT」

4-111

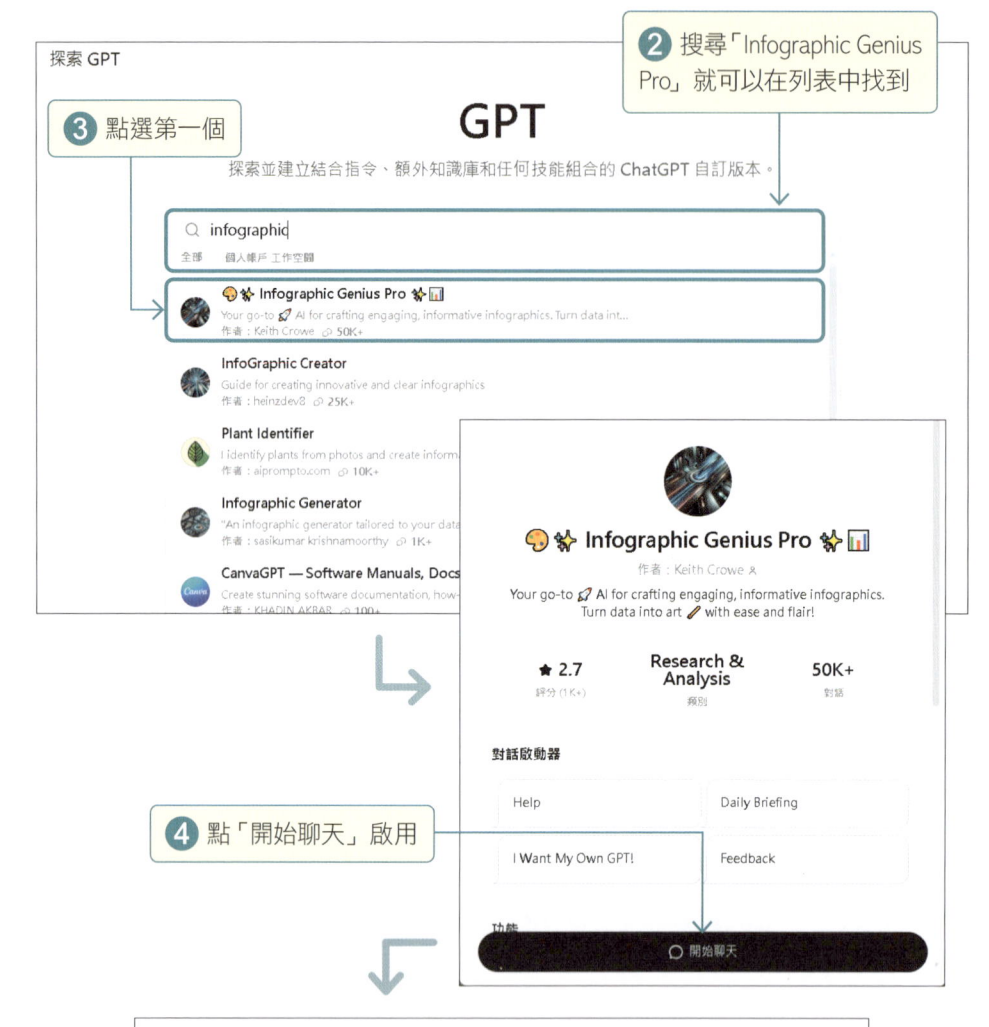

探索 GPT

GPT

探索並建立結合指令、額外知識庫和任何技能組合的 ChatGPT 自訂版本。

❷ 搜尋「Infographic Genius Pro」就可以在列表中找到

❸ 點選第一個

🔍 infographic
全部　個人帳戶　工作空間

🎨✨ **Infographic Genius Pro** ✨📊
Your go-to 🎨 AI for crafting engaging, informative infographics. Turn data int...
作者：Keith Crowe　💬 50K+

InfoGraphic Creator
Guide for creating innovative and clear infographics
作者：heinzdev8　💬 25K+

Plant Identifier
I identify plants from photos and create inform...
作者：aiprompto.com　💬 10K+

Infographic Generator
"An infographic generator tailored to your data...
作者：sasikumar krishnamoorthy　💬 1K+

CanvaGPT — Software Manuals, Docs
Create stunning software documentation, how-...
作者：KHADIN AKBAR　💬 100+

🎨✨ **Infographic Genius Pro** ✨📊
作者：Keith Crowe 人

Your go-to 🎨 AI for crafting engaging, informative infographics.
Turn data into art 🖌 with ease and flair!

★ 2.7　　Research & Analysis　　50K+
評分 (1 K+)　　類別　　對話

對話啟動器

| Help | Daily Briefing |
| I Want My Own GPT! | Feedback |

功能

❹ 點「開始聊天」啟用

◯ 開始聊天

🎨 **我可以幫你做什麼？**

我專注於將**複雜資料與資訊轉化為清晰、有吸引力的資訊圖表**（Infographic）。

你可以找我幫忙完成：

- 📊 **圖表設計**：長條圖、圓餅圖、折線圖、地圖、時間軸等
- 🧠 **資訊架構與視覺化敘事**：協助你理清資料脈絡，設計易讀又有邏輯的內容流程
- 🎨 **整體版面設計**：配色建議、圖標設計、插圖生成
- ✨ **生成圖像與插圖**：根據主題自動生成風格一致的圖片與背景

▲ 這些是它可以幫助我們做的事，接下來就來看看怎麼用它來分析資料囉！

4-112

Step 1 把複雜資料變簡單！拆解重點最重要

「113 年 - 臺北市 A1 及 A2 類交通事故明細」資料表真的超複雜！欄位一堆，看得眼花撩亂，到底該從哪裡開始找需要的資料欄位？

針對「肇因 × 發生時段」的交互分析，建議從原始欄位中保留並運用以下欄位（其餘可先行剔除或留作後續延伸分析）：

1. **時間相關**
   - **發生時-Hours**：用來將事故分到「00–04」、「07–09」、「17–19」等時段。
   - （可選）**發生分**：如果你想更精細地切分時段邊界或做熱度圖，可保留；否則以小時欄位即可。

2. **事故類別過濾**
   - **處理別-編號**：只保留 A1、A2 嚴重事故紀錄，以符合宣導重點。

3. **肇因欄位**
   - **肇因碼-主要**：每起事故最主要的原因，用來統計時段最高佔比的肇因。
   - （可選）**肇因碼-個別**：若想同時考量複合肇因，可額外保留做多因交叉分析。

▲ 別怕，我們先把整段的題目需求＋所有的欄位資訊貼進 AI，請它幫我們判斷哪些欄位是「留著的重點」。

接下來，就可以開始刪掉不需要的資料欄位囉～這樣不但資料量變小，分析起來也更輕鬆！

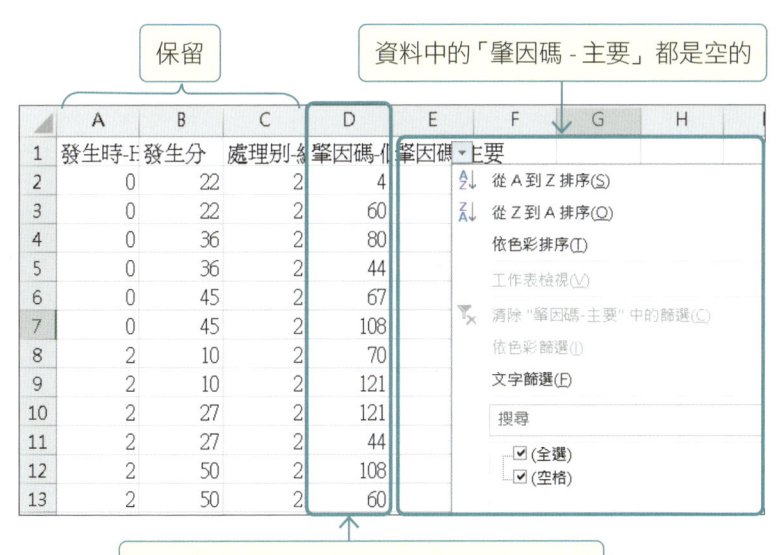

保留 → A、B、C 欄

資料中的「肇因碼 - 主要」都是空的

	A	B	C	D	E
1	發生時	發生分	處理別-編	肇因碼-個	肇因碼-主要
2	0	22	2	4	
3	0	22	2	60	
4	0	36	2	80	
5	0	36	2	44	
6	0	45	2	67	
7	0	45	2	108	
8	2	10	2	70	
9	2	10	2	121	
10	2	27	2	121	
11	2	27	2	44	
12	2	50	2	108	
13	2	50	2	60	

以「肇因碼 - 個別」來進行資料的操作處理

PART 04 刊物設計與社群廣宣

4-113

Step 2 交給 AI 幫忙處理數據！

這份報表資料有多達 5 萬多筆！如果要每個時段抓出前三名肇因，就算用 Excel 操作，也會花上一大把時間！

這時候 **Infographic Genius Pro** 就大顯身手啦～它可以按照你的要求，快速幫你整理出需要的資訊！

> **TIP** 如果資料量過大的話，可以拆解成片段，每次都用部分上傳。或是改用其他工具，比如 Claude.ai，它有提供更大的上傳容量。

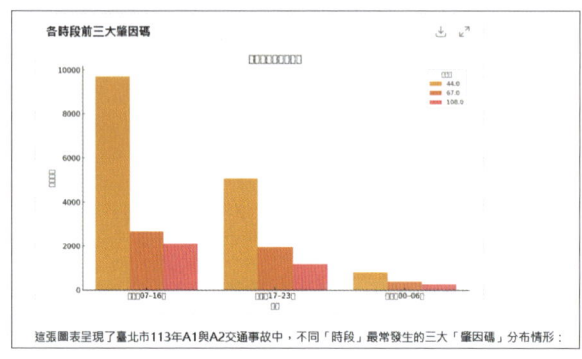

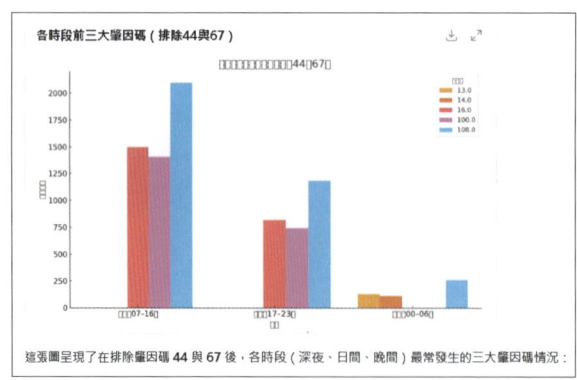

各時段前三大肇因碼

這張圖表呈現了臺北市113年A1與A2交通事故中，不同「時段」最常發生的三大「肇因碼」分布情形：

各時段前三大肇因碼（排除44與67）

◀ 不過像是「44 尚未發現肇事因素」或「67 尚未發現肇事因素」這類資料不能用，要記得請它重新過濾並重新生成圖表。

這張圖呈現了在排除肇因碼 44 與 67 後，各時段（深夜、日間、晚間）最常發生的三大肇因碼情況：

設計眉角｜中文字體的生成校正

如果你發現圖表裡的中文字都變成小方框 (亂碼)，記得這是因為缺中文字型，可以上傳 .OTF 字體檔（例如：NotoSansMonoCJKtc-Regular) 再請 AI 重新生成。

下載點在此：https://bit.ly/cht-font

4-114

① 上傳中文字體　② 請 ChatGPT 重新生成圖表

NotoSansMonoCJKtc-Regular.otf
檔案

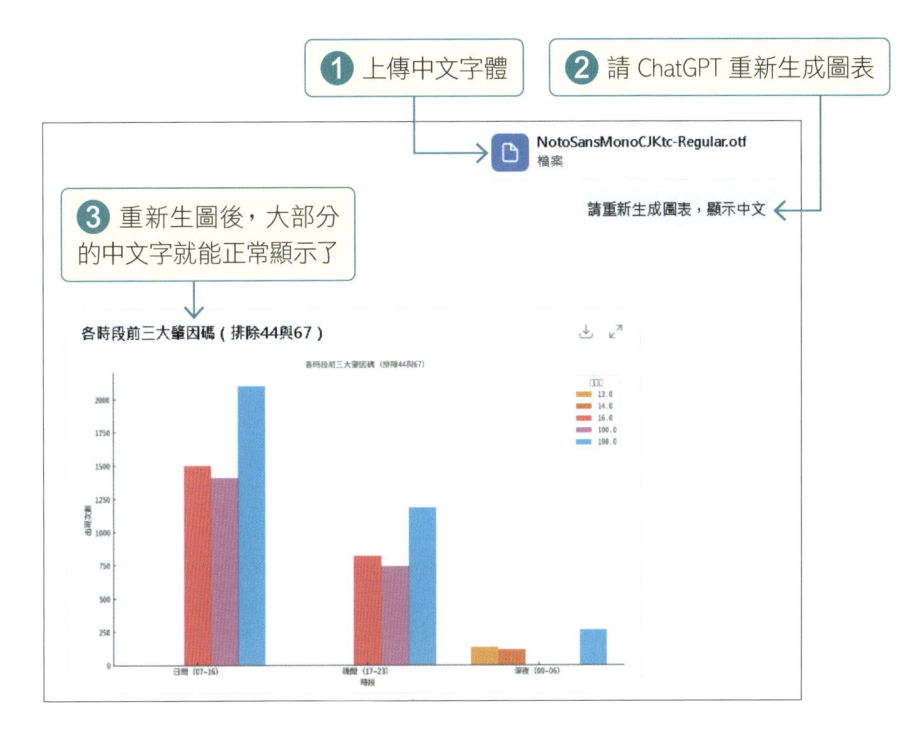

請重新生成圖表，顯示中文

③ 重新生圖後，大部分的中文字就能正常顯示了

TIP 如果還有像「圖標」這種殘留亂碼，就繼續請它再試幾次，直到 OK 為止～

Step 3　對應資料選風格，圖卡元素開始生圖！

不知道圖卡該怎麼設計才好？靈感卡關怎麼辦？別擔心，我們可以請 AI 直接幫忙提出風格與圖像元素建議！

3. 插畫 + 實景合成（Illustration + Photo Blend）
- Concept：把矢量插畫和實拍照片混合，例如：
    - 背景是一張城市夜景道路的照片，
    - 前景用手繪風的「超速儀表板」「駕駛頭像」插畫。

從這些建議中挑選喜歡的，再請它開始畫草圖就行囉～

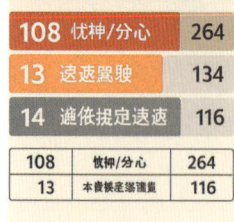

▲ 這張草圖就已經有雛形啦！只是 0-6 時段那張圖的手部有點小瑕疵，加上 AI 生圖中文字常常錯誤百出，這些都要靠我們設計師來修一修啦～

當設計前記得把所有素材都先準備齊全，這樣接下來的製作流程才會更順利喔～

開工啦！設計師請就位！

這次我們要使用 Canva 來製作資訊圖卡～Canva 本身就有內建「圖表工具」，可以幫助我們快速完成圖表設計，操作簡單又直覺，不用再為了畫圖表而煩惱啦！

當然，你也可以像之前一樣，請 ChatGPT 幫你產出圖表資料，再合成進設計中。但工具會得越多越好，因此這次我們就來試試看 Canva 的圖表功能，讓設計流程更順手、更彈性！

Step 1　素材到齊！畫布上場

設計前先決定畫布尺寸～但如果你不知道圖片尺寸該怎麼辦？放心！只要用「照片編輯器」匯入圖片，點「建立設計」就能自動幫你配好畫布大小！

▲ Canva 首頁 → 點選「照片編輯器」→ 上傳圖片 → 點「建立設計」

搞定尺寸後，我們就來開始排版囉～

① 點選「元素」
② 點顏色區塊呼叫顏色面板
③ 顏色吸附工具
④ 滑鼠可以進行顏色吸附

4-117

Step 2　資訊圖表繪製

在資料呈現的部分，因為是「資訊圖卡」，所以應該以正確數值比例的圖表數據呈現，這時我們可以用 Canva 中的圖表工具快速繪製。

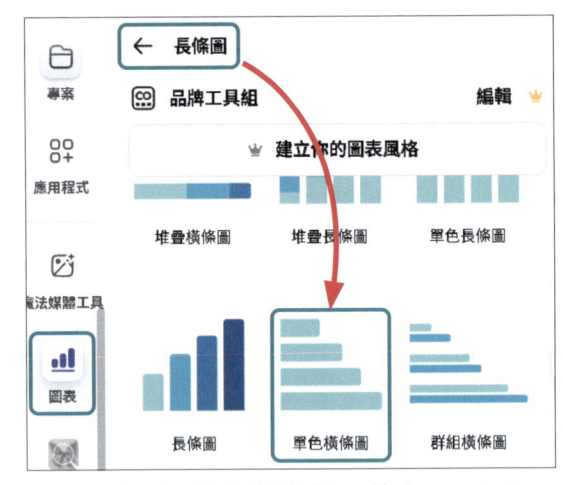

▲ 點選「圖表」選擇「長條圖」，找與 ChatGPT 圖中相近的版型

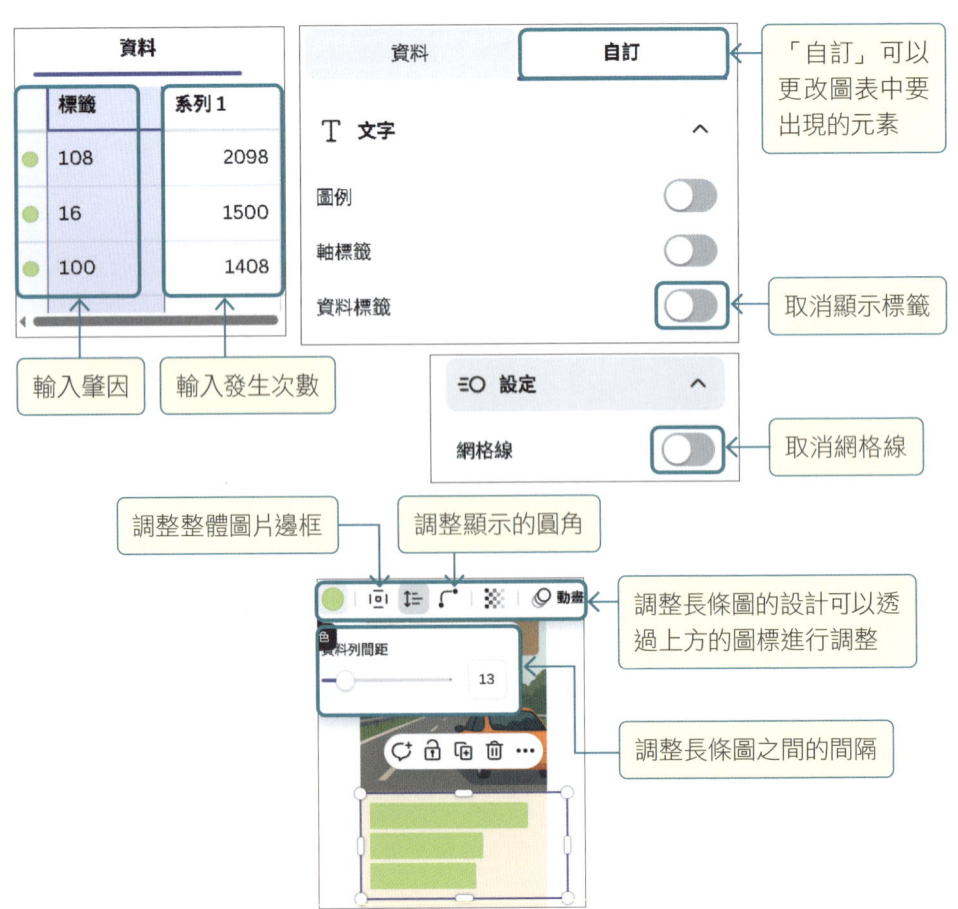

標籤	系列 1
108	2098
16	1500
100	1408

輸入肇因　輸入發生次數

「自訂」可以更改圖表中要出現的元素

取消顯示標籤

取消網格線

調整整體圖片邊框　調整顯示的圓角

調整長條圖的設計可以透過上方的圖標進行調整

調整長條圖之間的間隔

資料列間距　13

▼ 想調整每條的顏色可以點選「編輯」-> 在「資料」內下滑到「依條件上色」-> 改為「標籤」作為上色條件

◀ 接著加上背景區塊和文字以及小 icon 就完成這區塊的製作啦！

TIP 由於長條圖空間有限，僅放入肇因名稱已接近飽和，若再加上案例數，整體畫面會顯得擁擠且難以閱讀。再者，肇因碼 (如：108、16、100) 只是用來排序肇因，對民眾而言並不具實質意義，因此不需要特別呈現在圖卡上。考量到 ChatGPT 生成的圖下方已有表格區塊，案例數可改以表格形式呈現，讓資訊分配更合理、整體視覺也更清晰。

Step 3　底部表格製作

表格部分雖然可以直接用 Canva 的內建工具，但會發現它有最小高度限制，不太好微調。因此這次我們改用手動方式，用線段加上矩形自行繪製，最後加上文字和 Logo，就完成囉！

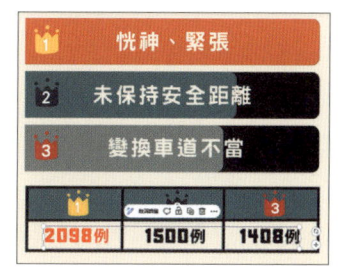

▲▶ 表格裡，我們放進各個肇因的案例數，讓觀眾一眼就能看到重點！

設計眉角｜正確表格切割比例的製作

這次的表格是縱向三等分，不像對半切可以直接用中線對齊，要精準分成三等份就得換個方法。

我們可以改用矩形輔助！將三個矩形放進線框內，再一起拉伸，它們會等比例變形，就能清楚看出切割線該落在哪裡。

這招簡單又精準，適合用來處理無法直接對齊的多等分版面！

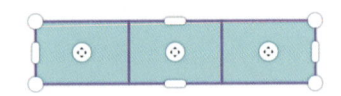

最後加上 Logo 點綴一下，整體就大功告成啦～其他時段也可以用一樣的方式來製作喔！

設計小叮嚀

色彩不只是美感，更是資料的語言！

製作資訊圖卡時，顏色不只關乎好不好看，更會影響觀者「怎麼解讀」內容。以下是三個常見色彩誤用陷阱，設計時記得避開！

一、別讓色彩誤導數據！

- **亮度感知易誤導**：人對亮度特別敏感，漸層設計若不均勻，容易讓中間色看起來像「最大值」。

    ☑ 建議：使用感知均勻色彩空間 (如 HCL、CIE Lab) 設計漸層。

- **顏色語意因文化而異**：例如，紅色在中國代表喜氣，在股市卻代表下跌。

    ☑ 建議：有價值判斷的圖加上文字說明；中性呈現可選藍、灰系。

二、建立色彩層級，資訊才清楚！

- **顏色不是唯一訊息來源**：根據 Bertin，色彩應搭配位置、大小等其他視覺變數一起使用。

  ✅ 建議：色相用於分類、明度表達大小，別讓顏色負責所有資訊。

- **打造色彩層級結構，一張好圖要有主配角**：
  - **主色**：用於關鍵數據或標題
  - **輔色**：區分群組、引導視線
  - **中性色**：背景或次要訊息 (灰、白、淡色)

三、AI 配色好用，但別全信！

- **AI 不懂資料邏輯**：自動配色常出現色彩飽和過頭、分類漸層搞混、忽略文化語意等問題。

  ✅ 建議使用方式：

  - 把 AI 當成靈感輔助，不是最終決定
  - 下指令要明確，例如：「給我一組適合分類資料的配色，主色為藍，需色盲友善」

「AI 可以幫你挑選顏色，但它不知道什麼是關鍵數據、什麼只是背景。真正讓圖表有意義的，是怎麼用顏色去講一個清楚的資料故事。」

\ MEMO /